高职高专"十三五"规划教材——机电专业系列

机械制造基础项目教程

主　编　何世松　鲁　佳

副主编　于海丽　贾颖莲　鲁华丽

参　编　曾勇刚　陈运胜

U0242538

东南大学出版社

·南京·

内 容 简 介

本书按照新的高等职业教育教学理念和发展规律编写,以工作过程为导向,以典型工作任务为载体设计学习项目,使学生在学中做、做中学,实现知识与技能并进。在编写中打破传统学科体系下的编排方式,采用"项目导向、任务驱动"的编写方式,每个项目下包含若干任务,每个任务均按"任务导入、应知应会、检查评估"三个步骤进行编写。

本书主要分两大部分内容:一是工程材料的分类及其选用,主要包含各种金属材料和非金属材料的分类、性能、化学成分、用途,以及钢铁的热处理等内容;二是热加工知识和技能,包含铸造、锻压、焊接、胶接与塑料制品成型、快速成型与3D打印、毛坯的选用等内容。

本书可用于高等职业教育或应用技术型高等教育汽车制造与装配技术、数控技术、机电一体化技术、模具设计与制造等机械类和近机类专业"机械制造基础"或"工程材料及成型"等课程的教材,也可供有关工程技术人员参考。

图书在版编目(CIP)数据

机械制造基础项目教程 / 何世松,鲁佳主编.
— 南京:东南大学出版社,2016.5
ISBN 978-7-5641-6482-9

Ⅰ.①机… Ⅱ.①何…②鲁… Ⅲ.①机械制造—教
材 Ⅳ.①TH

中国版本图书馆 CIP 数据核字(2016)第 098808 号

机械制造基础项目教程

出版发行:东南大学出版社
社 址:南京市四牌楼 2 号 邮编:210096
出 版 人:江建中
责任编辑:史建农 戴坚敏
网 址:http://www.seupress.com
电子邮箱:press@seupress.com
经 销:全国各地新华书店
印 刷:常州市武进第三印刷有限公司
开 本:787mm×1092mm 1/16
印 张:14.25
字 数:368 千字
版 次:2016 年 5 月第 1 版
印 次:2016 年 5 月第 1 次印刷
书 号:ISBN 978-7-5641-6482-9
定 价:36.00 元

本社图书若有印装质量问题,请直接与营销部联系。电话:025-83791830

前　言

本书是"国家骨干高职院校建设项目"(编号:12-15)机械类和近机类专业《机械制造基础》课程的建设成果,按照工作过程系统化的理念重新整合了工程材料及成型工艺的内容,主要围绕学生"应知应会"的知识和技能进行编写。全书力求体现以下特色:坚持"以工作过程为导向",以典型工作任务为载体设计学习项目,教学过程"以任务为载体、学生为主体、能力训练为目标",使学生在学中做、做中学,实现知识与能力并进。

为贯彻落实教育部《关于全面提高高等职业教育教学质量的若干意见》《关于深化职业教育教学改革　全面提高人才培养质量的若干意见》等文件精神及教学改革实际需要,本书在编写中采用"项目导向、任务驱动"的编写方式,每个项目下包含若干任务,每个任务均按"任务导入、应知应会、检查评估"三个步骤进行编写,打破传统学科体系下的编排方式。其中"任务导入"主要提示和本项目相关的工作案例、学习任务和目的等;"应知应会"是本任务的正文内容,主要围绕完成材料选用、零件加工等所需的理论知识和操作技能的介绍,包含但不全包含工艺知识、材料知识、机床、刀具、夹具知识、工量具正确使用与保养等;"检查评估"主要是任务结束后对学生考核用的习题、实训等。

本书的参考学时数为64学时,主要分两大部分内容:一是工程材料的分类及其选用,主要包含各种金属材料和非金属材料的分类、性能、化学成分、用途,以及钢铁的热处理等内容;二是热加工,包含铸造、锻压、焊接、毛坯的选用、胶接与塑料制品成型、快速成型及3D打印等内容。

全书由江西交通职业技术学院何世松、平顶山工业职业技术学院鲁佳担任主编,新疆农业职业技术学院于海丽、江西交通职业技术学院贾颖莲、仙桃职业学院鲁华丽担任副主编,江西交通职业技术学院曾勇刚、广州华立科技职业学院陈运胜参与编写。

本书在编写过程中参考了有关教材、专著等资料,一一列在了书后的参考文献中,在此一并对作者表示衷心的感谢!

囿于编写水平,书中定有缺点甚至错误,恳请广大读者批评指正,以便再版时修正。

编者

2016 年 5 月

目　录

课 程 标 准

一、课程名称

本课程名称为《机械制造基础》或《工程材料及成形》。

二、课程性质

本课程是汽车制造与装配技术、数控技术、模具设计与制造、机械制造与自动化等专业学生重要的核心课程,是一门研究工程材料及其成形的综合性技术基础课。

本课程的工作任务是:通过若干项典型工作任务的学习,即工件材料的选择和应用、毛坯的确定、工件热处理、热加工工艺路线的设计,使学生具备必需的机械制造知识和技能。这些典型工作任务是机械零件的设计、制造、设备维护等工作中的基本任务,都是独立的工作任务,对学生职业能力培养起主要支撑作用,对学生职业素养养成起明显促进作用。

为了充分贯彻以能力培养为主的教育理念,《机械制造基础》课程摈弃传统的教学模式,通过企业调研、专家座谈等形式对学生毕业后对应的工作岗位进行了分析,在工作岗位分析的基础上,确定了本课程对应的典型工作任务,开发了本课程的学习领域并最终形成了"项目导向、任务驱动"的教学模式。

本课程的实践性、应用性和针对性都很强,为保证课程顺利进行,本课程应同时安排《金工实训》教学。通过金工实训,了解金属材料主要加工方法及其所用设备、附件、工具、刀具,并对主要机械制造工种具有一定基本操作技能。将金工实训中所获得的比较零散的、片面的知识进行归纳、总结、拓宽、加深和应用,从而达到本课程预期的教学目的和要求。在教学过程中应加强多媒体教学、现场教学和工厂参观,以拓宽学生机械制造的知识面。

三、教学目标

《机械制造基础》学习领域的主要任务是培养学生具有机械零件常用材料的基本知识、材料性能的测定、热处理知识、毛坯生产方法知识以及培养学生选择机械零件材料、毛坯生产方法、热处理方法的能力。通过完成典型零件生产过程的工艺训练,培养学生分析问题、解决问题的能力及团队协作能力。

1. 方法能力目标	A. 具有较好的学习新知识和新技能的能力; B. 具有较好的分析和解决问题的方法能力; C. 具有查找资料、文献获取信息的能力; D. 具有制订、实施工作计划的能力。
2. 社会能力目标	A. 具有严谨的工作态度和较强的质量和成本意识; B. 具有较强的敬业精神和良好的职业道德; C. 具有较强的沟通能力及团队协作精神。

续表

3. 专业能力目标	A. 能使用常见测量仪器测定工程材料的力学性能、物理性能、化学性能; B. 能根据机械零件的性能要求和材料的性能、应用范围,正确选择典型机械零件的材料种类和牌号; C. 能根据机械零件的结构和用途,选择典型机械零件的毛坯生产方法; D. 能根据机械零件的材料和性能要求,选择典型零件的热处理方法; E. 能根据机械零件的材料种类、毛坯种类、用途,合理安排毛坯成形的工艺路线; F. 能根据机械零件的材料、毛坯生产方法等,正确分析零件结构工艺性; G. 会使用常用量具检测加工零件的质量。

四、与前后课程的联系

前修学习领域课程主要有《机械制图与识图》《AutoCAD 机械图样绘制与输出》等,后续学习领域课程主要有《数控编程与仿真加工》《SolidWorks 三维建模与装配》《毕业顶岗实习》等专业课。

五、教学内容与学时分配

本课程总学时:约 64 学时。

在课程培养目标确定之后,授课教师与企业技术人员一起研讨,通过对本课程对应的典型工作任务进行分析,依据机械制造企业典型机械零件制造工作中常见的工作任务归纳出具有普遍适应性的 7 个学习性项目,各项目学时分配建议如下表所示。

项目序号	项目名称	所用课时
项目一	工程材料的分类及其选用	18
项目二	铸造	12
项目三	锻压加工	10
项目四	焊接	10
项目五	胶接与塑料制品成形	6
项目六	快速成形与 3D 打印	4
项目七	毛坯的选用	4
合计(课时)		64

六、对教师的要求

教师首先要转变观念,在教学中融入最新职业教育理念,强调理实一体化教学方式的实施,全面提高学生的知识和技能的培养。

传统的教学模式是以教师的课堂讲解为主,学生被动地接受知识,学生的学习目标不明确,学习积极主动性和学习效果差;实行新的行动导向教学模式后,教师和学生在教学中的地位发生了改变,学生成为教学过程的主体,教师的作用不再是知识灌输,而是转变为提出任务、进行引导、说明原理、提供示范、评估结果,学生的学习转变为在教师引导下,独立进行信息查询、制订计划、完成任务、进行评估。新的教学模式下,全体学生始终处于教学过程的主体地位,整个学习过程以实际的工作过程为基础,学生在工作任务的驱动下学习理论知识和操作技能,学习的主动性和积极性高,学习效果好。

七、对实验实训场所及教学仪器设备的要求

机械制造基础课程应配有机械零件陈列室、模具陈列室、力学性能检测室、热处理实训室、金相实训室、铸造实训室、电焊实训室、锻压实训室、专业机房等校内实验实训场所,以便能完全满足行动导向教学和学生职业岗位能力训练需要。本课程所需的实验实训设备如下表所示(各院校可根据实际情况进行调整)。

序号	仪器或设备名称	数量	序号	仪器或设备名称	数量
1	金相显微镜(台式)	20 台	17	扭转力学试验机	1 台
2	卧式显微镜	1 台	18	冲击试验机	1 台
3	布洛维硬度计	4 台	19	交流电焊机	10 台
4	洛氏硬度计	4 台	20	直流电焊机	1 台
5	布氏硬度计	1 台	21	气焊设备	1 套
6	显微硬度计	1 台	22	二氧化碳气体保护焊机	1 套
7	金相试样镶嵌机	1 台	23	开式可倾压力机	2 台
8	金相试样预磨机	6 台	24	剪板机	1 台
9	金相试样抛光机	10 台	25	钳工台工位	40 个
10	箱式热处理炉(中温)	3 台	26	演示教具	若干
11	箱式热处理炉(高温)	1 台	27	三坐标测量机	1 台
12	坩锅炉	2 台	28	3D 打印机	1 台
13	低温油浴炉	2 台	29	注塑机	2 台
14	淬火槽	油水各 1	30	锯床	1 台
15	金相照片洗印设备	2 套	31	通用量具	10 套
16	万能力学试验机	1 台			

八、考核方式与标准

考核步骤	考核内容	知识能力（30%）	专业能力（70%）
		每部分所占分数	每部分所占分数
项目考核	项目一　工程材料的分类及其选用	6	18
	项目二　铸造	4	8
	项目三　锻压加工	4	8
	项目四　焊接	4	8
	项目五　胶接与塑料制品成形	2	4
	项目六　快速成形与3D打印	2	4
	项目七　毛坯的选用	2	4
综合考核	典型毛坯的制造过程	6	16
总分（百分制）		30	70

项目一
工程材料的分类及其选用

　　工程材料是现代工农业生产赖以存在和发展的必备物质基础。人类生活、生产的过程是使用材料和将材料加工成成品的过程，材料使用的能力和水平标志着人类的文明和进步程度。人类发展的历史时代按人类对材料的使用分为石器时代、青铜器时代、铁器时代等。在当今社会，能源、信息和材料已成为现代化技术的三大支柱，而能源和信息的发展又依托于材料。因此，世界各国都把材料的研究、开发放在突出的地位，我国的"863"计划把材料列为七个优先发展的领域之一。

　　工程上所用的各种金属材料、非金属材料和复合材料统称为工程材料。工程材料是机械产品制造所必需的物质基础，是工业的"粮食"。工程材料的使用与人类进步密切相关，标志着人类文明的发展水平。所以，历史学家将人类的历史按使用材料的种类划分成了石器时代、陶器时代、铜器时代和铁器时代等。公元1368年，明代科学家宋应星编著了闻名世界的《天工开物》，详细记载了冶铁、铸造、锻铁、淬火等各种金属加工制造方法，是最早涉及工程材料及成形技术的著作之一。早在公元前2000年左右的青铜器时代，人类就开始了对工程材料的冶炼和加工制造。公元前2000多年的夏代，我国就掌握了青铜冶炼术，到距今3000多年前的殷商、西周时期，技术达到当时世界最高水平，用青铜制造的生产工具、生活用具、兵器和马饰得到普遍应用。河南安阳武官村发掘出来的重达875 kg的祭器司母戊大方鼎，不仅体积庞大，而且花纹精巧，造型美观。湖北江陵楚墓中发现的埋藏2000多年的越王勾践的宝剑仍闪闪发亮，说明人们已掌握了锻造和热处理技术。春秋战国时期，我国开始大量使用铁器，白口铸铁、灰铸铁、可锻铸铁相继出现。在陶瓷及天然高分子材料（如丝绸）方面，我国也曾远销欧亚诸国，踏出了名垂千古的丝绸之路，为世界文明史添上了光辉的一页。19世纪以来，工程材料获得了高速发展，到20世纪中期，金属材料的使用达到鼎盛时期，由钢铁材料所制造的产品约占机械产品的95%。

　　今后的发展趋势是传统材料不断扩大品种规模，不断提高质量并降低成本，新材料特别是人工合成材料等将得到快速发展，从而形成金属、高分子、陶瓷及复合材料三分天下的新时代。另外，功能材料、纳米材料等高科技材料将加速研究，逐渐成熟并获得应用。工程材料业已成为所有科技进步的核心。

　　工程材料按物质结构分为金属材料、无机非金属材料、有机高分子材料、复合材料等。目前金属材料仍是最主要、使用最广泛的工程材料。金属材料的性能与其化学成分、显微组织及加工工艺之间有着密切的关系，了解它们之间的关系，掌握它们之间的一些变化规律，是有效使用材料所必需的。本书在概括地阐述合金一般规律的基础上，以最常用的金属材料——钢为实例，较详细地介绍了钢的性能与化学成分、显微组织和热处理工艺之间的关系。近年来，非金属材料发展迅速,在机械工程中的地位不断上升,故本模块还简要介绍了塑料、橡胶和陶瓷等非金属材料。

任务一　工程材料的主要性能及测定

▸任务导入

1. 掌握工程材料的主要性能指标及含义。
2. 掌握工程材料主要性能特别是力学性能的测定方法。

▸应知应会

为了正确、合理地使用各种工程材料,对其性能的了解是十分必要的。工程材料的性能包括使用性能和工艺性能,如图1-1。使用性能是指金属材料在使用过程中表现出来的性能,如力学性能、物理性能、化学性能等;工艺性能是指金属材料在各种加工过程中所表现出来的性能,如铸造性能、锻造性能、焊接性能、切削加工性能、热处理性能等。一般机械零件常以力学性能作为设计和选材的依据。金属材料的力学性能是指材料在外力作用下所表现出来的特性,常用的指标有强度、塑性、硬度、韧性和疲劳强度等。

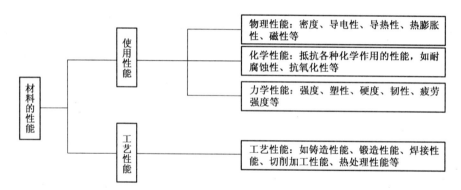

图1-1　材料的性能

1.1.1　工程材料的力学性能

1)强度和塑性

材料在外力作用下,会产生尺寸和形状的变化。这种外力通常称为载荷,尺寸和形状的变化叫变形。载荷与变形的关系可通过拉伸试验的方法来确定。

拉伸试验是测定静态力学性能指标常用的方法。通常将材料制成标准试样,如图1-2所示为常用的圆形拉伸试样($l_0 = 10d_0$ 或 $l_0 = 5d_0$),装夹在拉伸试验机上,对试样缓慢加载,使之不断产生变形,直至试样断裂。根据拉伸试验过程中的载荷和对应的变形量的关系,可画出材料的拉伸曲线。图1-3所示是低碳钢的拉伸曲线,图中纵坐标表示载荷 F,单位为N;横坐标表示变形量 Δl,单位为mm。通过拉伸曲线可测定材料的强度和塑性。

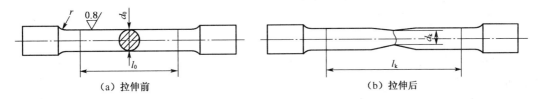

图 1-2　圆形拉伸试样简图

（1）强度

强度是指金属材料在外力作用下抵抗塑性变形和断裂的能力。抵抗塑性变形和断裂的能力越大，则强度越高。常用的强度指标是屈服点和抗拉强度。

材料在外力作用下发生变形的同时，在内部会产生一个抵抗变形的内力，其大小与外力相等而方向相反。

单位截面积上的内力称为应力，单位为帕（Pa）。工程上常用兆帕（MPa），$1\ \mathrm{MPa} = 10^6\ \mathrm{Pa}$ 或 $1\ \mathrm{MPa} = 1\ \mathrm{N/mm^2}$，应力常用符号 σ 表示。

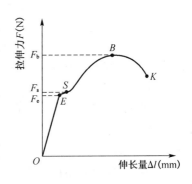

图 1-3　低碳钢的拉伸曲线

① 屈服点

由图 1-3 可知，当载荷增加到 F_s 时，在不再增加载荷的情况下，试样仍然继续伸长，这种现象称为屈服。屈服点是指试样产生屈服现象时的最小应力，即开始出现塑性变形时的应力，通常用 σ_S 表示。即：

$$\sigma_S = \frac{F_s}{S_0}\ \mathrm{MPa}$$

式中：F_s——试样产生屈服时的拉伸力，N；

$\qquad S_0$——试样原始横截面积，$\mathrm{mm^2}$。

对于低塑性材料或脆性材料，由于屈服现象不明显，常以产生一定的微量塑性变形（一般以残余变形量达到 $0.2\% l_0$）的应力为屈服点，用符号 $\sigma_{r0.2}$ 表示，称为条件屈服点。即：

$$\sigma_{r0.2} = \frac{F_{r0.2}}{S_0}\ \mathrm{MPa}$$

式中：$F_{r0.2}$——塑性变形量为 $0.2\% l_0$ 时的拉伸力，N；

$\qquad S_0$——试样原始横截面积，$\mathrm{mm^2}$。

② 抗拉强度

当载荷超过 F_s 以后，试样将继续产生变形，载荷达到最大值后，试样产生缩颈，有效截面积急剧减小，直至产生断裂。抗拉强度是试样断裂前能够承受的最大拉应力，用 σ_b 表示。即：

$$\sigma_b = \frac{F_b}{S_0}\ \mathrm{MPa}$$

式中：F_b——试样断裂前能承受的最大拉伸力，N；

$\qquad S_0$——试样原始横截面积，$\mathrm{mm^2}$。

工程上所用的金属材料，不仅希望具有较高的屈服强度 σ_S，还希望具有一定的屈强比（$\sigma_S/$

σ_b)。屈强比越小,零件可靠性越高,使用中超载不会立即断裂。但屈强比太小,则材料强度的有效利用率降低。一般在性能允许的情况下,屈强比在 0.75 左右较为合适。

（2）塑性

金属材料在外力作用下发生塑性变形而不破坏的能力称为塑性。常用的指标有断后伸长率和断面收缩率。

① 断后伸长率

断后伸长率是指试样拉伸断裂后的标距伸长量与原始标距的百分比,用符号 δ 表示。即：

$$\delta = \frac{l_k - l_0}{l_0} \times 100\%$$

式中：l_0——试样原始标距长度,mm；

l_k——试样断裂后的标距长度,mm。

断后伸长率的大小与试样尺寸有关。长试样的断后伸长率用 δ_{10} 或 δ 表示,短试样的断后伸长率用 δ_5 表示,同一材料的 $\delta_{10} < \delta_5$,但二者不能直接比较。

② 断面收缩率

断面收缩率是指试样拉断后,缩颈处（断口处）横截面积的最大缩减量与原始横截面积的百分比,用符号 ψ 表示。即：

$$\psi = \frac{S_0 - S_k}{S_0}$$

式中：S_0——试样原始横截面积,mm^2；

S_k——试样拉断后缩颈处最小横截面积,mm^2。

一般 δ 和 ψ 的数值越大,材料的塑性越好。塑性直接影响到零件的成形加工及使用,如钢的塑性较好,能通过锻造成形；而普通铸铁的塑性差,不能进行锻造,只能进行铸造。另外,塑性好的零件在工作时若超载,因其塑性变形可避免突然断裂,从而提高了工作安全性。

2）硬度

硬度是指金属材料抵抗局部变形、压痕或划痕的能力。硬度是衡量金属材料软硬程度的指标。通常材料的硬度越高,其耐磨性越好,强度也越高。

材料的硬度可通过硬度试验的方法测得。测定硬度的方法比较多,常用的硬度试验方法有布氏硬度、洛氏硬度和维氏硬度三种。

（1）布氏硬度

布氏硬度试验原理见图 1-4。用直径为 D 的硬质合金球作压头,以相应的试验力 F 将压头压入试样表面,并保持一定的时间,然后卸除试验力,在试样表面得到一直径为 d 的压痕。用试验力除以压痕表面积,所得值即为布氏硬度值,用符号 HBW 表示,即：

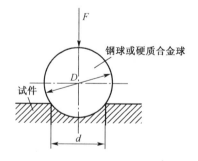

图 1-4　布氏硬度试验原理示意图

$$HBW = \frac{F}{A_{压}} = \frac{2F}{\pi D(D - \sqrt{D^2 - d^2})} \; kgf/mm^2 （试验力 F 单位用 kgf）$$

$$HBW = 0.102 \frac{2F}{\pi D(D - \sqrt{D^2 - d^2})} \text{ N/mm}^2 \text{（试验力 } F \text{ 单位用 N）}$$

式中：D——压头直径，mm；

$\quad\quad A_{压}$——压痕球形表面积，mm²；

$\quad\quad F$——试验力，N(1 kgf=9.8 N)；

$\quad\quad d$——压痕平均直径，mm。

试验时只要测量出压痕的平均直径 d，即可通过查表得出所测材料的布氏硬度值。d 值越大，硬度值越小；d 值越小，硬度值越大。

布氏硬度表示方法：硬度值一般不标单位，在符号 HBW 前写出硬度值，符号后面用数字依次表示压头直径、试验力及试验力保持时间（10～15 s 不标）等试验条件。例如，120 HBW10/1 000/30 表示用直径为 10 mm 的硬质合金球做压头在 1 000 kgf 试验力作用下保持 30 s 所测得的布氏硬度值为 120 HBW。一般在零件图或工艺文件上标注材料要求的布氏硬度时，不规定试验条件，只需标出要求的硬度值范围和硬度符号，如 210～230 HBW。

在测定软硬不同材料或厚薄不一工件的布氏硬度值时，可参考有关手册选用不同大小的试验力 F 和压头直径 D。一般来说，选用不同的 F/D^2 比值所测得的布氏硬度值不能直接比较。

布氏硬度试验的优点是测定的数据准确、稳定、数据重复性强，常用于测定硬度值小于650 HBW 的退火、正火、调质钢、铸铁及有色金属的硬度。其缺点是操作不太简便，且压痕较大，易损坏成品表面，故不宜测定薄件和成品件的硬度。

（2）洛氏硬度

洛氏硬度试验原理见图 1-5。采用顶角为 120°的金刚石圆锥或直径为 1.588 mm 的淬火钢球作压头，在初始试验力 F_0 及总试验力 F（初始试验力 F_0 与主试验力 F_1 之和）分别作用下压入金属表面，经规定保持时间后，卸除主试验力 F_1，测定此时残余压痕深度。用压痕深度的大小来表示材料的洛氏硬度值，并规定每压入 0.002 mm 为一个洛氏硬度单位。图中 0-0 是金刚石压头没有与试样接触时的位置，1-1 是压头在初始载荷作用下压入试样 b 位置，2-2 是压头在全部规定试验力（初试验力＋主试验力）作用下压入试样 c 位置，

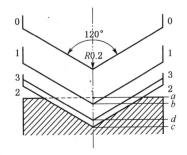

图 1-5　洛氏硬度试验原理示意图

3-3 是卸除主试验力保留初试验力后压头的位置 d。所以压痕的深度 $h = bd$。洛氏硬度用符号 HR 表示，其计算公式为：

$$HR = C - \frac{h}{0.002}$$

式中：h——压痕深度；

$\quad\quad C$——常数，当压头为淬火钢球时 $C = 130$，压头为金刚石圆锥时 $C = 100$。

材料越硬，h 越小，所测得的洛氏硬度值越大。

淬火钢球压头多用于测定退火件、有色金属等较软材料的硬度，压入深度较深；金刚石压头多用于测定淬火钢等较硬材料的硬度，压入深度较浅。

实际测定洛氏硬度时,被测材料的硬度可直接在硬度计指针所指示的刻度值读出。

为了能用一种硬度计测定不同软硬金属材料的硬度,可采用不同的压头与总试验力,组合成几种不同的洛氏硬度标尺。我国常用的是 HRA、HRB、HRC 三种,其中 HRC 应用最广。其试验规范见表 1-1。洛氏硬度无单位,须标明硬度标尺符号,在符号前面写出硬度值,如60HRC、82HRA。

洛氏硬度试验的优点是操作迅速、简便,硬度值可从表盘上直接读出;压痕较小,可在工件表面试验;可测量较薄工件的硬度,因而广泛用于热处理质量的检验。其缺点是因压痕小,对内部组织和硬度不均匀的材料所测结果不够准确,通常需要在材料的不同部位测试数次,取其平均值来代表材料的硬度。此外,用不同标尺测得的硬度值彼此之间没有联系,也不能直接进行比较。

表 1-1 洛氏硬度试验规范

硬度符号	压头类型	总载荷(N)	测量范围 HR	应用举例
HRA	120°金刚石圆锥	588.4	70～88	碳化物、硬质合金、淬火工具钢、浅层表面硬化钢等
HRB	φ1.588 mm 钢球	980.7	20～100	软钢、铜合金、铝合金、可锻铸铁
HRC	120°金刚石圆锥	1 471.1	20～70	淬火钢、调质钢、深层表面硬化钢

注:HRA、HRC 所用刻度为 100,HRB 为 130。

(3)维氏硬度

维氏硬度的测定原理基本上和布氏硬度相似,也是以单位压痕面积的力作为硬度值计量。所不同的是所加试验力较小,压头是锥面夹角为 136°的金刚石正四棱锥体,如图 1-6 所示。试验时在试验力 F 作用下,在试样表面上压出一个正方形锥面压痕,测量压痕对角线的平均长度 d,计算压痕的面积 S,以 F/S 的数值来表示其硬度值,用符号 HV 表示。

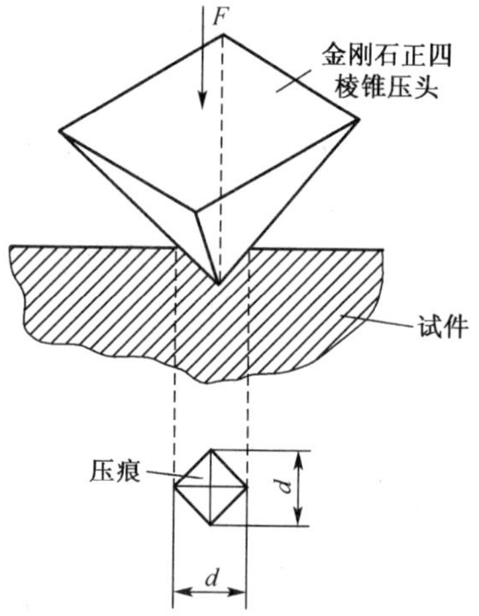

$$HV = 0.102 \frac{F}{S} = 0.189 \frac{F}{d^2}$$

式中:F——试验力,N;

d——压痕对角线算术平均值,mm。

HV 可根据所测得的 d 值从维氏硬度表中直接查出。

维氏硬度表示方法:在符号 HV 前方标出硬度值,在 HV 后面按试验力大小和试验力保持时间(10～15 s 不标出)的顺序用数字表示试验条件。例如:640HV30/20 表示用 30 kgf 试验力保持 20 s 测定的维氏硬度值为 640 HV。

图 1-6 维氏硬度试验原理示意图

维氏硬度试验法所用试验力小,压痕深度浅,轮廓清晰,数值准确可靠,广泛用于测量金属镀层、薄片材料和化学热处理后的表面硬度,且其试验力可在较大范围内选择(49.03～980.7 N),故可测量从很软到很硬的材料。维氏硬度试验法的缺点:不如洛氏硬度试验简便迅速,不适于成批生产的常规试验。

硬度试验所用设备简单,操作简便、迅速,可直接在半成品或成品上进行试验而不损坏被测件,并且还可根据硬度值估计出材料近似的强度和耐磨性。因此,硬度在一定程度上反映了材料的综合力学性能,应用广泛。常将硬度作为技术条件标注在零件图样或写在工艺文件中。

3）韧性

生产中许多零件是在冲击载荷作用下工作的,如内燃机的活塞连杆、锻锤锤头、冲床冲头、锻模、凿岩机零件等。由于外力的瞬时冲击作用所引起的变形和应力比静载荷大得多,因此在设计承受冲击载荷的零件和工具时,不仅要满足强度、塑性、硬度等性能要求,还必须有足够的韧性。

（1）冲击吸收功

韧性是指金属材料在断裂前吸收变形能量的能力,它表示金属材料抵抗冲击的能力。韧性的指标是通过冲击试验确定的。目前常用的方法是摆锤式一次冲击试验,其试验原理如图 1-7 所示。

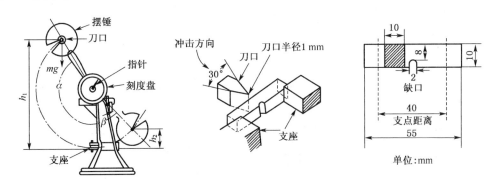

图 1-7 摆锤冲击试验机、试样及试样安装法

试验是在摆锤式一次冲击试验机上进行的。试验时,把按规定制作好的标准冲击试样水平放在试验机支座上,U 形缺口(脆性材料不开缺口)位于冲击相背方向,并用样板使缺口位于支座中间。然后将具有一定重量(质量为 m)的摆锤举至一定高度 h_1,然后自由落下,将试样冲断。由于惯性,摆锤冲断试样后继续上升到某一高度 h_2。根据功能原理可知:摆锤冲断试样所消耗的功 $A_K = mgh_1 - mgh_2$。A_K 称为冲击吸收功,单位焦耳(J),可从冲击试验机上直接读出。用 A_K 除以试样缺口处的横截面积 S 所得的商即为该材料的冲击韧度,用符号 α_K 表示,即:

$$\alpha_K = \frac{A_K}{S} \quad J/cm^2$$

国家标准规定采用 A_K 作为韧性指标。A_K 越大,材料的韧性越好。

冲击吸收功 A_K 与温度有关,见图 1-8。A_K 随温度的降低而减小,在某一温度区域,A_K 急剧变化,此温度区域称为韧脆转变温度。韧脆转变温度越低,材料的低温抗冲击性能越好。

冲击吸收功 A_K 还与试样形状、尺寸、表面粗糙度、内部组织和缺陷等有关。因此。冲击吸收功一般作为选材的参考,而不能直接用于强度计算。

（2）多冲抗力

在实际使用中,零件很少受一次大能量冲击而破坏,一般是受多次($>10^3$)冲击之后才会断裂。金属材料抵抗小能量多次冲击的能力叫做多冲抗力。多冲抗力可用在一定冲击能量下的冲断周次 N 表示。研究表明,材料的多冲抗力取决于材料强度与韧性的综合力学性能,冲击能量高时,主要取决于材料的韧性;冲击能量低时,主要决定于强度。

4)疲劳强度

许多机械零件如轴、连杆、齿轮、弹簧等,是在交变应力(指应力大小和方向随时间作用周期性变化)作用下工作的,零件工作时所承受的应力通常都低于材料的屈服强度。零件在这种交变载荷作用下经过长时间工作也会发生破坏,通常把这种破坏现象叫做金属的疲劳。由于疲劳断裂前无明显的塑性变形,断裂是突然发生的,危险性很大,常造成严重事故。据统计,大部分零件的损坏是由疲劳造成的。

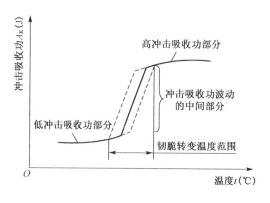

图 1-8　温度对冲击吸收功的影响

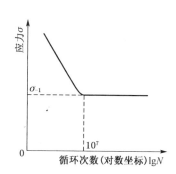

图 1-9　疲劳曲线示意图

疲劳强度是指金属材料经无数次的应力循环仍不断裂的最大应力,用于表征材料抵抗疲劳断裂的能力。

测试材料的疲劳强度,最简单的方法是旋转弯曲疲劳试验。实验测得的材料所受循环应力 σ 与其断裂前的应力循环次数 N 的关系曲线称为疲劳曲线,如图 1-9 所示。从该曲线可以看出,循环应力越小,则材料断裂前所承受的循环次数越多。当循环应力减少到某一数值时,曲线接近水平,即表示在该应力作用下,材料经无数次的应力循环而不发生疲劳断裂。工程上规定,材料在循环应力作用下达到某一基数而不断裂时,其最大应力就作为该材料的疲劳强度,通常用 σ_{-1} 表示。对钢材来说,当循环次数 N 达到 10^7 周次时,曲线便出现水平线,所以把经受 10^7 周次或更多周次而不破坏的最大应力定为疲劳强度。对于有色金属,一般则需规定应力循环在 10^8 或更多周次,才能确定其疲劳强度。

金属材料的疲劳强度与抗拉强度之间具有一定的近似关系:碳素钢的疲劳强度 $\sigma_{-1} \approx (0.4 \sim 0.55)\sigma_b$;灰口铸铁的疲劳强度 $\sigma_{-1} \approx 0.4\sigma_b$;有色金属的疲劳强度 $\sigma_{-1} \approx (0.3 \sim 0.4)\sigma_b$。

影响疲劳强度的因素很多,其中主要有受力状态、温度、材料的化学成分及显微组织、表面质量和残余应力等。如果对零件表面进行强化处理,如喷丸、表面淬火等,或进行精密加工减少零件的表面粗糙度等,都能提高零件的疲劳强度。

1.1.2　工程材料的其他性能

1)物理性能

工程材料的物理性能包括密度、熔点、导热性、导电性、热膨胀性和磁性等,各种机械零件由于用途不同,对材料的物理性能要求也有所不同。

（1）密度 表示某种材料单位体积的质量。密度是工程材料特性之一，工程上通常用密度来计算零件毛坯的质量。材料的密度直接关系到由它所制成的零件或构件的重量或紧凑程度，这点对于要求减轻机件自重的航空和宇航工业制件具有特别重要的意义。例如，飞机、火箭等。用密度小的铝合金制作同样零件，比钢材制造的零件重量可减轻 1/3～1/4。

（2）熔点 材料由固态转变为液态时的熔化温度。金属都有固定的熔点，而合金的熔点取决于成分，例如，钢是铁和碳组成的合金，含碳量不同，熔点也不同。

根据熔点的不同，金属材料又分为低熔点金属和高熔点金属。熔点高的金属称为难熔金属（如 W、Mo、V 等），可用来制造耐高温零件，例如，喷气发动机的燃烧室需用高熔点合金来制造。熔点低的金属（Sn、Pb 等），可用来制造印刷铅字和电路上的熔丝等。对于热加工材料，熔点是制定热加工工艺的重要依据之一，例如，铸铁和铸铝熔点不同，它们的熔炼工艺有较大区别。

（3）导热性 材料传导热量的能力。导热性能是工程上选择保温或热交换材料的重要依据之一，也是确定机件热处理保温时间的一个参数，如果热处理件所用材料的导热性差，则在加热或冷却时，表面与心部会产生较大的温差，造成不同程度的膨胀或收缩，导致机件破裂。一般来说，金属材料的导热性远高于非金属材料，而合金的导热性比纯金属差。例如，合金钢的导热性较差，当其进行锻造或热处理时，加热速度应慢一些，否则会形成较大的内应力而产生裂纹。

（4）导电性 材料传导电流的能力。电导率是表示材料导电能力的性能指标。在金属中，以银的导电性最好，其次是铜和铝，合金的导电性比纯金属差。导电性好的金属适于制作导电材料（纯铝、纯铜等）；导电性差的材料适于制作电热元件。

（5）热膨胀性 材料随温度变化体积发生膨胀或收缩的特性。一般材料都具有热胀和冷缩的特点。在工程实际中，许多场合要考虑热膨胀性。例如，相互配合的柴油机活塞和缸套之间间隙很小，既要允许活塞在缸套内往复运动又要保证气密性，这就要求活塞与缸套材料的热膨胀性要相近，才能避免二者卡住或漏气；铺设铁轨时，两根钢轨衔接处应留有一定空隙，让钢轨在长度方向有伸缩的余地；制定热加工工艺时，应考虑材料的热膨胀影响，尽量减少工件的变形和开裂等。

2）化学性能

金属及合金的化学性能主要指它们在室温或高温时抵抗各种介质的化学侵蚀能力，主要有耐腐蚀性、抗氧化性和化学稳定性。

（1）耐腐蚀性 金属材料在常温下抵抗氧、水蒸气等化学介质腐蚀破坏作用的能力。腐蚀对金属的危害很大。

（2）抗氧化性 几乎所有的金属能与空气中的氧作用形成氧化物，这称为氧化。如果氧化物膜结构致密（如 Al_2O_3），则可保护金属表层不再进行氧化，否则金属将受到破坏。

（3）化学稳定性 金属材料的耐腐蚀性和抗氧化性的总称。在高温下工作的热能设备（锅炉、汽轮机、喷气发动机等）上的零件应选择热稳定性好的材料制造；在海水、酸、碱等腐蚀环境中工作的零件，必须采用化学稳定性良好的材料，例如，化工设备通常采用不锈钢制造。

3）工艺性能

工程材料的工艺性能是物理、化学和力学性能的综合，指的是材料对各种加工工艺的适应能力，它包括铸造性能、锻压性能、焊接性能、切削加工性能和热处理性能。工艺性能的好坏直接影响零件的加工质量和生产成本，所以它也是选材和制定零件加工工艺必须考虑的因素之一。有关工艺性能的内容在后续项目和任务中具体阐述。

检查评估

1. 名词解释

(1)使用性能;(2)工艺性能;(3)力学性能;(4)强度;(5)塑性;(6)硬度;(7)韧性;(8)物理性能;(9)化学性能。

2. 计算题

有一低碳钢圆形试样的直径 $d_0 = 10$ mm,长度 $10 = 50$ mm,进行拉伸试验时测出材料在 $F_S = 26\,000$ N 时屈服,$F_b = 45\,000$ N 时断裂。拉断后试样长 $l_k = 58$ mm,断口直径 $d_k = 7.75$ mm。试求低碳钢的 σ_S、σ_b、δ、ψ。

3. 判断题

下列硬度要求和写法是否正确?

HBW150 HRC40N HRC70 HRB10 478HV HRA79 474HBW

4. 问答题

(1) 下列几种情况采用什么方法来测定硬度? 写出硬度值符号。

①材料库钢材的硬度;②铸铁机座毛坯;③硬质合金刀片;④耐磨工件的表面硬化层;⑤刨刀。

(2) 用 45 钢制成的一种轴,图纸要求热处理后达到 220～250 HBW,热处理车间将此处理后测得硬度为 22 HRC,是否符合图纸要求?

(3) 金属疲劳断裂是怎样产生的? 如何提高零件的疲劳强度?

任务二　金属的晶体结构与结晶

任务导入

1. 掌握金属材料的成分、组织、性能之间的关系,强化金属材料的基本途径,钢的热处理原理和方法,常用金属材料和非金属材料的性质、特点、用途和选用原则。初步具有正确选用常用金属材料和常规热处理工艺的能力。

2. 金属的内部结构和组织状态是决定金属材料性能的一个重要因素。金属在固态下通常都是晶体,了解和掌握金属的晶体结构、结晶过程及其组织特点是零件设计时合理选材的根本依据。

3. 掌握工程材料和材料热加工工艺与现代机械制造的完整概念,培养良好的工程意识。

应知应会

1.2.1　晶体基础

一切物质都是由原子组成的,根据原子在物质内部排列的特征,固态物质可分为晶体与非晶体两类。晶体内部原子在空间呈一定的有规则排列,如金刚石、石墨、雪花、食盐等。晶体具有固定熔点和各向异性的特征。非晶体内部原子是无规则堆积在一起的,如玻璃、松香、沥青、石蜡、木材、棉花等。非晶体没有固定熔点,并具有各向同性。金属在固态下通常都是晶体,在自然界中包括金属在内的绝大多数固体都是晶体。晶体之所以具有这种规则的原子排列,主要是由于各原子之间相互吸引力和排斥力相平衡的结果。由于晶体内部原子排列的规律性,有时甚至可以见到某些物质的外形也具有规则的轮廓,如水晶、食盐、钻石、雪花等,而金属晶体一般看不到有这种规则的外形。晶体中原子排列情况如图 1-10(a)所示。

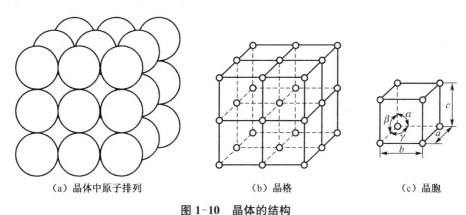

(a)晶体中原子排列　　　　　　　　(b)晶格　　　　　　　　(c)晶胞

图 1-10　晶体的结构

为了便于描述晶体中原子的排列规律,把每一个原子的核心视为一个几何点,用直线按一定的规律把这些几何点连接起来,形成空间格子,把这种假想的格子称为晶格,如图 1-10(b)所示。晶格所包含的原子数量相当多,不便于研究分析,将能够代表原子排列规律的最小单元体划分出来,这种最小的单元体称为晶胞,如图 1-10(c)所示。晶胞的大小和形状常以晶胞的棱边长度 a、b、c 和棱边间夹角 α、β、γ 来表示,其中 a、b、c 称作晶格常数。通过分析晶胞的结构可以了解金属的原子排列规律,判断金属的某些性能。

1.2.2　常见的金属晶体结构

金属的晶格类型有很多,纯金属常见的晶体结构主要为体心立方、面心立方及密排六方三种类型。

1) 体心立方晶格

体心立方晶格的晶胞如图 1-11 所示。其晶胞是一个正方体,晶胞的三个棱边长度 $a = b = c$,晶胞棱边夹角 $\alpha = \beta = \gamma = 90°$,其晶格常数通常只用一个晶格常数 a 表示即可。在体心

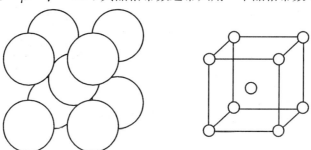

图 1-11　体心立方晶胞示意图

立方晶胞的每个角上和晶胞中心都排列有一个原子。体心立方晶胞每个角上的原子为相邻的八个晶胞所共有。体心立方晶胞中属于单个晶胞的原子数为 $(1/8) \times 8 + 1 = 2$ 个。

属于这种类型的金属有 Cr、Mo、W、V、α - Fe 等，它们大多具有较高的强度和韧性。

2）面心立方晶格

面心立方晶格的晶胞如图 1-12 所示。其晶胞也是一个正方体，晶胞的三个棱边长度 $a = b = c$，晶胞棱边夹角 $\alpha = \beta = \gamma = 90°$，其晶格常数也只用一个晶格常数 a 表示。在面心立方晶胞的每个角上和立方体六个面的中心都排列有一个原子。面心立方晶胞每个角上的原子为相邻的八个晶胞所共有，而每个面中心的原子为相邻的两个晶胞所共有。面心立方晶胞中属于单个晶胞的原子数为 $(1/8) \times 8 + (1/2) \times 6 = 4$ 个。

属于这种类型的金属有 Al、Cu、Ni、γ - Fe 等，它们大多具有较高的塑性。

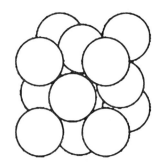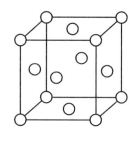

图 1-12　面心立方晶胞示意图

3）密排六方晶格

密排六方晶格的晶胞如图 1-13 所示。其晶胞是一个正六棱柱体，晶胞的三个棱边长度 $a = b \neq c$，晶胞棱边夹角 $\alpha = \beta = 90°$、$\gamma = 120°$，其晶格常数用正六边形底面的边长 a 和晶胞的高度 c 表示。在密排六方晶胞两个底面的中心处和十二个角上都排列有一个原子，柱体内部还包含着三个原子。每个角上的原子同时为相邻的六个晶胞所共有，面中心的原子同时属于相邻的两个晶胞所共有，而体中心的三个原子为该晶胞所独有。密排六方晶胞中属于单个晶胞的原子数为 $(1/6) \times 12 + (1/2) \times 2 + 3 = 6$ 个。

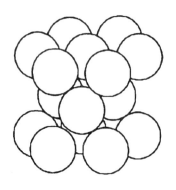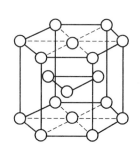

图 1-13　密排六方晶胞示意图

属于这种类型的金属有 Mg、Zn、Be、α - Ti、α - Co 等，它们大多具有较大的脆性，塑性较差。

1.2.3　金属的实际晶体结构

如果一块晶体,其内部的晶格位向完全一致时,这块晶体称为"单晶体"或"理想单晶体",以上的讨论指的都是这种单晶体中的情况。在工业生产中,只有经过特殊制作才能获得内部结构相对完整的单晶体。一般所用的工业金属材料,即使体积很小,其内部仍包含有许许多多的小晶体,每个小晶体内部的晶格位向是一致的,而各个小晶体彼此间位向都不同,如图 1-14 所示。把这种外形不规则的小晶体称为"晶粒"。晶粒与晶粒间的界面称为"晶界"。这种实际上由多个晶粒组成的晶体称为"多晶体"结构。由于实际的金属材料都是多晶体结构,一般测不出其像在单晶体中那样的各向异性,测出的是各位向不同的晶粒的平均性能,结果使实际金属不表现各向异性,而显示出各向同性。晶粒的尺寸通常很小,如钢铁材料的晶粒一般在 $10^{-1} \sim 10^{-3}$ mm,故只有在金相显微镜下才能观察到。图 1-15 是在金相显微镜下所观察到的工业纯铁的晶粒和晶界。这种在金相显微镜下所观察到的金属组织,称为"显微组织"或"金相组织"。

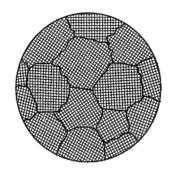

图 1-14　金属的多晶体结构示意图

图 1-15　工业纯铁的显微组织

每个晶粒内部,实际上也并不像理想单晶体那样位向完全一致,而是存在着许多尺寸更小、位向差也很小(一般是 $10' \sim 20'$,最大到 $2°$)的小晶块。它们相互镶嵌成一颗晶粒,这些在晶格位向上彼此有微小差别的晶内小区域称为亚结构(或称亚晶粒、镶嵌块)。因其组织尺寸较小,故需在高倍显微镜或电子显微镜下才能观察到。

1.2.4　金属的结晶

1) 金属结晶的基本概念

金属自液态经冷却转变为固态的过程是原子从排列不规则的液态转变为排列规则的晶态的过程,此过程称为金属的结晶过程。研究金属结晶过程的基本规律,对改善金属材料的组织和性能都具有重要的意义。

广义地讲,金属从一种原子排列状态过渡到另一种原子规则排列状态的转变都属于结晶过程。金属从液态过渡到固体晶态的转变称为一次结晶,而金属从一种固态过渡到另一种固态的转变称为二次结晶。

2) 纯金属的冷却曲线和过冷现象

纯金属都有一个固定的熔点(或称平衡结晶温度、理论结晶温度),因此纯金属的结晶过程总是在一个恒定的温度下进行。金属的理论结晶温度可用热分析法来测定,即将液体金属放在坩埚中以极其缓慢的速度进行冷却,在冷却过程中,每隔一段时间测量一次温度并记录下来。这样就可以获得如图 1-16(a)所示的纯金属冷却曲线。

由此曲线可见,液态金属从高温开始冷却时,由于周围环境的吸热,温度均匀下降,状态保持不变,当温度下降到 t_0 时,金属开始结晶,放出结晶潜热,抵消了金属向四周散出的热量,因而冷却曲线上出现了"平台"。持续一段时间之后,结晶完毕,固态金属的温度继续均匀下降,直至室温。

曲线上平台所对应的温度 t_0 为理论结晶温度。

在实际生产中,金属自液态向固态结晶中,有较快的冷却速度,使液态金属的结晶过程在低于理论结晶温度的某一温度 t_1 下进行,如图 1-16(b)所示。通常把实际结晶温度低于理论结晶温度的现象称为过冷现象,理论结晶温度与实际结晶温度的差 Δt 称为过冷度,过冷度 $\Delta t = t_0 - t_1$。

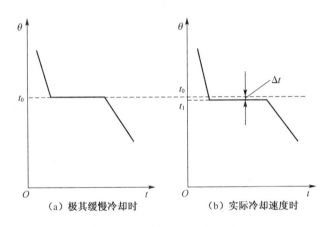

(a)极其缓慢冷却时   (b)实际冷却速度时

图 1-16 纯金属的冷却曲线

实际上金属总是在过冷的情况下进行结晶的,但同一种金属结晶时的过冷度不是一个恒定值,它与冷却速度有关。结晶时的冷却速度越快,过冷度就越大,金属的实际结晶温度也就越低。

3)纯金属的结晶过程

金属的结晶都要经历晶核的形成和晶核的长大两个过程(如图 1-17 所示)。

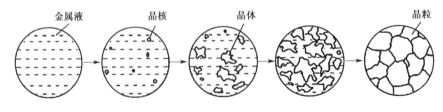

图 1-17 金属结晶过程示意图

(1)晶核的形成 液态金属中原子做不规则运动,随着温度的降低,原子活动能力减弱,原子的活动范围也缩小,相互之间逐渐接近。当液态金属的温度下降到接近 θ_1 时,某些原子按一定规律排列聚集,形成极细微的小集团。这些小集团很不稳定,遇到热流和振动就会消失。

当低于理论结晶温度时,这些小集团的一部分就成为稳定的结晶核心,称为晶核,这种形核是自发形核。在实际金属溶液中总是存在某些未熔的杂质粒子,以这些粒子为核心形成晶核称为非自发形核。

(2) 晶核长大 晶核向液体中温度较低的方向发展长大,如同树枝的生长,先生长出主干再形成分枝,在长大的同时又有新晶核出现、长大,当相邻晶体彼此接触时,被迫停止长大,而只能向尚未凝固的液体部分伸展,直到全部结晶完毕,成为树枝状的晶体。金属结晶时先形成晶核,晶核长大后成为晶体的颗粒,简称晶粒。冷却速度越快,过冷度越大,晶核的数量越多,晶粒越细小,金属的力学性能越好。

1.2.5 晶体缺陷

我们将实际晶体中偏离理想结构的区域称为晶体缺陷。根据几何形状特征,可将晶体缺陷分为点缺陷、线缺陷和面缺陷三类。在金属中偏离规则排列位置的原子数目很少,至多占原子总数的千分之一,所以实际金属材料的结构还是接近完整的。尽管数量少,但是这些晶体缺陷却对金属的塑性变形、强度、断裂等起着决定性的作用,并且还在金属的固态相变、扩散等过程中起重要作用。因此,晶体缺陷的分析研究具有重要的理论和实际意义。

1) 点缺陷

点缺陷是指在三维尺度上都很小的,不超过几个原子直径的缺陷,亦称为零维缺陷。主要有空位、置换原子、间隙原子三种,如图 1-18 所示。

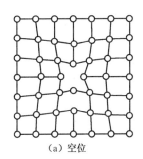 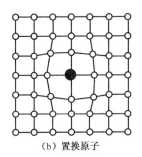 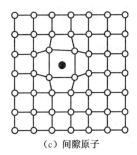

（a）空位　　　　　　（b）置换原子　　　　　　（c）间隙原子

图 1-18　点缺陷

如果晶格上应该有原子的地方没有原子,在那里就会出现"空洞",这种原子堆积上的缺陷称为"空位";异类原子占据晶格的结点位置的缺陷称为"置换原子";在晶格的某些空隙处出现多余的原子或挤入外来原子的缺陷称为"间隙原子"。空位、置换原子和间隙原子的存在,均会使周围的原子偏离平衡位置,引起附近晶格畸变。点缺陷是金属扩散和固溶强化的理论基础。

2) 线缺陷

线缺陷是指晶体内沿某一条线,附近原子的排列偏离了完整晶格所形成的线形缺陷区。其特征是:二维尺度很小,而第三维尺度很大,亦称为一维缺陷。位错就是一种最重要的线缺陷。位错在晶体的塑性变形、断裂、强度等一系列结构敏感性的问题中均起着主要作用,位错理论是材料强化的重要理论。

晶体中某处有一列或若干列原子发生有规律的错排现象叫做位错,位错可视为晶格中一部分晶体相对于另一部分晶体的局部滑移而造成的结果。位错有刃型位错、螺型位错等。形式比较简单的是如图 1-19 所示的刃型位错。在这个晶体的某一水平面（ABCD）的上方，多出一个原子面（EFGH），它中断于 ABCD 面上的 EF 处，这个原子面如同刀刃一样插入晶体，故称刃型位错。在位错的附近区域，晶格发生了畸变。

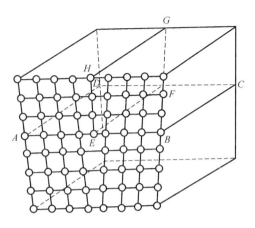

3）面缺陷

面缺陷是指二维尺度很大而第三维尺度很小的缺陷，亦称二维缺陷，例如，晶界、亚晶界、相界、堆垛层错等，都是因晶体中不同区域之间的晶格位向过渡所造成的，但在小角度位向差的亚晶界情况下，则可把它看成是一种位错线的堆积或称"位错壁"。

图 1-19　刃型位错示意图

面缺陷是晶体中不稳定区域，原子处于较高能量状态，它能提高材料的强度和塑性。细化晶粒，增大晶界总面积是强化晶体材料力学性能的有效手段。同时，它对晶体的性能及许多过程均有极重要的作用。

晶体缺陷在晶体的塑性、强度、扩散以及其他的结构敏感性问题中起着主要作用。近年来对晶体缺陷的理论和实验的研究，进展非常快。还需指出，上述缺陷都存在于晶体的周期性结构之中，它们都不能取消晶体的点阵结构。我们既要注意到晶体点阵结构的特点，又要注意到其非完整性的一面，这样才能对晶体结构有一个比较全面的认识。

1.2.6　合金的相结构

1）基本概念

（1）合金

由两种或两种以上的金属元素或金属元素与非金属元素组成的具有金属特性的物质称为"合金"。例如，黄铜是铜和锌组成的合金，碳钢和铸铁是铁和碳组成的合金。

（2）组元

组成合金的最基本、独立的物质称为"组元"。组元可以是纯元素，也可以是稳定的化合物。金属材料的组元多为纯元素，陶瓷材料的组元多为化合物。

（3）合金系

由给定组元可按不同比例配制出一系列不同成分的合金，这一系列合金就构成一个合金系统，简称合金系。两组元组成的为二元系，三组元组成的为三元系等。

（4）相

材料中具有同一聚集状态、同一化学成分、同一结构并与其他部分有界面分开的均匀组成部分称为"相"。若材料是由成分、结构相同的同种晶粒构成，尽管各晶粒之间有界面隔开，但它们仍属同种相。若材料由成分、结构都不相同的几部分构成的，则它们应属不同的相。例如，纯金属是单相合金，钢在室温下由铁素体和渗碳体两相组成，普通陶瓷系由晶相、玻璃相（即非晶相）与气相三相组成。"相结构"指的是相中原子的具体排列规律。

（5）组织

通常人眼看到或借助于显微镜观察到的材料内部的微观形貌（图像）称为组织。人眼（或放大镜)看到的组织为宏观组织;用显微镜所观察到的组织为显微组织。组织是与相有紧密联系的概念。相是构成组织的最基本组成部分。但当相的大小、形态与分布不同时会构成不同的微观形貌(图像),各自成为独立的单相组织,或与别的相一起形成不同的复相组织。组织是材料性能的决定性因素。相同条件下,材料的性能随其组织的不同而变化。因此在工业生产中,控制和改变材料的组织具有相当重要的意义。

2) 固态合金的相结构

合金在熔点以上,通常各组元相互溶解成为均匀的溶液,称为液相。当合金溶液凝固后,由于各组元之间的相互作用不同,可能出现两种基本相:固溶体和金属化合物。

(1) 固溶体

合金在固态时,组元之间相互溶解,形成在某一组元晶格中包含有其他组元原子的新相,这种新相称为固溶体。保持原有晶格的组元称为溶剂,而其他组元称为溶质。一般来说,溶质的含量比溶剂的含量要少,其晶格可能消失。

在一定的温度和压力的外界条件下,溶质在固溶体中的极限浓度称为溶解度。溶解度有一定限制的固溶体称为有限固溶体。溶剂与溶质能在任何比例下互溶的固溶体称为无限固溶体,根据溶质原子在溶剂晶格中所占位置的不同,固溶体可以分为置换固溶体和间隙固溶体。

① 置换固溶体　溶质原子替代溶剂的部分原子占据着晶格的正常位置,仍结合成溶剂的晶格类型所形成的固体,称为置换固溶体,如图 1-20(a)所示。形成置换固溶体的基本条件是溶质原子直径与溶剂原子直径相差较小。如果溶质与溶剂的晶格类型相同,溶质原子替代溶剂原子的数量可以很大(即溶解度很大)。

② 间隙固溶体　溶质原子存在于溶剂晶格间隙处所形成的固溶体,称为间隙固溶体,如图 1-20(b)所示。通常条件下,溶质原子直径与溶剂原子直径相差较大,两直径之比小于0.59时易形成此类固溶体。其溶解度是有限的。

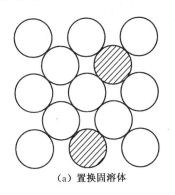 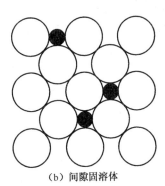

(a) 置换固溶体　　　　　　　　　(b) 间隙固溶体

图 1-20　固溶体的晶体结构示意图

③ 固溶强化　无论哪种固溶体,由于溶质原子的渗入,固溶体的晶格都存在畸变现象,如图 1-21 所示,从而改变了合金性能,表现为强度指标升高,因而可利用此现象获取高强度合金材料,称为固溶强化。碳与 α - Fe 形成的固溶体称为铁素体,以符号"F"表示。

(2) 金属化合物

当溶质的含量超过溶剂的溶解度时,溶质元素与溶剂元素相互作用形成一种不同于任一组元晶格的新物质,即金属化合物。一般可用分子式来表示组成,如钢中的渗碳体(Fe_3C)。

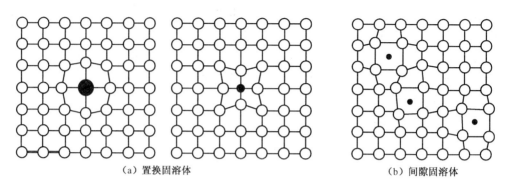

（a）置换固溶体　　　　　　　　　　　（b）间隙固溶体

图 1-21　形成固溶体时的晶格畸变

金属化合物的晶格类型完全不同于组元的晶格类型，一般都属于复杂晶格结构。因此，金属化合物都表现出熔点高、硬度较高、脆性较大等特点。金属化合物很少单独使用。当金属化合物细小而均匀地分布在合金中时，可以提高合金的强度、硬度和耐磨性，但塑性和韧性会明显下降，因而不能单纯通过增加金属化合物的数量来提高合金的性能。

检查评估

1. 名词解释

（1）晶格；（2）过冷度；（3）同素异构转变；（4）相；（5）组织；（6）固溶强化。

2. 简答题

（1）常见的金属晶格结构有哪几种？Cr、Mg、Zn、W、V、Fe、Al、Cu 等各具有哪种晶格结构？

（2）简述固溶体、金属化合物在晶体结构与力学性能方面的特点。

（3）实际金属晶体中存在哪些晶体缺陷？它们对金属的性能有哪些影响？

任务三　铁碳合金

任务导入

1. 掌握铁碳合金相图的主要作用。
2. 通过相图，了解合金性能与合金的成分、晶体结构、组织形态之间的变化规律。
3. 掌握铁碳合金相图，包括相图中主要的点、线、区，典型铁碳合金的结晶过程。
4. 了解铁碳合金的成分、组织和性能的变化规律及铁碳合金相图的应用。

应知应会

1.3.1　铁碳合金的基本组织

铁碳合金在液态时铁和碳可以无限互溶；在固态时根据含碳量的不同，碳可以溶解在铁中形成固溶体,也可以与铁形成化合物,或者形成固溶体与化合物组成的机械混合物。因此,铁碳合金在固态下出现以下几种基本组织。

1）铁素体（Ferrite）

碳溶于 α-Fe 形成的间隙固溶体称为铁素体,常用符号"F"表示。铁素体的溶碳能力很小,随着温度的升高溶碳能力增加,727℃时溶碳能力最大,达到 0.0218%。

铁素体的力学性能接近纯铁,强度、硬度很低,塑性和韧性很好。所以含有较多铁素体的铁碳合金(如低碳钢),易于进行冲压等塑性变形加工。图1-22是铁素体的显微组织。

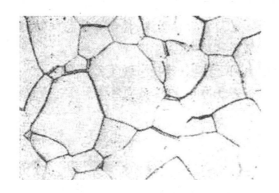

图1-22　铁素体的显微组织

2）奥氏体（Austenite）

奥氏体是碳溶解在 γ-Fe 中形成的间隙固溶体,常用符号"A"表示。奥氏体在1148℃时的溶碳能力最大,达到2.11%。在单纯铁碳合金中奥氏体存在于727℃以上。奥氏体的硬度不高,塑性极好,因此通常把钢加热到奥氏体状态进行锻造。

3）渗碳体（Cementite）

渗碳体是铁和碳形成的金属化合物 Fe_3C。渗碳体中碳的质量分数为6.69%,其硬度高（＞800 HBW）,脆性大,塑性很差。因此,铁碳合金中的渗碳体量过多将导致材料力学性能变坏。一定量的渗碳体若呈细小而均匀地分布于基体之上,可以提高材料的强度和硬度。

渗碳体在一定的条件下能分解形成石墨状的自由碳和铁:$Fe_3C \rightarrow 3Fe + C$(石墨)。这一过程对铸铁具有重要意义。

4）珠光体（Pearlite）

珠光体是铁素体和渗碳体两相组织的机械混合物,常用符号"P"表示。碳的质量分数为0.77%。常见的珠光体形态是铁素体与渗碳体片层相间分布的,片层越细密,强度越高。

5）莱氏体（Ledeburite）

莱氏体是由奥氏体(或珠光体)和渗碳体组成的机械混合物,常用符号"Ld"表示。碳的质量分数为4.3%,莱氏体中的渗碳体较多,脆性大,硬度高,塑性很差。

1.3.2　铁碳合金相图

铁碳合金相图是表示在极其缓慢的加热或冷却条件下,不同成分的铁碳合金,在不同的温度下所具有的状态或组织的图形,因此也称为铁碳平衡图或状态图。它对于钢铁材料的选用,对于钢铁材料热处理及热加工工艺的制定,都有重要的指导意义。

铁碳合金相图是研究铁碳合金的基础。由于 $w_C > 6.69\%$ 的铁碳合金脆性极大,没有使用价值。另外,渗碳体中 $w_C = 6.69\%$,是个稳定的金属化合物,可以作为一个组元。因此,研究的铁碳合金相图实际上是 $Fe - Fe_3C$ 相图,如图 1-23 所示。

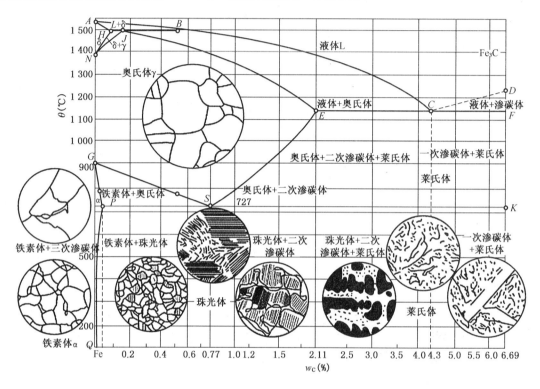

图 1-23 Fe－Fe₃C 相图

1) 相图中的点、线、区

相图中各主要点的温度、含碳量及含义见表 1-2。

表 1-2 Fe－Fe₃C 相图中各主要点的温度、含碳量及含义

点的符号	温度(℃)	含碳量(%)	说　明
A	1 538	0	纯铁的熔点
B	1 495	0.53	包晶转变时液态合金成分
C	1 148	4.3	共晶点
D	1 227	6.69	渗碳体的熔点
E	1 148	2.11	碳在 $\gamma - Fe$ 中的最大溶解度
F	1 148	6.69	渗碳体的成分
G	912	0	$\alpha - Fe \rightleftharpoons \gamma - Fe$ 转变温度
H	1 495	0.09	碳在 $\delta - Fe$ 中的最大溶解度

续表 1-2

点的符号	温度(℃)	含碳量(%)	说　明
J	1 495	0.17	包晶点
K	727	6.69	渗碳体的成分
N	1 394	0	$\gamma\text{-Fe} \rightleftharpoons \delta\text{-Fe}$ 转变温度
P	727	0.021 8	碳在 $\alpha\text{-Fe}$ 中的最大溶解度
S	727	0.77	共析点
Q	室温	0.000 8	室温时碳在 $\alpha\text{-Fe}$ 中的溶解度

相图中各主要线的意义如下：

$ABCD$ 线——液相线，该线以上的合金为液态，合金冷却至该线以下便开始结晶。

$AHJECF$ 线——固相线，该线以下合金为固态。加热时温度达到该线后合金开始融化。

HJB 线——包晶线，含碳量为 0.09%～0.53% 的铁碳合金，在 1 495℃ 的恒温下均发生包晶反应，即：

$$L_B + \delta_H \xrightarrow[\text{恒温}]{1\,495℃} A_J$$

ECF 线——共晶线，碳的质量分数大于 2.11% 的铁碳合金当冷却到该线时，液态合金均要发生共晶反应，即：

$$L_C \xrightleftharpoons[\text{恒温}]{1\,148℃} Ld(A_E + Fe_3C)$$

共晶反应的产物是奥氏体与渗碳体(或共晶渗碳体)的机械混合物，即莱氏体(Ld)。

PSK 线——共析线。当奥氏体冷却到该线时发生共析反应，即：

$$A_S \xrightleftharpoons[\text{恒温}]{727℃} P(F_P + Fe_3C)$$

共析反应的产物是铁素体与渗碳体(或共析渗碳体)的机械混合物，即珠光体(P)。共晶反应所产生的莱氏体冷却至 FSK 线时，内部的奥氏体也要发生共析反应转变成为珠光体，这时的莱氏体叫低温莱氏体(或变态莱氏体)，用 Ld′ 表示。PSK 线又称 A_1 线。

NH、NJ 和 GS、GP 线——固溶体的同素异构转变线。在 NH 与 NJ 线之间发生 $\delta\text{-Fe} \rightleftharpoons \gamma\text{-Fe}$ 转变，NJ 线又称 A_4 线，在 GS 与 GP 之间发生 $\gamma\text{-Fe} \rightleftharpoons \alpha\text{-Fe}$ 转变，GS 线又称 A_3 线。

ES 和 PQ 线——溶解度曲线，分别表示碳在奥氏体和铁素体中的极限溶解度随温度的变化线，ES 线又称 A_{cm} 线。当奥氏体中碳的质量分数超过 ES 线时，就会从奥氏体中析出渗碳体，称为二次渗碳体，用 Fe_3C_{II} 表示。同样，当铁素体中碳的质量分数超过 PQ 线时，就会从铁素体中析出渗碳体，称为三次渗碳体，用 Fe_3C_{III} 表示。

此外，CD 线是从液体中结晶出渗碳体的起始线，从液体中结晶出的渗碳体称为一次渗碳体(Fe_3C_I)。

相图中有 5 个基本相，相应的有 5 个单相区：液(L)相区，固(δ)相区，奥氏体(A)相区，铁素体(F)相区，渗碳体(Fe_3C)相区。相图中有 7 个两相区：$L+\delta$，$L+A$，$L+Fe_3C_I$，$\delta+A$，$A+$

$F,A+Fe_3C_{II},F+Fe_3C_{III}$。相图中三相共存区：$HJB$ 线（$L+\delta+A$）、ECF 线（$L+A+Fe_3C$）、PSK 线（$A+F+Fe_3C$）。

2）相图中合金的分类

Fe-Fe$_3$C 相图中不同成分的铁碳合金，在室温下将得到不同的显微组织，其性能也不同。通常根据相图中的 P 点和 E 点将铁碳合金分为工业纯铁、钢及白口铸铁三类。

（1）工业纯铁　工业纯铁是指室温下为铁素体和少量三次渗碳体的铁碳合金，P 点以左（含碳量小于 0.0218%）。

（2）钢　钢是指高温固态组织为单相固溶体的一类铁碳合金，P 点成分与 E 点成分之间（含碳量 0.0218%～2.11%）具有良好的塑性，适于锻造、轧制等压力加工，根据室温组织的不同又分为三种：

① 亚共析钢，是 P 点成分与 S 点成分之间（含碳量 0.0218%～0.77%）的铁碳合金。室温组织为铁素体＋珠光体，随含碳量的增加，组织中珠光体的量增多。

② 共析钢，是 S 点成分（含碳量 0.77%）的铁碳合金，室温组织全部是珠光体的铁碳合金。

③ 过共析钢，是 S 点成分与 E 点成分之间（含碳量 0.77%～2.11%）的铁碳合金。室温组织为珠光体＋渗碳体，渗碳体分布于珠光体晶粒的周围（即晶界），在金相显微镜下观察呈网状结构，故又称网状渗碳体。含碳量越高，渗碳体层越厚。

（3）白口铁　白口铁是指 E 点成分以右（含碳量 2.11%～6.69%）的铁碳合金。有较低的熔点，流动性好，便于铸造，脆性大。根据室温组织的不同又分为三种：

① 亚共晶白口铁，是 E 点成分与 C 点成分之间（含碳量 2.11%～4.3%）的铁碳合金。室温组织为低温莱氏体＋珠光体＋二次渗碳体。

② 共晶白口铁，是 C 点成分（含碳量 4.3%）的铁碳合金。室温组织为低温莱氏体。

③ 过共晶白口铁，是 C 点成分以右（含碳量 4.3%～6.69%）的铁碳合金。室温组织为低温莱氏体＋一次渗碳体。

3）钢的结晶过程和组织转变

（1）钢的结晶过程

钢在 AC 线以上时为液相，冷却到 AC 线开始结晶出奥氏体。结晶过程中的 AC 线和 AE 线之间，液相和奥氏体共存。随着温度下降，液相减少，奥氏体增多。冷却到 AE 线，结晶完毕。AE 线以下，钢的组织为单相奥氏体。

（2）钢的组织转变

① 共析钢的组织转变。共析钢组织在 AE 线到 A_1 线之间为单相奥氏体，冷却到 A_1 线时发生共析转变，形成珠光体。在 A_1 线以下，共析钢的组织为珠光体。

② 亚共析钢的组织转变。亚共析钢的组织在 AE 线到 A_3 线之间为单相奥氏体，冷却到 A_3 线开始析出铁素体。随着温度下降，铁素体逐渐增多，奥氏体逐渐减少。冷却到 A_1 线，剩余的奥氏体转变为珠光体。A_1 线以下，共析钢的组织为铁素体和珠光体。亚共析钢中碳的质量分数越高，组织中珠光体越多，铁素体越少。

③ 过共析钢的组织转变。过共析钢的组织从 AE 线到 A_{cm} 线之间为单相奥氏体，冷却到 A_{cm} 线开始沿晶界析出二次渗碳体。随着温度下降，二次渗碳体逐渐增多。冷却到 A_1 线，奥氏体转变为珠光体。在 A_1 线以下，过共析钢的组织为珠光体和二次渗碳体。过共析钢随着碳的

质量分数的增加,组织中二次渗碳体数量也增加。

4) 铁碳合金的成分、组织和性能的变化规律

(1) 碳对平衡组织的影响

随碳的质量分数增大,铁碳合金的组织发生如下变化:

$$F + Fe_3C_{III} \rightarrow F + P \rightarrow P \rightarrow P + Fe_3C_{II} \rightarrow P + Fe_3C_{II} + Ld' \rightarrow Ld' \rightarrow Fe_3C_I + Ld'$$

根据杠杆定律可以计算出铁碳合金中相组成物和组织组成物的相对量与碳的质量分数的关系。图1-24为铁碳合金中含碳量与平衡组织组分及相组分间的定量关系。

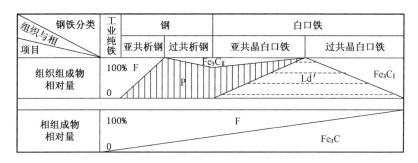

图1-24　铁碳合金中含碳量与平衡组织及相组分间的关系

当碳的质量分数增高时,不仅其组织中的渗碳体数量增加,而且渗碳体的分布和形态发生如下变化:Fe_3C_{III}(沿铁素体晶界分布的薄片状)→共析 Fe_3C(分布在铁素体内的片层状)→Fe_3C_{II}(沿奥氏体晶界分布的网状)→共晶 Fe_3C(为莱氏体的基体)→Fe_3C_I(分布在莱氏体上的粗大片状)。

(2) 碳对力学性能的影响

室温下铁碳合金由铁素体和渗碳体两个相组成。铁素体为软、韧相;渗碳体为硬、脆相。当两者以层片状组成珠光体时则兼具两者的优点,即珠光体具有较高的硬度、强度和良好的塑性、韧性。

图1-25是碳的质量分数对缓冷碳钢力学性能的影响。

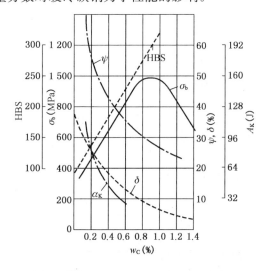

图1-25　碳的质量分数对缓冷碳钢力学性能的影响

由图 1-25 可知，随碳的质量分数增加，强度、硬度增加，塑性、韧性降低。当 w_C 大于 1.0% 时，由于网状 Fe_3C_{II} 出现，导致钢的强度下降。为了保证工业用钢具有足够的强度和适宜的塑性、韧性，其 w_C 一般不超过 1.3%~1.4%。w_C 大于 2.11% 的铁碳合金（白口铁），由于其组织中存在大量渗碳体，具有很高硬度，但性脆，难以切削加工，已不能锻造，故除作少数耐磨零件外，很少应用。

5）铁碳合金相图的应用

（1）选材料方面的应用

根据铁碳合金成分、组织、性能之间的变化规律，可以根据零件的工作条件来选择材料。如果要求有良好的焊接性能和冲压性能的机件，应选用组织中铁素体较多、塑性好的低碳钢（$w_C < 0.25\%$）制造，如冲压件、桥梁、船舶和各种建筑结构；对于一些要求具有综合力学性能（强度、硬度和塑性、韧性都较高）的机器构件，如齿轮、传动轴等应选用中碳钢（$0.25\% < w_C < 0.6\%$）制造；高碳钢（$w_C > 0.6\%$）主要用来制造弹性零件及要求高硬度、高耐磨性的工具、磨具、量具等；对于形状复杂的箱体、机座等可选用铸造性能好的铸铁制造。

（2）制定热加工工艺方面的应用

在铸造生产方面，根据 $Fe-Fe_3C$ 相图可以确定铸钢和铸铁的浇注温度。浇注温度一般在液相以上 150℃ 左右。另外，从相图中还可看出接近共晶成分的铁碳合金，熔点低，结晶温度范围窄，因此它们的流动性好，分散缩孔少，可得到组织致密的铸件。所以，铸造生产中，接近共晶成分的铸铁得到较广泛的应用。

在锻造生产方面，钢处于单相奥氏体时，塑性好，变形抗力小，便于锻造成形。因此，钢材的热轧、锻造时要将钢加热到单相奥氏体区。始轧和始锻温度不能过高，以免钢材氧化严重和发生奥氏体晶界熔化（称为过烧）。一般控制在固相线以下 100~200℃。而终轧和终锻温度也不能过高，以免奥氏体晶粒粗大。但又不能过低，以免塑性降低，产生裂纹。一般对亚共析钢的终轧和终锻温度控制在稍高于 GS 线即 A_3 线；过共析钢控制在稍高于 PSK 线即 A_1 线。实际生产中各种碳钢的始轧和始锻温度为 1 150~1 250℃，终轧和终锻温度为 750~850℃。

在焊接方面，由焊缝到母材在焊接过程中处于不同温度条件，因而整个焊缝区会出现不同组织，引起性能不均匀，可以根据 $Fe-Fe_3C$ 相图来分析碳钢的焊接组织，并用适当的热处理方法来减轻或消除组织不均匀性和焊接应力。

对热处理来说，$Fe-Fe_3C$ 相图更为重要。热处理的加热温度都以相图上的 A_1、A_3、A_{cm} 线为依据，这将在后续内容中详细讨论。

⟩检查评估

1. 名词解释

（1）铁碳合金相图；（2）共析线；（3）共晶点。

2. 简答题

铁碳合金相图在生产实践中有何指导意义？

3. 根据铁碳合金相图，说明产生下列现象的原因

（1）含碳量 w_C 为 1.0% 的钢比含碳量 w_C 为 0.5% 的钢的硬度高。

（2）在室温下，含碳量 w_C 为 0.8% 的钢的强度比含碳量 w_C 为 1.2% 的钢高。

（3）莱氏体的塑性比珠光体的塑性差。

（4）在 1 100℃，含碳量为 0.4% 的钢能进行锻造，含碳量为 4.0% 的白口铸铁不能锻造。

（5）钢适宜于通过压力加工成形，而铸铁适宜于通过铸造成形。

任务四　钢的热处理

→任务导入

1. 掌握整体热处理工艺（退火、正火、淬火和回火）的目的、工艺制定方法、内部组织变化、性能及用途。

2. 初步掌握热处理的基本操作方法。

3. 运用金相显微镜观察比较热处理前后内部组织的变化，并通过力学性能的测定，进一步加深对热处理基本原理的理解。

4. 了解表面热处理和化学热处理等热处理工艺。

→应知应会

钢的热处理工艺是指根据钢在加热和冷却过程中的组织转变规律制定的具体加热、保温和冷却的工艺参数。热处理工艺种类很多，根据加热、冷却方式及获得组织和性能的不同，钢的热处理可分为普通热处理（退火、正火、淬火和回火）、表面热处理（表面淬火和化学热处理等）及特殊热处理（形变热处理和磁场热处理）。根据在零件生产工艺流程中的位置和作用，热处理又可分为预备热处理和最终热处理。

钢的表面热处理主要是用以强化零件表面的热处理方法。机械制造业中，许多零件如齿轮、凸轮、曲轴等在动载荷及摩擦条件下工作，表面要求高硬度、耐磨性好和高的疲劳强度，而心部应有足够的塑性和韧性；一些零件如量规仅要求表面硬度高和耐磨；还有些零件要求表面具有抗氧化性和抗蚀性等。上述情况仅从选材角度考虑，可以选择某些钢种通过普通热处理就能满足性能要求，但不经济，有时也是不可能的，因此在生产中广泛采用表面热处理来解决。常用的表面热处理工艺可分为两类：一类是只改变表面组织而不改变表面化学成分的表面淬火；另一类是同时改变表面化学成分和组织的表面化学热处理。

1.4.1　钢的热处理原理

钢的热处理是工业生产中最常用、最方便而且非常经济、有效的改性方法。它是将钢在固态下加热到预定的温度，保温一定时间，然后以预定的方式冷却到室温，来改变其内部组织结构，以获得所需性能的一种热加工工艺。热处理可大幅度地改善金属材料的工艺性能和使用性能，绝大多数机械零件必须经过热处理。正确的热处理工艺还可以消除钢材经铸造、锻造、焊接等热加工工艺造成的各种缺陷，细化晶粒，消除偏析，降低内应力，使组织和性能更加均匀。

根据《金属热处理工艺分类及代号》（GB/T 12603—2005），热处理工艺种类繁多。根据加热、冷却方式的不同及组织、性能变化特点的不同,热处理可以分为普通热处理(包括退火、正火、淬火和回火等)和表面热处理(包括感应加热表面淬火、火焰加热表面淬火、电接触加热表面淬火、渗碳、氮化和碳氮共渗等)。按照热处理在零件生产过程中的位置和作用不同,热处理工艺还可分为预备热处理和最终热处理。在生产工艺流程中,工件经切削加工等成形工艺而得到最终的形状和尺寸后,再进行的赋予工件所需使用性能的热处理称为最终热处理。而预备热处理是零件加工过程中的一道中间工序(也称为中间热处理),其目的是改善锻、铸毛坯件组织、消除应力,为后续的机加工或进一步的热处理做准备。

钢之所以能够进行热处理,是因为钢在固态下具有相变,在固态下不发生相变的纯金属或某些合金则不能用热处理方法强化。根据铁碳相图,共析钢在加热和冷却过程中经过 PSK 线(A_1)时,发生珠光体和奥氏体之间的相互转变,亚共析钢经过 GS 线(A_3)时,发生铁素体和奥氏体之间的相互转变,过共析钢经过 ES 线(A_{cm})时,发生渗碳体和奥氏体之间的相互转变。A_1、A_3、A_{cm} 称为钢在加热和冷却过程中组织转变的临界温度线,它们是在非常缓慢加热或冷却条件下钢发生转变的温度。但是在实际热处理加热条件下,相变是在不平衡条件下进行的,其相变点与相图中的相变温度有一些差异。由于过热和过冷现象的影响,加热时相变温度偏向高温,冷却时偏向低温,这种现象称为滞后。加热或冷却速度越快,则滞后现象越严重。图 1-26 表示加热和冷却速度对碳钢临界温度的影响。通常把加热时的实际临界温度标以字母"c",如 A_{c1}、A_{c3}、A_{ccm};而把冷却时的实际临界温度标以字母"r",如 A_{r1}、A_{r3}、A_{rcm} 等。

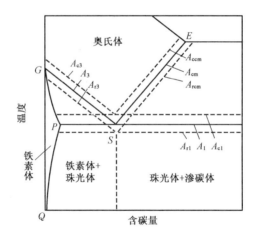

图 1-26 加热和冷却速度对钢的临界温度的影响

1)钢在加热时的转变

钢的热处理多数需要先加热得到奥氏体,然后以不同速度冷却使奥氏体转变为不同的组织,得到钢的不同性能。因此掌握热处理规律,首先要研究钢在加热时的变化。大多数热处理工艺都要将钢加热到临界温度以上,获得全部或部分奥氏体组织,即进行奥氏体化。

(1)奥氏体的形成

以共析碳钢(含碳量 0.77%)为例,加热前为珠光体组织,一般为铁素体相与渗碳体相相间排列的层片状组织,加热过程中奥氏体转变过程可分为四个阶段进行,即奥氏体的形核、奥氏体晶核的长大、剩余渗碳体的溶解以及奥氏体成分的均匀化,如图 1-27 所示。

$(F+Fe_3C)$　　　A晶核　　　　A长大　　　　残余Fe_3C溶解　　　　不均匀A　　　　均匀A

图 1-27　珠光体向奥氏体转变示意图

① 奥氏体的形核。在珠光体转变为奥氏体过程中,原铁素体的体心立方晶格结构会改组为奥氏体的面心立方晶格结构,原渗碳体的复杂晶格结构会转变为面心立方晶格结构。因此,钢的加热转变既有碳原子的扩散,也有晶体结构的变化。相界面上碳浓度分布不均匀,位错密度较高,原子排列不规则,处于能量较高的状态,易满足奥氏体形核的条件。这两相交界面越多,奥氏体晶核越多。

② 奥氏体晶核的长大。奥氏体晶核形成后,它的一侧与渗碳体相接,另一侧与铁素体相接,这使得在奥氏体中出现了碳的浓度梯度,引起碳在奥氏体中由高浓度一侧向低浓度一侧扩散。随着碳在奥氏体中的扩散,破坏了原先相界面处碳浓度的平衡,即造成奥氏体中靠近铁素体一侧的碳浓度增高,靠近渗碳体一侧碳浓度降低。为了恢复原先碳浓度的平衡,势必促使铁素体向奥氏体转变以及渗碳体的溶解。这样,奥氏体中与铁素体和渗碳体相界面处碳平衡浓度的破坏与恢复的反复循环过程,就使奥氏体逐渐向铁素体和渗碳体两方向长大,直至铁素体完全消失,奥氏体彼此相遇,形成一个个的奥氏体晶粒。

③ 剩余渗碳体的溶解。由于铁素体转变为奥氏体速度远高于渗碳体的溶解速度,在铁素体完全转变之后尚有不少未溶解的"残余渗碳体"存在(见图 1-27),随着保温时间延长或继续升温,剩余渗碳体不断溶入奥氏体中。

④ 奥氏体成分的均匀化。即使渗碳体全部溶解,奥氏体内的成分仍不均匀,在原铁素体区域形成的奥氏体含碳量偏低,在原渗碳体区域形成的奥氏体含碳量偏高,还需保温足够时间,让碳原子充分扩散,奥氏体成分才可能均匀。

亚共析钢与过共析钢的奥氏体化与共析钢基本相同,即在 A_{c1} 温度以上加热无论亚共析钢还是过共析钢中的珠光体均要转变为奥氏体。不同的是铁素体的完全转变要在 A_{c3} 以上,二次渗碳体的完全溶解要在 A_{ccm} 温度以上。加热后冷却过程的组织转变也仅是奥氏体向其他组织的转变,其中的铁素体及二次渗碳体在冷却过程中不会发生转变。

(2) 奥氏体晶粒的长大及其控制

奥氏体的晶粒大小对钢随后的冷却转变及转变产物的组织和性能都有重要的影响。通常,粗大的奥氏体晶粒冷却后得到粗大的组织,其力学性能指标较低。奥氏体晶粒的长大,导致晶界总面积减小,从而使体系的自由能降低。所以,在高温下奥氏体晶粒长大是一个自发过程。加热温度和保温时间的影响最显著。在一定温度下,随保温时间延长,奥氏体晶粒长大。在每一个温度下,都有一个加速长大期。其次,加热速度也会影响奥氏体晶粒的长大,实际生产中经常采用快速加热、短时保温的办法来获得细小晶粒。因为加热速度越大,奥氏体转变时的过热度越大,奥氏体的形核率越高,起始晶粒越细,加之在高温下保温时间短,奥氏体晶粒来不及长大。钢中加入合金元素,也会影响奥氏体晶粒长大。例如,钢中随着含碳量的增加,奥氏体晶粒长大倾向增大。但是,当含碳量超过某一限度时,奥氏体晶粒长大倾向又减小。

2) 钢在冷却时的转变

钢的奥氏体化不是热处理的目的,它是为了随后的冷却转变作组织准备。因为大多数机械构件都在室温下工作,且钢件性能最终取决于奥氏体冷却转变后的组织,所以研究不同冷却条件下钢中奥氏体组织的转变规律,具有更重要的实际意义。

当温度在临界转变温度以上时,奥氏体是稳定的。当温度降到临界转变温度以下后,在热力学上处于不稳定状态,要发生转变,奥氏体即处于过冷状态,这种奥氏体称为过冷奥氏体。钢在冷却时的转变,实质上是过冷奥氏体的转变。过冷奥氏体的转变产物,决定于它的转变温度,而转变温度又主要与冷却的方式和速度有关。在热处理中,常有两种冷却方式,即等温冷却和连续冷却。如图 1-28 所示为两种冷却方式示意图。

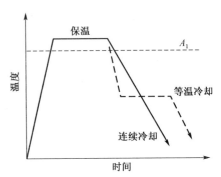

图 1-28 两种冷却方式示意图

同一种钢加热到奥氏体状态后,由于尔后的冷却速度不一样,奥氏体转变成的组织不一样,因而所得的性能也不一样。研究奥氏体冷却转变常用等温冷却转变曲线(TTT 曲线)及连续冷却转变曲线(CCT 曲线)。TTT 曲线是选择热处理冷却制度的参考;CCT 曲线更能反映热处理冷却状况,作为选择热处理冷却制度的依据。

(1) 过冷奥氏体的等温转变

奥氏体等温转变曲线(又称 TTT 图,Time Temperature Transformation)反映了奥氏体在冷却时的转变温度、时间和转变量之间的关系。将奥氏体化的共析钢快冷至临界点以下的某一温度等温停留,并测定奥氏体转变量与时间的关系,即可得到过冷奥氏体等温转变动力学曲线。它是在等温冷却条件下,通过实验的方法绘制的。

以金相法为例介绍共析钢过冷奥氏体等温转变曲线的建立过程。将共析钢试样分成若干组,每次取一组试样,在盐浴炉内加热使之奥氏体化后,置于一定温度的恒温盐浴槽中进行等温转变,停留不同时间之后,逐个取出并快速浸入盐水中,使等温过程中未分解的奥氏体转变为新相——马氏体。将各试样经制备后进行组织观察。马氏体在显微镜下呈白亮色。可见,白亮的马氏体数量就等于未转变的过冷奥氏体数量。当在显微镜下发现某一试样刚出现灰黑色产物(珠光体)时,所对应的等温时间即为过冷奥氏体转变开始时间,到某一试样中无白亮马氏体时,所对应的时间即为转变终了时间。用上述方法分别测定不同等温条件下奥氏体转变开始和终了时间。最后将所有转变开始和终了点标在温度、时间坐标上,并分别连接起来,即得到过冷奥氏体等温转变曲线。该曲线颇似"C",故简称 C 曲线(图 1-29)。实验表明,当过冷奥氏体快速冷至不同的温度区间进行等温转变时,可能得到如下不同的产物及组织。

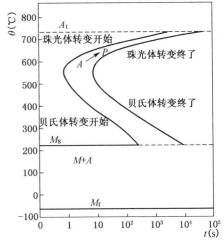

图 1-29 共析钢过冷奥氏体等温转变
动力学曲线

图 1-29 反映了奥氏体在快速冷却到临界点以下在各不同温度的保温过程中，温度、时间与转变组织、转变量的关系。C 曲线上部的水平线 A_1 是珠光体和奥氏体的平衡温度，A_1 线以上为奥氏体稳定区。C 曲线下部的两条水平线分别表示奥氏体向马氏体转变开始温度 M_s 和奥氏体向马氏体转变终了温度 M_f，两条水平线之间为马氏体和过冷奥氏体的共存区。图中靠近纵坐标的第一条曲线，反映过冷奥氏体相应于一定温度开始转变为其他组织的时间，称为转变开始线；接着的第二条曲线，反映了过冷奥氏体相应于一定温度转变为其他组织的终了时间，称为转变终了线。一般以转变量为 1% 和 99% 作为转变的开始点和终了点。在 $A_1 \sim M_s$ 之间及转变开始线以左的区域为过冷奥氏体区；转变终了线以右为转变产物珠光体或贝氏体区，M_f 以下为转变产物马氏体区；而转变开始线与转变终了线之间为转变过渡区，同时存在奥氏体和珠光体或奥氏体和贝氏体。

过冷奥氏体等温转变开始所经历的时间称为孕育期，它的长短标志着过冷奥氏体稳定性的大小。如图 1-29 所示，共析钢在 550℃ 左右孕育期最短，过冷奥氏体最不稳定，它是 C 曲线的"鼻尖"。"鼻尖"孕育期最短的原因是该处的过冷度较大，因而相变驱动力较大，且此温度原子扩散能力也较强，故新相的形核、长大最快，孕育期最短。在"鼻尖"以上区间，虽然温度较高，原子扩散能力较强，但由于过冷度太小（相变驱动力太小），使得新相形核、长大较为困难，孕育期随温度升高而延长；在"鼻尖"以下区间，虽然过冷度较大，但由于此时温度已较低，原子扩散较困难，故孕育期也较长，且孕育期随温度降低而延长。

（2）过冷奥氏体的连续转变

在实际生产中，奥氏体大多数是在连续冷却过程中转变的。由过冷奥氏体等温转变曲线推测连续冷却条件下过冷奥氏体的转变是不准确的，因而必须建立过冷奥氏体连续冷却转变曲线（又称 CCT 图，Continuous Cooling Transformation）。

图 1-30 是共析钢的 CCT 曲线。图中阴影区的两条曲线分别为珠光体转变开始与终了曲线，AB 线为珠光体转变中止线（即珠光体转变中途停止，剩余的奥氏体不能转变为珠光体）。该图中没有贝氏体转变区，这是由于共析钢在连续冷却时贝氏体转变被强烈抑制所致。当冷却速度大于 v_c 时，过冷奥氏体将转变为马氏体；冷却速度小于 v'_c 时，则只发生珠光体转变；冷

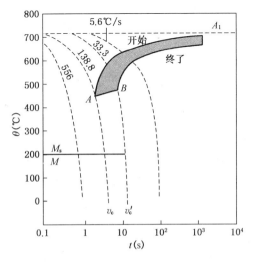

图1-30　共析钢过冷奥氏体连续冷却转变曲线

却速度介于 v_c 和 v_c' 之间时,一部分奥氏体转变成珠光体。图中 v_c 称为马氏体临界冷却速度或临界淬火冷却速度。v_c 反映了钢在淬火时得到马氏体的难易程度,v_c 越小,则淬火时用较小的冷却速度就可以躲过"鼻尖"得到马氏体;反之,就需较大的冷却速度才可以躲过"鼻尖"。v_c' 是使奥氏体全部转变为珠光体的最大冷却速度。

以不同的冷却速度连续冷却时,过冷奥氏体将会转变为不同的组织。通过连续转变冷却曲线可以了解冷却速度与过冷奥氏体转变组织的关系。由图 1-31 共析碳钢的等温冷却转变图与连续冷却转变图的比较可知,连续转变曲线(实线)位于等温冷却 C 曲线(虚线)的右上方;连续冷却时,过冷奥氏体往往要经过几个转变区间,因此转变产物常由几种组成,即常得到混合组织,并且组织不够均匀,先形成的组织较粗,后形成的组织较细。此外,过冷奥氏体连续冷却时,转变为珠光体所需的孕育期,要比相应过冷度下等温转变的孕育期长。

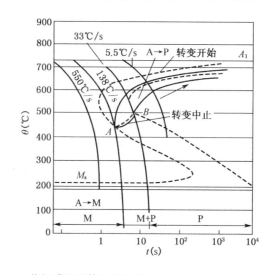

图 1-31　共析碳钢的等温冷却转变图与连续冷却转变图的比较

由于连续冷却曲线的测定很困难,至今仍有许多钢的连续冷却曲线未被测定,而各种钢的等温 C 曲线资料很齐全,故生产中常用等温 C 曲线定性、近似地分析连续冷却转变。

1.4.2　钢的退火和正火

退火和正火是生产中应用很广泛的预备热处理工艺,安排在铸造、锻造之后,切削加工之前,用以消除前一工序所带来的某些缺陷,为随后的工序做准备。例如,经铸造、锻造等热加工以后,工件中往往存在残余应力、硬度偏高或偏低、组织粗大、存在成分偏析等缺陷,这样的工件其力学性能低劣,不利于切削加工成形,淬火时也容易造成变形和开裂。经过适当的退火或正火处理可使工件的内应力消除,调整硬度以改善切削加工性能,组织细化,成分均匀,从而改善工件的力学性能并为随后的淬火做准备。对于一些受力不大、性能要求不高的机器零件,也可做最终热处理。

1)钢的退火

退火是把钢加热到适当的温度,经过一定时间的保温,然后缓慢冷却(一般为随炉冷却),以获得接近平衡状态组织的热处理工艺。其主要目的是减轻钢的化学成分及组织的不均匀性,细化晶粒,降低硬度,消除内应力,以及为淬火做好组织准备。

退火的种类很多,根据加热温度可分为两大类:一类是在临界温度(A_{c1}或A_{c3})以上的退火,又称为相变重结晶退火,包括完全退火、不完全退火、球化退火和扩散退火等;另一类是在临界温度以下的退火,包括再结晶退火及去应力退火等。

(1) 完全退火

完全退火又称重结晶退火,是把钢加热至A_{c3}以上$20\sim30℃$,保温一定时间后缓慢冷却(随炉冷却或埋入石灰和砂中冷却),以获得接近平衡组织的热处理工艺。完全退火的目的在于,通过完全重结晶,使热加工造成的粗大、不均匀的组织均匀化和细化,以提高性能;或使中碳以上的碳钢和合金钢得到接近平衡状态的组织,以降低硬度,改善切削加工性能。由于冷却速度缓慢,还可消除内应力。

完全退火一般用于亚共析钢。低碳钢和过共析钢不宜采用完全退火。低碳钢完全退火后硬度偏低,不利于切削加工。过共析钢完全退火,加热温度在A_{ccm}以上,会有网状二次渗碳体沿奥氏体晶界析出,造成钢的脆化。

(2) 等温退火

等温退火的加热温度与完全退火时基本相同,是将钢件加热到高于A_{c3}(或A_{c1})的温度,保温适当时间后,较快地冷却到A_{r1}以下珠光体区的某一温度,并等温保持,使奥氏体等温转变成珠光体,然后缓慢冷却的热处理工艺。

等温退火的目的与完全退火相同,能获得均匀的预期组织,对于奥氏体较稳定的合金钢,可大大缩短退火时间。

(3) 球化退火

球化退火为使钢中碳化物球状化的热处理工艺,目的是使二次渗碳体及珠光体中的渗碳体球状化(退火前正火将网状渗碳体破碎),以降低硬度,改善切削加工性能;并为以后的淬火做组织准备。球化退火主要用于共析钢和过共析钢。

过共析钢球化退火后的显微组织为在铁素体基体上分布着细小均匀的球状渗碳体。球化退火的加热温度为A_{c1}以上$20\sim30℃$。球化退火需要较长的保温时间来保证二次渗碳体的自发球化,保温后随炉冷却。

对于有网状二次渗碳体的过共析钢,在球化退火之前应进行一次正火处理,以消除粗大的网状渗碳体,然后再进行球化退火。

(4) 扩散退火

为减少钢锭、铸件或锻坯的化学成分和组织不均匀性,将其加热到略低于固相线(固相线以下$100\sim200℃$)的温度,长时间保温($10\sim15$ h),并进行缓慢冷却的热处理工艺,称为扩散退火或均匀化退火。其目的是为了消除晶内偏析,使成分均匀化。实质是使钢中各元素的原子在奥氏体中进行充分扩散。

工件经扩散退火后,奥氏体的晶粒十分粗大,因此必须进行完全退火或正火处理来细化晶粒,消除过热缺陷。由于扩散退火温度高、时间长,生产成本高,一般不轻易采用。只有一些优质的合金钢和偏析较严重的合金钢铸件才使用这种工艺。

(5) 去应力退火

为消除铸造、锻造、焊接和切削、冷变形等冷热加工在工件中造成的残留内应力而进行的低温退火,称为去应力退火。去应力退火是将钢件加热至低于A_{c1}的某一温度(一般为500～

650℃），保温后随炉冷却，这种处理可以消除约 50%～80% 的内应力，不引起组织变化。

2）钢的正火

钢材或钢件加热到 A_{c3}（对于亚共析钢）和 A_{ccm}（对于过共析钢）以上 30～50℃，保温适当时间后，使之完全奥氏体化，然后在自由流动的空气中均匀冷却，以得到珠光体类型组织的热处理工艺称为正火。正火后组织以 S 为主。

正火与完全退火相比，二者加热温度相同，但正火冷却速度较快，转变温度较低。因此，对于亚共析钢来说，相同钢正火组织中析出的铁素体数量较少，珠光体数量较多，且珠光体的片间距较小；对于过共析钢来说，正火可以抑制先共析网状渗碳体的析出。钢的强度、硬度和韧性较高。

各种退火和正火的加热温度范围如图 1-32 所示。正火工艺是比较简单经济的热处理方法，在生产中应用较广泛，主要有以下几个方面：

（1）消除网状二次渗碳体。原始组织中存在网状二次渗碳体的过共析钢，经正火处理后可消除对性能不利的网状二次渗碳体，以保证球化退火质量。

（2）消除中碳钢热加工缺陷。中碳结构钢铸件、锻件、轧件以及焊接件，在热加工后容易出现晶粒粗大等过热缺陷，通过正火可达到细化晶粒、均匀组织、消除内应力的目的。

（3）作为最终热处理。对于机械性能要求不高的结构钢零件，可以采用正火处理后获得一定的综合机械性能。将正火作为最终热处理代替调质处理，可减少工序、节约能源、提高生产效率，用正火作为最终热处理。

（4）改善切削加工性能。对于低碳钢或低碳合金钢，由于完全退火后硬度太低，切削加工时容易"粘刀"，且表面粗糙度很差，切削加工性能不好。而用正火，则可提高

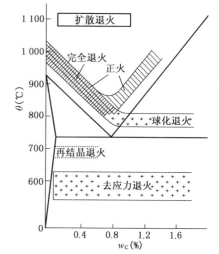

图 1-32　各种退火和正火的加热温度范围

其硬度，从而改善切削加工性能。所以，对于低碳钢和低碳合金钢，通常采用正火来代替完全退火，作为预备热处理。

从改善切削加工性能的角度出发，低碳钢宜采用正火；中碳钢既可采用退火，也可采用正火；含碳 0.45%～0.6% 的高碳钢则必须采用完全退火；过共析钢用正火消除网状渗碳体后再进行球化退火。

1.4.3　钢的淬火

将亚共析钢加热到 A_{c3} 以上，共析钢与过共析钢加热到 A_{c1} 以上（低于 A_{ccm}）的温度，保温后以大于 v_c 的速度快速冷却，使奥氏体转变为马氏体（或下贝氏体）的热处理工艺叫淬火。

马氏体强化是钢的主要强化手段，因此淬火的目的就是为了获得马氏体，提高钢的力学性能。淬火是钢最重要的热处理工艺，也是热处理中应用最广的工艺之一。

淬火工艺的实质是奥氏体化后进行马氏体转变（或下贝氏体转变）。淬火钢得到的组织主要是马氏体（或下贝氏体），此外，还有少量的残余奥氏体及未溶的第二相。

1) 淬火温度的确定

淬火温度即钢的奥氏体化温度,是淬火的主要工艺参数之一。它的选择应以获得均匀细小的奥氏体组织为原则,以使淬火后获得细小的马氏体组织。为防止奥氏体晶粒粗化,其加热温度一般限制在临界点以上 30~50℃范围。图 1-33 是碳钢的淬火温度范围。

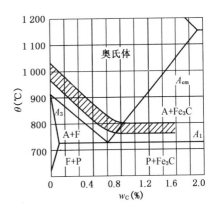

亚共析钢的淬火温度一般为 A_{c3} 以上 30~50℃,淬火后获得均匀细小的马氏体组织。如果温度过高,会因为奥氏体晶粒粗大而得到粗大的马氏体组织,使钢的力学性能恶化,特别是使塑性和韧性降低;还会导致淬火钢的严重变形。如果淬火温度低于 A_{c3},淬火组织中会保留未熔铁素体,造成淬火硬度不足。对于共析钢和过共析钢,淬火加热温度一般为 A_{c1} 以上 30~50℃,淬火后,共析钢组织为均匀细小的马氏体和少量残余奥氏体;过共析钢则可获得均匀细小的马氏体和粒状二次渗碳体和少量残余奥氏体的混合组织。这种组织不仅具有高强度、高硬度、高耐磨性,而且具有较好的韧性。如果淬火加热温度超过 A_{ccm} 时,碳化物将完全溶入奥氏体中,不仅使奥

图 1-33　碳钢的淬火温度范围

氏体含碳量增加,淬火后残余奥氏体量增加,降低钢的硬度和耐磨性,同时,奥氏体晶粒粗化,淬火后易得到含有显微裂纹的粗片状马氏体,使钢的脆性增大。因此,过共析钢一般采用 A_{c1} 以上 30~50℃温度加热,进行不完全淬火。

对于合金钢,大多数合金元素(Mn、P 除外)有阻碍奥氏体晶粒长大的作用,因而淬火温度允许比碳素钢高,一般为临界温度以上 50~100℃,提高淬火温度有利于合金元素在奥氏体中充分熔解和均匀化,以取得较好的淬火效果。

2) 保温时间的确定

为了使工件各部分均完成组织转变,需要在淬火加热温度保温一定的时间,通常将工件升温和保温所需的时间计算在一起,而统称为加热时间。影响加热时间的因素很多,如加热介质、钢的成分、炉温、工件的形状及尺寸、装炉方式及装炉量等,通常根据经验公式估算或通过实验确定。生产中往往要通过实验确定合理的加热及保温时间,以保证工件质量。

3) 淬火冷却介质

冷却是淬火的关键工序,它关系到淬火质量的好坏,同时,冷却也是淬火工艺中最容易出现问题的一道工序。淬火是冷却非常快的过程,为了得到马氏体组织,淬火冷却速度必须大于临界冷却速度 v_c。但是,在冷却速度快的情况下必然产生很大的淬火内应力,这往往会引起工件变形。因此,结合过冷奥氏体的转变规律,确定合理的淬火冷却速度,使工件既能获得马氏体组织,同时又要避免产生变形和开裂。理想的淬火冷却曲线如图 1-34 所示。

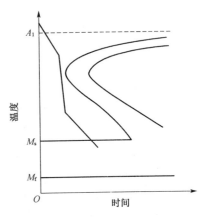

由过冷奥氏体等温转变曲线可知,过冷奥氏体在不同温度区间的稳定性不同,在 600~400℃温度区间最不稳

图 1-34　理想的淬火冷却曲线示意图

定,所以淬火时应快速冷却,以避免发生珠光体或贝氏体转变,而在 M_s 点附近应尽量以较慢的冷却速度冷却,以减少马氏体转变时产生的组织内应力,从而减少工件淬火变形和防止开裂。

但是到目前为止,还找不到完全理想的淬火冷却介质。常用的淬火冷却介质是水、盐或碱的水溶液和各种矿物油、植物油。水是既经济又有很强冷却速度的淬火冷却介质,在650~400℃温度区间冷却速度较大,这对奥氏体稳定性较小的碳钢来说很有利,而在300~200℃温度区间冷却速度仍然很大,冷却能力偏强,易使工件变形和开裂,不符合理想冷却介质的要求。

为了改善水的冷却性能,通常采用的方法是在水中加入质量分数为10%~15%的 NaCl、NaOH 或 Na_2CO_3 等物质。盐水的淬火冷却能力比清水更强,这对尺寸较大的碳钢件淬火是非常有利的。采用盐水淬火时,由于盐晶体在工件表面的析出和爆裂,可不断有效地打破包围在工件表面的蒸汽膜和促使附着在工件表面上的氧化铁皮的剥落。因此用盐水淬火的工件容易获得高硬度和光洁的表面,且不会产生淬不硬的软点,这是清水淬火所不及的。但是在300~200℃温度区间冷却速度仍然很大,这使工件变形加重,甚至发生开裂。此外,盐水对工件有锈蚀作用,淬火后的工件必须进行清洗。

水和盐水用于形状简单、硬度要求高而均匀、变形要求不严格的碳钢的连续淬火。油是一类冷却能力较弱的冷却介质,在300~200℃温度区间冷却速度远小于水,对减少工件淬火变形和防止开裂很有利,但在650~400℃温度区间冷却速度比水小得多,在生产实际中,主要用作过冷奥氏体稳定性好的合金钢或尺寸小的碳素钢工件的淬火。

为了寻求理想的冷却介质,大量的研究工作仍在进行,目前提倡使用的水溶液淬火介质,其中有过饱和硝盐水溶液、氧化锌—碱水溶液、水玻璃淬火液等。

4）常用淬火方法

由于淬火介质不能完全满足淬火质量的要求,所以应选择适当的淬火方法。同选用淬火介质一样,在保证在获得所要求的淬火组织和性能条件下,尽量减小淬火应力,减少工件变形和开裂倾向。

（1）单液淬火。它是将奥氏体状态的工件放入一种淬火介质中一直冷却到室温的淬火方法（见图1-35中曲线1）。这种方法操作简单,容易实现机械化、自动化。但是,工件在马氏体转变温度区间冷却速度较快,容易产生较大的组织应力,从而增大工件变形、开裂的倾向。因此只适用于形状简单的碳钢和合金钢工件。

（2）双液淬火。它是先将奥氏体状态的工件在冷却能力强的淬火介质中冷却至接近 M_s 点温度时,再立即转入冷却能力较弱的淬火介质中冷却,直至完成马氏体转变（图1-35中曲线2）。这种方法利用了所使用的两种淬火介质的优点,获得了较为理想的冷却条件,如果能恰当地控制好在先冷却介质中的时间,可以在保证获得马氏体组织的同时,减小淬火应力,能有效防止工件变形和开裂。但这要求操作人员有较高的操作技术。在工业生产中,常以水和油分别作为冷却

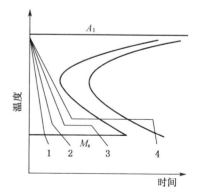

图1-35　各种淬火方法冷却曲线示意图

介质,称为水淬油冷法。

(3) 分级淬火。是将奥氏体状态的工件首先浸入略高于钢的 M_s 点的盐浴或碱浴炉中保温,当工件内外温度均匀后,取出空冷至室温,完成马氏体转变(见图 1-35 中曲线 3)。这种淬火方法可大大减少热应力和组织应力,明显地减少变形和开裂。但由于盐浴或碱浴冷却能力小,对于截面尺寸较大的工件很难达到其临界淬火速度。因此,此方法只适合于截面尺寸比较小的工件,如刀具、量具和要求变形小的精密工件。

(4) 等温淬火。是将奥氏体化后的工件在稍高于 M_s 温度的盐浴或碱浴中冷却并保温足够时间,从而获得下贝氏体组织的淬火方法(见图 1-35 中曲线 4)。因此等温淬火可以有效减少工件变形和开裂的倾向。适合于形状复杂、尺寸精度要求高的工具和重要机器零件,如模具、刀具、齿轮等较小尺寸的工件。

5) 钢的淬透性

淬透性是钢的重要热处理工艺性能,也是选材和制定热处理工艺的重要依据之一。

淬火时往往遇到两种情况:一种是从工件表面到中心都获得马氏体组织,称之为“淬透了”;另一种是工件表面获得马氏体组织,而心部是非马氏体组织,称之为“未淬透”。通常将未淬透工件上具有高硬度的马氏体组织的这一层称为“淬硬层”。工件淬火时,表面与心部冷却速度不同,表层最快,中心最慢,如果工件某处截面的冷却速度低于临界冷却速度,则不能得到马氏体,从而造成未淬透现象;如果工件截面上各处的冷却速度大于临界冷却速度,则工件从外到里都得到马氏体,也就是淬透了(见图 1-36)。

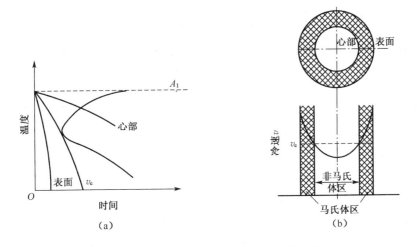

图 1-36　零件心部、表层组织与冷却速度的关系

钢的淬透性是指奥氏体化后的钢在淬火时获得淬硬层(也称为淬透层)深度的能力,其大小用钢在一定条件下淬火获得的淬硬层深度来表示。同样淬火条件下,淬硬层越深,表明钢的淬透性越好。

1.4.4　钢的回火

淬火后的钢加热到 A_{c1} 线以下某一温度,保温一定时间,然后冷却到室温的热处理工艺,称为回火。淬火钢一般不直接使用,必须进行回火。其原因为:经淬火后得到的马氏体性能很脆,存在组织应力,容易产生变形和开裂。可利用回火降低脆性,消除或减少内应力。其次,淬火后得到的组织是淬火马氏体和少量的残余奥氏体,它们都是不稳定的组织,在工作中会发生分解,导致零件尺寸的变化。在随后的回火过程中,不稳定的淬火马氏体和残余奥氏体会转变为较稳定的铁素体和渗碳体或碳化物的两相混合物,从而保证了工件在使用过程中形状和尺寸的稳定性。此外,通过适当的回火可满足零件不同的使用要求,获得强度、硬度、塑性和韧性的适当配合。

1)淬火钢的回火转变

淬火钢的回火组织转变主要发生在加热阶段,随回火温度的升高,淬火钢组织变化大致分为四个阶段:

(1)马氏体中碳的偏聚。马氏体中过饱和的碳及较多的微观缺陷,使马氏体能量提高,处于不稳定状态。当加热到20~100℃时,铁和合金元素的原子难以进行扩散迁移,但碳等间隙原子能作短距离的扩散迁移。因此,马氏体中过饱和的碳原子向微观缺陷处偏聚。

(2)马氏体的分解。当回火温度超过100℃时,马氏体开始分解。碳以ε-碳化物的形式析出,使过饱和度降低,350℃左右马氏体分解基本结束,α相中含碳量降至接近平衡浓度。此时α相保持原来马氏体的板条或针状特征。这种由细小ε-碳化物和较低过饱和度的针片状α固溶体组成的混合物称为回火马氏体。

(3)残余奥氏体的转变。当回火温度超过200℃时,残余奥氏体开始分解,转变为ε-碳化物和过饱和α相混合的回火马氏体,300℃时残余奥氏体的转变基本完成。

(4)碳化物类型的变化。在250~400℃温度范围内,与马氏体保持共格的ε-碳化物转变为渗碳体。

(5)渗碳体的聚集长大和α相的回复、再结晶。当回火温度升至400℃以上时,渗碳体开始聚集长大。淬火钢经过高于500℃回火后,渗碳体已为粒状;当回火温度高于600℃时,细粒状渗碳体迅速粗化,与此同时,α相成为多边形铁素体。

2)回火种类

淬火钢回火后的组织和性能取决于回火温度。按回火温度范围的不同,可将钢的回火分为三类:

(1)低温回火。回火温度范围一般为150~250℃,得到由细小的ε-碳化物和较低过饱和度的针片状α相组成的回火马氏体组织。此阶段淬火应力部分消除,显微裂纹大部分填合。与淬火马氏体相比,回火马氏体既保持了钢的高硬度(一般为58~64 HRC)、高强度和良好的耐磨性,又适当提高了韧性,主要用来处理各种高碳钢工具、模具、滚动轴承以及渗碳和表面淬火的零件。

(2)中温回火。回火温度范围一般为350~500℃,得到由大量弥散分布的细粒状渗碳体和针片状铁素体组成的回火托氏体组织。淬火钢经中温回火后,硬度为35~45 HRC,具有较高的弹性极限和屈服极限,并有一定的塑性和韧性,多用于处理各种弹簧。

(3)高温回火。回火温度范围一般为500~650℃,得到由粒状渗碳体和多边形铁素体组成的回火索氏体组织。淬火钢经高温回火后,硬度为25~35 HRC,在保持较高强度的同时又具有较好的塑性和韧性,即综合力学性能较好。通常把淬火加高温回火的热处理称为调质处理,它广泛应用于处理各种重要的结构零件,如轴类、齿轮、连杆等。

3）淬火钢回火时力学性能的变化

淬火钢回火时,总的变化趋势是随着回火温度的升高,碳钢的硬度、强度降低;塑性提高,但回火温度太高,塑性会有所下降;冲击韧度随着回火温度升高而增大,但在 250～400℃ 和 450～650℃ 温度区间回火,可能出现冲击韧度显著降低的现象,称钢的回火脆性。

（1）第一类回火脆性。淬火钢在 250～400℃ 温度范围出现的回火脆性称为第一类回火脆性,又称低温回火脆性。几乎所有的钢都会出现,这类脆性产生以后无法消除,因而又称为不可逆回火脆性,生产上避开在 250～400℃ 温度范围内回火。

（2）第二类回火脆性。淬火钢在 450～650℃ 温度范围出现的回火脆性称为第二类回火脆性,又称高温回火脆性。这种脆性主要发生在含 Cr、Ni、Si、Mn 等合金元素的结构钢中。此类回火脆性是可逆的,只要在工件回火后快速冷却就可避免,加入 W 或 Mo 元素可使这类钢不出现第二类回火脆性,如图 1-37 所示。

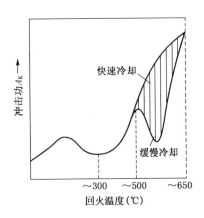

图 1-37 回火脆性曲线

1.4.5 钢的表面淬火

很多承受弯曲、扭转、摩擦和冲击的机器零件,如轴、齿轮、凸轮等,要求表面具有高的强度、硬度和耐磨性,不易产生疲劳破坏,而心部则要求有足够的塑性和韧性。采用表面淬火可使钢的表面得到强化,满足工件这种"表硬心韧"的性能要求。

表面淬火是通过快速加热,在零件表面很快奥氏体化而内部还没有达到临界温度时迅速冷却,使零件表面获得马氏体组织而心部仍保持塑性韧性较好的原始组织的局部淬火方法,它不改变工件表面的化学成分。

表面淬火是钢表面强化的方法之一,具有工艺简单、变形小、生产率高等优点,应用较多的是感应加热法和火焰加热法。

1）感应加热表面淬火

感应加热表面淬火是利用在交变电磁场中工件表面产生的感生电流将工件表面快速加热,并淬火冷却的一种热处理工艺。

（1）感应加热的基本原理

当感应线圈中通以一定频率交流电时,即在其内部和周围产生一个与电流相同频率的交变磁场。感应加热表面淬火的工艺方法是将钢件放入由紫铜管制作的与零件外形相似的感应圈内,随后将感应圈内通入一定频率的交变电流,这样在感应圈内外产生相同频率的交变磁场,零件表面也产生感生电流,电流主要分布在工件表面,工件心部电流密度几乎为零,这种现象称为集肤效应。频率越高,集肤效应越显著。工件表面温度快速升高到相变点以上,而心部温度仍在相变点以下。感应加热后,采用水、乳化液或聚乙烯醇水溶液喷射淬火,淬火后进行 180～200℃ 低温回火以降低淬火应力,并保持高硬度和高耐磨性(见图 1-38)。

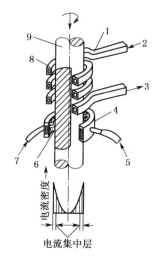

图 1-38　感应加热表面淬火示意图
1—感应加热圈;2—进水;3—出水;4—淬火喷水套;
5、7—水;6—加热淬硬层;8—间隙;9—工件

表面淬火一般用于中碳钢和中碳低合金钢,如 45、40Cr、40MnB 钢等生产的齿轮、轴类零件的表面硬化,提高其耐磨性。

(2)感应加热表面淬火的特点

与普通加热淬火相比,感应加热表面淬火有以下特点:

① 高频感应加热时,加热时间短,形成的晶核较多,且不易长大,因此表面淬火后表面得到细小的隐晶马氏体。工件的氧化脱碳少,淬火变形也小。

② 表面层淬火得到马氏体后,由于体积膨胀在工件表面层造成较大的有利的残余压应力,从而显著提高工件的疲劳强度并降低了缺口敏感性。

③ 加热温度和淬硬层厚度容易控制,便于实现机械化和自动化,但设备费用昂贵,不宜用于单件生产。

为了保证心部具有良好的综合力学性能,通常在表面淬火前要进行正火或调质处理。表面淬火后要进行低温回火,以减少淬火应力和降低脆性。

(3)感应加热的频率

感应加热深度主要取决于电流频率,频率越高,加热深度就越浅。为了获得不同的加热深度可选择不同的电流频率,目前工业上常采用的电流频率有以下三种:

① 高频感应加热。常用频率为 200～300 kHz,淬硬层深度为 0.5～2 mm,适用于中小模数的齿轮及中小尺寸的轴类零件等。

② 中频感应加热。常用频率为 2 500～8 000 Hz,淬硬层深度为 2～10 mm,适用于直径较大的轴类和大中型模数的齿轮。

③ 工频感应加热。电流频率为 50 Hz,淬硬层深度 10～20 mm,适用于大直径零件,如轧辊、火车车轮等的表面淬火。

2)其他表面加热淬火方法

(1)火焰加热表面淬火。火焰加热表面淬火是用氧—乙炔或其他可燃气体形成的高温火焰喷射到工件表面,使其迅速加热到淬火温度时立即喷水冷却,从而获得表面硬化层的表面淬火方法。

火焰表面淬火法淬硬层的深度一般为 1～6 mm,与高频感应加热表面淬火相比,具有所需设备简单、成本低等优点,适用于单件或小批量生产的大型零件和需要局部表面淬火的零件。但淬火质量不稳定,零件表面容易过热,生产效率低,如图 1-39 所示。

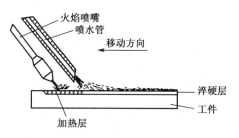

（2）激光加热表面淬火。激光加热表面淬火是 20 世纪 70 年代初发展起来的一种新型的高能量密度的表面强化方法,是将激光器产生的高功率密度

图 1-39　火焰加热表面淬火示意图

（10^3～10^5 W/cm²）的激光束照射到工件表面,使工件表面被快速加热到临界温度以上,然后移开激光束,利用工件自身的传导将热量从工件表面传向心部,无需冷却介质而达到自冷淬火。激光淬火淬硬层的深度一般为 0.3～0.5 mm,表面获得极细的马氏体组织,硬度高且耐磨性好,其耐磨性比淬火加低温回火提高 50%。激光加热表面淬火对形状复杂的工件,如工件的拐角、沟槽、盲孔底部或深孔的侧壁进行淬火处理,而这些部位是其他表面淬火方法很难做到的。

（3）电接触加热表面淬火。利用触头和工件间的接触电阻在通以大电流时产生的电阻热,将工件表面迅速加热到淬火温度,当电极移开,借助工件本身加热部分的热传导来淬火冷却的热处理工艺称为电接触加热表面淬火。电接触加热表面淬火,可以显著提高工件表面的耐磨性、抗摩擦能力,设备及工艺费用低,工件变形小,工艺简单,不需回火,广泛应用于机床导轨、汽缸套等形状简单工件。

1.4.6　化学热处理

化学热处理是将金属或合金置于一定温度的活性介质中保温,使一种或几种元素渗入它的表面,改变其化学成分和组织,达到改进表面性能、满足技术要求的热处理工艺。钢的化学热处理分为渗碳、渗氮、碳氮共渗、渗硫、渗硼、渗金属（铝、铬等）等,以渗碳、渗氮和碳氮共渗最为常用。化学热处理过程包括渗剂的分解、工件表面对活性原子的吸收、渗入表面的原子向内部扩散三个基本过程。

化学热处理后再配合常规热处理,可使同一工件的表面与心部获得不同的组织和性能。

1）钢的渗碳

渗碳通常是指向低碳钢制造的工件表面渗入碳原子,使工件表面达到高碳钢的含碳量。渗碳的主要目的是提高零件表层的含碳量,以便大大提高表层硬度,增强零件的抗磨损能力,同时保持心部的良好韧性。渗碳用钢为低碳钢及低碳合金钢,如 20、20Cr、20CrMnTi、20CrMnMo 等。

（1）渗碳方法

依所用渗碳剂的不同,钢的渗碳可分为气体渗碳、固体渗碳和液体渗碳。最常用的是气体渗碳,其工艺方法是将工件置于密封的气体渗碳炉内,加热到临界温度以上（通常为 900～950℃）,使钢奥氏体化,按一定流量滴入易分解的液体渗碳剂（如煤油、苯、甲醇和丙酮）,并使之发生分解反应,产生活性碳原子[C],从而提供活性碳原子,吸附在工件表面并向钢的内部扩散而进行渗碳。

气体渗碳具有生产效率高、劳动条件好、容易控制、渗碳层质量较好等优点,在生产中广泛应用。

固体渗碳是将工件装入渗碳箱中,周围填满固体渗碳剂,用盖子和耐火泥封好,送入加热炉内,加热至 900～950℃,保温足够长时间,得到一定厚度的渗碳层。固体渗碳剂通常是一定粒度的木炭与 15%～20% 的碳酸盐($BaCO_3$ 或 Na_2CO_3)的混合物。木炭提供渗碳所需的活性碳原子,碳酸盐起催化作用,与气体渗碳相比,固体渗碳法生产效率低、劳动条件差、渗碳层质量不容易控制,因而在生产中较少应用。但由于所用设备简单,在小批量非连续生产中仍有采用。

(2)渗碳工艺及组织

渗碳处理的工艺参数是渗碳温度和渗碳时间。渗碳温度通常为 900～950℃,渗碳时间取决于渗碳层厚度的要求。图 1-40 为低碳钢渗碳缓冷后的显微组织,表面为珠光体和二次渗碳体,属于过共析组织,而心部仍为原来的珠光体和铁素体,是亚共析组织,中间为过渡组织。渗碳层厚度是指从表面到过渡层一半的距离。渗碳层太薄,易产生表面疲劳剥落;太厚则使承受冲击载荷的能力降低。工作中磨损轻、接触应力小的零件,渗碳层可以薄些,而渗碳钢含碳量低时渗碳层可厚些。一般机械零件的渗碳层厚度在 0.5～2.0 mm 之间。

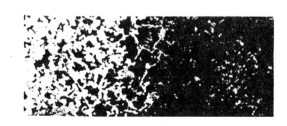

图 1-40 低碳钢渗碳缓冷后的显微组织

(3)渗碳后的热处理

为了充分发挥渗碳层的作用,使渗碳表面获得高硬度和高耐磨性,心部保持足够的强度和韧性,钢渗碳以后必须进行热处理才能达到预期目的。渗碳后的热处理采用淬火加低温回火的热处理工艺,渗碳件的淬火方法有三种:

① 直接淬火。渗碳后直接淬火,具有生产效率高、成本低、氧化脱碳等优点,但是由于渗碳温度高,奥氏体晶粒长大,淬火后马氏体较粗,残余奥氏体也较多,所以耐磨性和韧性较差,只适用于本质细晶粒钢和耐磨性要求不高或承载低的零件。

② 一次淬火。是在渗碳缓慢冷却之后,重新加热到临界温度以上保温后淬火。与直接淬火相比,一次淬火可使钢的组织得到一定程度的细化。心部组织要求高时,一次淬火的加热温度略高于 A_{c3}。对于受载不大但表面有较高耐磨性和较高硬度性能要求的零件,淬火温度应选用 A_{c1} 以上 30～50℃,使表层晶粒细化,而心部组织无大的改善,性能略差一些。

③ 二次淬火。对于力学性能要求很高或本质粗晶粒钢,应采用二次淬火。第一次淬火目的是改善心部组织,加热温度为 A_{c3} 以上 30～50℃。第二次淬火目的是细化表层组织,获得细马氏体和均匀分布的粒状二次渗碳体,加热温度为 A_{c1} 以上 30～50℃。

无论采用哪种淬火,在最后一次淬火之后要进行低温回火,温度一般选择在 180～200℃,

以消除淬火应力和提高韧性。经渗碳、淬火和低温回火后,表面为细小的片状马氏体及少量的渗碳体,硬度较高,可达 58~64 HRC 以上,耐磨性较好;而心部韧性较好,硬度较低,为 30~45 HRC。疲劳强度高,表层体积膨胀大,心部体积膨胀小,结果在表层中造成压应力,使零件的疲劳强度提高。

近年来,渗碳工艺有了很大的进展,出现了高温渗碳、真空渗碳、高频渗碳等,有的已经开始用于生产。也逐渐采用自动化和机械化来控制渗碳过程。

2）钢的渗氮

它是将钢的表面渗入氮原子以提高表层的硬度、耐磨性、疲劳强度及耐蚀性的化学热处理工艺,也称为钢的氮化。

氮化后零件耐磨损性能很好,表面硬度比渗碳的还高,可达 65~72 HRC 以上,这种硬度可以保持到 500~600℃不降低,所以氮化后的钢件有很好的热稳定性。同时渗层一般处于压应力,疲劳强度高,但脆性较大。氮化层还具有一定的抗蚀性能。氮化后零件变形很小,通常不需要再进行热处理强化。为了保证次心部的力学性能,在氮化前应进行调质处理,其目的是改善切削加工性能和获得均匀的回火索氏体组织,保证较高的强度和韧性。对于形状复杂或精度要求高的零件,在氮化前精加工后还要进行消除内应力的退火,以减少氮化时的变形。

钢的氮化适合于要求处理精度高、冲击载荷小、抗磨损能力强的零件。氮化虽然具有一系列优异的性能,但其工艺复杂、生产周期长、成本高,因此主要用于精度要求很高的零件,如精密齿轮、磨床主轴、精密机床丝杆等。

3）钢的碳氮共渗

碳氮共渗就是同时向零件表面渗入碳和氮的化学热处理工艺,最早碳氮共渗是在含氰根的盐浴中进行,故也称氰化。

氰化按媒介类型可分为固体氰化、液体氰化和气体氰化,其中气体氰化应用更广。气体氰化一般采用中温或低温两种气体碳氮共渗。中温气体碳氮共渗将工件放入密封炉内,加热到共渗温度 830~850℃,向炉内滴入煤油,同时通以氨气,经保温 1~2 h 后,共渗层可达 0.2~0.5 mm。高温碳氮共渗主要是渗碳,但氮的渗入使碳浓度很快提高,从而使共渗温度降低和时间缩短。碳氮共渗后淬火,再低温回火。

无论哪种共渗方法,均是渗碳与氮化工艺的综合,兼有二者的优点:

（1）氮的渗入降低了钢的临界点,因此,共渗可以在较低的温度进行,工件不易过热,便于直接淬火。

（2）氮的渗入增加了共渗层过冷奥氏体的稳定性,使其淬透性提高,共渗后可采用较缓的冷却速度进行淬火,从而减少变形与开裂。

（3）氮的渗入降低了钢的临界点以及氮的存在增大了碳的扩散系数,使扩散速度增加。碳氮共渗的速度比渗碳和氮化速度都快。

（4）共渗及淬火后,得到的是含氮马氏体,耐磨性比渗碳更好,共渗层具有比渗碳层更高的压应力,因而疲劳强度更高,耐蚀性也较好。

4）其他化学热处理

渗金属是将金属元素渗入工件表面的化学热处理工艺,使其具有特殊的物理、化学性能或强化金属。如渗锌使工件耐大气腐蚀,渗铝可提高工件的抗高温氧化能力等,渗铬、渗钒等渗金属后,钢表层形成一层碳的金属化合物,如 Cr_7C_3、V_4C_3 等,硬度很高,适合于工具、模具增强抗磨损能力。

渗硼是用活性硼原子渗入钢件表面,在钢表面形成几百微米厚以上的 Fe_2B 或 FeB 化合物层,其硬度较氮化的还要高,一般为 1 300 HV 以上,有的高达 1 800 HV,抗磨损能力很强,又具有良好的耐热性、热硬性和耐蚀性。缺点是脆,尤其 FeB 层最易剥落,因而希望渗硼层由脆性小的 Fe_2B 组成。

→ 检查评估

1. 选择题

(1) 正火是将工件加热到一定温度,保温一段时间,然后采用的冷却方式是( )。

A. 随炉冷却　　　　　B. 在油中冷却　　　　　C. 在空气中冷却　　　　　D. 在水中冷却

(2) 45 钢经调质处理后得到的组织是( )。

A. 回火 T　　　　　B. 回火 M　　　　　C. 回火 S　　　　　D. S

(3) 45 钢加热到 A_{c3} 以上 30℃,保温后空冷得到的组织是( )。

A. P+F　　　　　B. S+F　　　　　C. T+B_F　　　　　D. M

(4) T8 钢(共析钢)过冷奥氏体高温转变产物为( )。

A. 珠光体、上贝氏体　　　　　　　　B. 上贝氏体、下贝氏体

C. 珠光体、索氏体、铁素体　　　　　D. 珠光体、索氏体、托氏体

(5) 改善 T8 钢的切削加工性能,可采用( )。

A. 扩散退火　　　　　B. 去应力退火　　　　　C. 再结晶退火　　　　　D. 球化退火

(6) 共析钢的过冷奥氏体在 550～350℃ 温度区间等温转变时,所形成的组织是( )。

A. 索氏体　　　　　B. 下贝氏体　　　　　C. 上贝氏体　　　　　D. 珠光体

(7) 碳钢的淬火工艺是将其工件加热到一定温度,保温一段时间,然后采用的冷却方式是( )。

A. 随炉冷却　　　　　B. 在风中冷却　　　　　C. 在空气中冷却　　　　　D. 在水中冷却

(8) 共析钢在奥氏体的连续冷却转变产物中,不可能出现的组织是( )。

A. P　　　　　B. S　　　　　C. B　　　　　D. M

(9) 退火是将工件加热到一定温度,保温一段时间,然后采用的冷却方式是( )。

A. 随炉冷却　　　　　B. 在油中冷却　　　　　C. 在空气中冷却　　　　　D. 在水中冷却

2. 填空题

(1) 球化退火的主要目的是_____,它主要适用于_____钢。

(2) 用光学显微镜观察,上贝氏体的组织特征呈_____状,而下贝氏体则呈_____状。

(3) 马氏体的显微组织形态主要有_____、_____两种。其中_____的韧性较好。

(4) 钢的淬透性越高,则其 C 曲线的位置越_____,说明临界冷却速度越_____。

(5) 在过冷奥氏体等温转变产物中,珠光体与托氏体的主要相同点是_____,不同点是_____。

(6) 亚共析钢的正常淬火温度范围是_____,过共析钢的正常淬火温度范围是_____。

（7）在钢中加入 Mo、W 等合金元素，能抑制杂质元素向晶界偏聚，可有效减轻或消除回火脆性的倾向。

（8）_____是采用快速加热的方法使工件表面奥氏体化，然后快冷获得表层淬火组织的一种热处理工艺。

（9）在钢回火时，随着回火温度的升高，淬火钢的组织转变可以归纳为以下四个阶段：马氏体的分解，残余奥氏体的转变，_____，_____。

（10）共析钢中奥氏体的形成过程是：奥氏体形核，奥氏体长大，_____，_____。

3. 简答题

（1）何谓钢的热处理？钢的热处理操作有哪些基本类型？试说明热处理同其他工艺过程的关系、作用及其在机械制造中的地位和作用。

（2）马氏体的本质是什么？马氏体为什么必须经回火才能使用？回火时会发生什么变化？

（3）指出 A_{c1}、A_{c3}、A_{ccm}、A_{r1}、A_{r3}、A_{rcm} 各相变点的意义。

（4）奥氏体形成过程中 C 原子和 Fe 原子如何变化？解释奥氏体形成过程。

（5）试述共析钢过冷奥氏体在 $A_1 \sim M_s$ 温度间，不同温度等温转变的产物与性能。

（6）热处理使钢奥氏体化时，原始组织以粗粒状珠光体好还是以细片状珠光体好？为什么？

（7）退火的种类、作用和应用范围。

（8）共析钢加热到奥氏体后，说明以各种速度连续冷却后的组织。能否得到贝氏体组织？采取什么办法可以获得贝氏体组织（用等温曲线说明）？

（9）说明回火马氏体、回火索氏体、回火托氏体、马氏体、索氏体、托氏体的显微组织特征。

（10）退火与正火的主要区别是什么？哪种热处理工艺可以消除过共析钢中的网状碳化物？

（11）碳钢按含碳量和用途如何分类？

（12）回火的目的是什么？常用回火有哪几种？退火后组织是什么？钢的性能与回火温度有何关系？

（13）淬火的目的是什么？如何确定亚共析钢和过共析钢淬火加热温度？从获得的组织和性能等方面加以解释。

（14）为了改善碳素工具钢的切削加工性，应采用以下哪种预备热处理？
①完全退火；②再结晶退火；③球化退火。

（15）一个工件原始组织中含有网状碳化物，试制定热处理工艺以获得回火马氏体组织。

（16）何为淬透性？解释工件淬硬层与冷却速度的关系。

（17）什么是化学热处理？它与普通热处理有什么不同？

（18）有两个含碳量 1.2% 的碳钢新试样，分别加热到 780℃ 和 860℃，保温相同时间，使之达到平衡状态，然后以大于 v_c 的冷却速度冷却到室温，分析所得产物的组织。

（19）以共析钢为例，说明过冷奥氏体等温转变曲线（即 Nc 曲线）中各条线的含义。

（20）为何不在 250～350℃ 温度范围内进行回火？

任务五　铸铁的分类及其选用

1. 熟悉石墨形态与基体组织对铸铁性能的影响。
2. 掌握常用铸铁的典型牌号、性能特点、热处理工艺及主要用途。

铸铁是含碳量大于 2.11%，一般为 2.5%～5.0% 并且含有较多的 Si、Mn、S、P 等元素的多元铁碳合金。它与钢相比，虽然抗拉强度、塑性、韧性较低，但具有优良的铸造性能、切削加工性、减震性、耐磨性等，生产成本也较低，因此在工业上得到了广泛的应用。按重量计算，汽车、拖拉机中铸铁零件约占 50%～70%，机床中约占 60%～90%。

1.5.1　铸铁的石墨化及分类

在铁碳合金中的碳除极少量固溶于铁素体之外，主要以两种形式存在，即渗碳体（Fe_3C）和游离态的石墨（G）。渗碳体（Fe_3C）的结构和性能在任务三中已经介绍。石墨的晶体结构为简单六方晶格，原子呈层状排列，如图 1-41 所示。其底面中的原子间距为 0.142 nm，结合力较强。两底面之间的距离为 0.340 nm，结合力较弱，所以底面之间容易相对滑动。因此石墨的强度不高，塑性、韧性极低（接近于零）。

铸铁组织中形成石墨的过程叫做石墨化过程。铸铁的石墨化可以有两种方式：一种是石墨从液态合金或奥氏体中析出；另一种是渗碳体在一定条件下分解出石墨。铸铁的石墨化以哪种方式进行，主要取决于铸铁的成分和保温冷却条件。

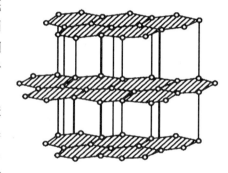

图 1-41　石墨的结晶结构

1）铁-碳双重相图

实践证明，对于成分相同的铁液，冷却速度越慢越容易结晶出石墨，冷却速度越快则析出渗碳体的可能性越大。此外，对已形成渗碳体的铸铁，若将它加热到高温保持一段时间，其中的渗碳体可分解为铁素体和石墨，即 $Fe_3C \rightarrow 3Fe + C(G)$。可见石墨是稳定相，而渗碳体只是亚稳定相。前述的 $Fe-Fe_3C$ 相图说明了 Fe_3C 的析出规律，而要说明石墨的析出规律，必须用 Fe-G 相图。为便于比较应用，通常把上述两个相图画在一起，称为铁-碳双重相图，见图 1-42，实线表示 $Fe-Fe_3C$ 相图，虚线表示 Fe-G 相图，重合部分用实线表示。

2）铸铁石墨化的三个阶段

按照 Fe-G 相图，可将铸铁的石墨化过程分为三个阶段：

（1）第一阶段石墨化。包括铸铁液相冷至 $C'D'$ 线时，结晶出的一次石墨（对于过共晶成

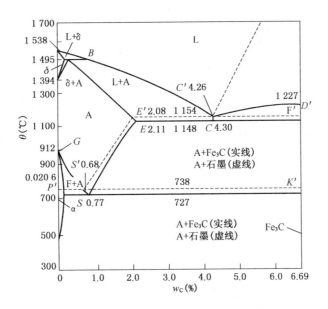

图 1-42　Fe-G 和 Fe-Fe$_3$C 双重相图

分合金而言)和在 1 154℃($E'C'F'$线)通过共晶反应形成的共晶石墨。

(2) 第二阶段石墨化。在 1 154~738℃温度范围内奥氏体沿 $E'S'$线析出二次石墨。

(3) 第三阶段石墨化。在 738℃($P'S'K'$线)通过共析转变析出共析石墨。

3) 影响石墨化的主要因素

铸铁的组织取决于石墨化过程进行的程度,而影响石墨化的主要因素是铸铁的化学成分和冷却速度。

(1) 化学成分。各种元素对石墨化过程的影响互有差别。

C 和 Si 是强烈促进石墨化的元素,C 和 Si 含量越高,石墨化进行得越充分。

P 是促进石墨化不太强的元素,P 在铸铁中还易生成 Fe$_3$P,常与 Fe$_3$C 形成共晶组织分布在晶界上增加铸铁的硬度和脆性,故一般应限制其含量。但 P 能提高铁液的流动性,改善铸铁的铸造性能。

S 是强烈阻碍石墨化的元素,并降低铁液的流动性,使铸铁的铸造性能恶化,故其含量应尽可能降低。

Mn 也是阻碍石墨化的元素。但它和 S 有很大的亲和力,在铸铁中能与 S 形成 MnS,减弱 S 对石墨化的有害作用,故 Mn 的含量较高。

生产中,C、Si、Mn 为调节组织元素,P 是控制使用元素,S 属于限制元素。

(2) 冷却速度。在生产过程中,冷却速度对石墨化影响也很大。冷速愈慢,有利于石墨化,而快冷则阻止石墨化。铸造时冷却速度与浇注温度、造型材料、铸造方法和铸件壁厚有关。

图 1-43 表示化学成分(C＋Si)和冷却速度(铸件壁厚)对铸铁组织的综合影响。从图 1-43 中可看出,对于薄壁件,容易形成白口铸铁组织。要得到灰铸铁组织,应增加铸铁的 C、Si 含量。相反,厚大的铸件,为避免得到过多的石墨,应适当减少铸铁的 C、Si 含量。因此应按照铸件的壁厚选定铸铁的化学成分和牌号。

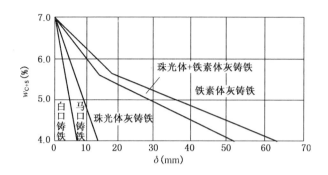

图 1-43　铸铁的成分和冷却速度对铸铁组织的影响

4）铸铁的分类

根据碳在铸铁中的存在形式不同,可以将铸铁分为以下几种类型:

（1）白口铸铁

白口铸铁中的碳绝大部分以渗碳体的形式存在（少量的碳溶入铁素体）,因其断口呈白亮色,故称白口铸铁。其组织中都含有莱氏体组织。由于性能脆,工业上很少用来做机械零件,主要用做炼钢原料或表面要求高耐磨的零件。

（2）灰铸铁

灰铸铁中碳全部或大部分以石墨的形式存在,因其断口呈灰暗色故称灰铸铁。根据灰铸铁中石墨形态不同,灰铸铁又分为四种:灰铸铁（石墨呈片状形态）、球墨铸铁（石墨呈球状形态）、可锻铸铁（石墨呈团絮状形态）、蠕墨铸铁（石墨呈蠕虫状形态）。

（3）马口铸铁

马口铸铁中碳的形态介于白口铸铁和灰铸铁之间,一部分以渗碳体形式存在,另一部分以石墨形式存在,具有较大的硬脆性,工业上很少用做机械零件。

1.5.2　灰铸铁

普通灰铸铁（俗称灰铸铁）生产工艺简单,铸造性能优良,在生产中应用最为广泛,约占铸铁总量的 80%。

1）灰铸铁的成分、组织和性能

一般灰铸铁的化学成分范围为: $w_C = 2.5\% \sim 3.6\%$, $w_{Si} = 1.0\% \sim 2.2\%$, $w_{Mn} = 0.5\% \sim 1.3\%$, $w_S < 0.15\%$, $w_P < 0.3\%$。其组织有:

（1）铁素体灰铸铁是在铁素体基体上分布片状石墨,如图 1-44(a) 所示。

（2）珠光体＋铁素体灰铸铁是在珠光体＋铁素体基体上分布片状石墨的灰铸铁,如图 1-44(b) 所示。

（3）珠光体灰铸铁是在珠光体基体上分布片状石墨,如图 1-44(c) 所示。

灰铸铁组织相当于在钢的基体上分布着片状石墨,其基体的强度和硬度不低于相应的钢。石墨的存在使灰铸铁的抗拉强度、塑性及韧性都明显低于碳钢。石墨片的数量越多,尺寸越大,分布越不均匀,对基体的割裂作用越严重。灰铸铁的硬度和抗压强度主要取决于基体组织,与石墨无关。因此,灰铸铁的抗压强度明显高于其抗拉强度（约为抗拉强度的 3～4 倍）。

石墨的存在,使灰铸铁的铸造性能、减磨性、减振性和切削加工性都优于碳钢,缺口敏感性也较低。

（a）铁素体灰铸铁　　　（b）铁素体+珠光体灰铸铁　　　（c）珠光体灰铸铁

图 1-44　灰铸铁的显微组织

2）灰铸铁的牌号及用途

灰铸铁的牌号由"HT+数字"组成。其中"HT"是"灰铁"二字汉语拼音字首,数字表示 30 mm 单铸试棒的最低抗拉强度值。

常用灰铸铁的牌号、力学性能及用途见表 1-3。

表 1-3　灰铸铁的牌号、力学性能及用途（GB/T 9439—2010）

牌号	最小抗拉强度 σ_b (MPa)	硬度 HBS	主要用途
HT100	100	不超过 170	低载荷和不重要的零件,如盖、外罩、手轮、支架等
HT150	150	150～200	承受中等应力(抗弯应力小于 100 MPa)的零件,如支柱、底座、齿轮箱、工作台、刀架、端盖、阀体等
HT200 HT250	200 250	170～200 190～240	承受较大应力(抗弯应力小于 300 MPa)和较重要零件,如汽缸体、齿轮、机座、飞轮、床身、缸套、活塞、联轴器、齿轮箱、轴承座、液压缸等
HT300 HT350	300 350	210～260 230～280	承受高弯曲应力(小于 500 MPa)及抗拉应力的重要零件,如齿轮、凸轮、车床卡盘、压力机的机身、床身、高压液压缸、滑阀壳体等

从表 1-3 中可以看出,灰铸铁的强度与铸件的壁厚有关,铸件壁厚增加则强度降低,这主要是由于壁厚增加使冷却速度降低,造成基体组织中铁素体增多而珠光体减少的缘故。因此在根据性能选择铸铁牌号时,必须注意到铸件的壁厚。

3）灰铸铁的孕育处理

浇注时向铁液中加入少量孕育剂(如硅铁、硅钙合金等),以得到细小、均匀分布的片状石墨和细小的珠光体组织的方法,称为孕育处理。

孕育处理时,孕育剂及其氧化物会使石墨均匀细化,减小了石墨片对基体组织的割裂作用,而且铸铁的结晶过程几乎是在全部铁液中同时进行,可以避免铸件边缘及薄壁处出现白口组织,使铸铁各个部位截面上的组织与性能均匀一致,提高了铸铁的强度、塑性和韧性,同时也降低了灰铸铁的缺口敏感性。

经孕育处理后的铸铁称为孕育铸铁,表 1-3 中,HT250、HT300、HT350 即属于孕育铸铁,常用于制造力学性能要求较高、截面尺寸变化较大的大型铸件,如汽缸、曲轴、凸轮、机床床身等。

4)灰铸铁的热处理

由于热处理仅能改变灰铸铁的基体组织,改变不了石墨形态,因此,用热处理来提高灰铸铁的力学性能效果不大。灰铸铁的热处理常用于消除铸件的内应力和稳定尺寸,消除铸件的白口组织和提高铸件表面的硬度及耐磨性。

（1）时效处理

形状复杂、厚薄不均的铸件在冷却过程中,由于各部位冷却速度不同,形成内应力,削弱了铸件的强度,引起变形甚至开裂。因此,铸件在成形后都需要进行时效处理,尤其对一些大型、复杂或加工精度较高的铸件(如机床床身、柴油机汽缸等),在铸造后、切削加工前,甚至在粗加工后都要进行一次时效退火。

时效处理一般有自然时效和人工时效。自然时效是将铸件长期放置在室温下以消除其内应力的方法;人工时效是将铸件重新加热到 530～620℃,经长时间保温(2～6 h)后在炉内缓慢冷却至 200℃ 以下出炉空冷的方法。经时效退火后可消除 90% 以上的内应力。

（2）石墨化退火

灰铸铁件表层和薄壁处在浇注时有时会产生白口组织,难以切削加工,需要退火,使渗碳体在高温下分解为石墨,以降低硬度。石墨化退火一般是将铸件以 70～100℃/h 的速度加热至 850～900℃,保温 2～5 h(取决于铸件壁厚),然后炉冷至 400～500℃ 后空冷。

（3）表面热处理

有些铸件,如机床导轨、缸体内壁等,需要高的硬度和耐磨性,可进行表面淬火处理。淬火前,铸件需进行正火处理,以保证获得 65% 以上的珠光体,淬火后表面硬度可达 50～55 HRC。

1.5.3 球墨铸铁

球墨铸铁是 20 世纪 50 年代发展起来的优良的铸铁材料,是通过在浇注时向铁水中加入一定量的球化剂(稀土镁合金等)进行球化处理而得到的,球化剂可使石墨呈球状结晶。为防止铁液球化处理后出现白口,必须进行孕育处理,使石墨球数量增加,球径减小,形状圆整,分布均匀,显著改善其力学性能。

1)球墨铸铁的成分、组织和性能

（1）成分特点。球墨铸铁的成分中,C、Si 的质量分数较高,可促进石墨化并细化石墨,改善铁液的流动性。Mn 的质量分数较低,可去硫脱氧,稳定细化珠光体。S、P 质量分数限制很严,以防造成球化元素的烧损,降低塑性和韧性。同时含有一定量的 Mg 和稀土元素,有时还加入 Mo、Cu、V 等合金元素。

（2）组织特点。球墨铸铁的组织特征是在钢的基体上分布着球状石墨。常见的基体组织有铁素体、铁素体＋珠光体和珠光体三种,见图 1-45。通过合金化和热处理后,还可获得下贝氏体、马氏体、托氏体、索氏体和奥氏体等基体组织的球墨铸铁。

（3）性能特点。在石墨球的数量、形状、大小及分布一定的条件下,珠光体球墨铸铁的抗拉强度比铁素体球墨铸铁高 50% 以上,而铁素体球墨铸铁的伸长率是珠光体球墨铸铁的 3～5 倍。

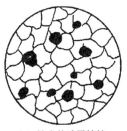

（a）铁素体球墨铸铁　　　　（b）铁素体+珠光体球墨铸铁　　　　（c）珠光体球墨铸铁

图 1-45　球墨铸铁的显微组织

铁素体＋珠光体基体的球墨铸铁性能介于二者之间。经热处理后以马氏体为基体的球墨铸铁具有高硬度、高强度，但韧性很低；以下贝氏体为基体的球墨铸铁具有优良的综合力学性能。球墨铸铁中的石墨呈球状，对基体的割裂作用较小。石墨球越细小，分布越均匀，越能充分发挥基体组织的作用。

同其他铸铁相比，球墨铸铁强度、塑性、韧性高，屈服强度也很高。球墨铸铁的屈强比比钢约高 1 倍，疲劳强度可接近一般中碳钢，耐磨性优于非合金钢，铸造性能优于铸钢，加工性能几乎可与灰铸铁媲美。因此，球墨铸铁在工农业生产中得到越来越广泛的应用，但其凝固时的收缩率较大，对铁水的成分要求较严格，对熔炼工艺和铸造工艺要求较高，不适于用来制作薄壁和小型铸件。此外，其减震性能也较灰铸铁低。

2）球墨铸铁的牌号及用途

球墨铸铁的牌号由"QT＋数字—数字"组成。其中"QT"是"球铁"二字汉语拼音字首，其后的第一组数字表示最低抗拉强度（MPa），第二组数字表示最小拉断后伸长率（%）。球墨铸铁通常用来制造受力较复杂、负荷较大和耐磨的重要铸件。

根据 GB/T 1348—2009，球墨铸铁的牌号、力学性能和用途举例见表 1-4。

表 1-4　球墨铸铁的牌号、力学性能及用途

牌号	最小抗拉强度 σ_b（MPa）	硬度 HBS	主要用途
QT400—18 QT400—15 QT450—10	400 400 450	130～180 130～180 160～210	承受冲击、振动的零件，如汽车、拖拉机的轮毂、驱动桥壳、差速器壳、拨叉，农机具零件，中低压阀门，上、下水及输气管道，压缩机上高低压汽缸，电动机机壳，齿轮箱，飞轮壳等
QT500—7	500	170～230	机器座架、传动轴、飞轮，内燃机的液压泵齿轮、铁路机车车辆轴瓦等
QT600—3 QT700—2 QT800—2	600 700 800	190～270 225～305 245～335	载荷大、受力复杂的零件，如汽车、拖拉机的曲轴、连杆、凸轮轴、汽缸套，部分磨床、铣床、车床的主轴，机床蜗杆、蜗轮、轧钢机轧辊、大齿轮，小型水轮机主轴，汽缸体，桥式起重机大小滚轮等
QT900—2	900	280～360	高强度齿轮，如汽车后桥螺旋锥齿轮，大减速器齿轮，内燃机曲轴、凸轮轴等

3）球墨铸铁的热处理

因球状石墨对基体的割裂作用小，所以球墨铸铁的力学性能主要取决于基体组织，因此，

通过热处理可显著改善球墨铸铁的力学性能。

（1）退火。对于不再进行其他热处理的球墨铸铁铸件，都要进行去应力退火。为了使铸态组织中的自由渗碳体和珠光体中的共析渗碳体分解，获得高塑性的铁素体基体的球墨铸铁，同时消除铸造应力，改善其加工性。

当铸态组织为 F＋P＋Fe_3C＋G 时，即有自由渗碳体（白口），则进行高温退火，将铸件加热到 900～950℃，保温 3～6 h，随炉冷到 600℃，出炉空冷。

当铸态组织为 F＋P＋G 时，则进行低温退火，将铸件加热到 700～760℃，保温 2～8 h，然后随炉冷到 600℃，出炉空冷，最终组织是铁素体基体上分布着球状石墨。

（2）正火。正火的目的是为了得到以珠光体为主的基体组织，并细化晶粒，提高球墨铸铁的强度、硬度和耐磨性。

高温正火，如果铸态组织中无渗碳体时，将铸件加热到 880～920℃，保温 1～3 h，然后空冷。为了提高基体中珠光体的含量，还常采用风冷、喷雾冷却等加快冷却速度。

低温正火是将铸件加热到 840～860℃，保温 1～4 h，出炉空冷。得到珠光体＋铁素体基体的球墨铸铁。低温正火要求原始组织中无自由渗碳体，否则影响力学性能。

球墨铸铁的导热性差，正火后铸件内应力较大，因此，正火后应进行一次消除应力退火，即加热到 550～600℃，保温 3～4 h 出炉空冷。

（3）等温淬火。当铸件形状复杂，又需要高的强度和较好的塑性、韧性时，需采用等温淬火。等温淬火是将铸件加热到 860～920℃（奥氏体区），适当保温（热透），迅速放入 250～350℃的盐浴炉中进行 0.5～1.5 h 的等温处理，然后取出空冷，使过冷奥氏体转变为下贝氏体。等温淬火可有效地防止变形和开裂，提高铸件的综合力学性能。适用于形状复杂易变形、截面尺寸不大，但受力复杂的铸件，如齿轮、曲轴、凸轮轴。

（4）调质处理。调质处理是将铸件加热到 860～920℃，保温后油冷，在 550～620℃高温回火 2～6 h，获得回火索氏体和球状石墨的热处理方法。调质处理可获得高的强度和韧性，其综合力学性能比正火要高，适用于受力复杂、截面尺寸较大、综合力学性能要求高的铸件，如柴油机曲轴、连杆等重要零件。

球墨铸铁还可以采用表面强化处理，如渗氮、离子渗氮、渗硼等。

1.5.4 可锻铸铁

可锻铸铁是由一定化学成分的白口铸铁坯件经退火得到的具有团絮状石墨的铸铁。它的生产过程分两步：先浇注成白口铸铁，然后通过高温石墨化退火（也叫可锻化退火），使渗碳体分解得到团絮状石墨。

1）可锻铸铁的成分、组织和性能

（1）成分特点。可锻铸铁的成分特点是低碳、低硅，以保证完全抑制石墨化的过程，获得白口组织，一旦有片状石墨生成，则在随后的退火过程中，有渗碳体分解的石墨将会沿已有的石墨片析出，最终得到粗大的片状石墨组织。为此必须控制铁水的化学成分。通常可锻铸铁的大致成分为：$w_C＝2.2\%～2.8\%$，$w_{Si}＝1.2\%～2.0\%$，$w_{Mn}＝0.4\%～1.2\%$，$w_S＜0.2\%$，$w_P＜0.1\%$。

（2）组织特点。可锻铸铁中的石墨呈团絮状，分为铁素体基体的可锻铸铁（又称为黑心可锻铸铁)和珠光体基体的可锻铸铁,其显微组织如图1-46所示,可通过对白口铸件采取不同的退火工艺而获得。

（3）性能特点。由于可锻铸铁中团絮状的石墨对基体的割裂作用大大降低,因而可锻铸铁是一种高强度铸铁。与灰铸铁相比,可锻铸铁有较高的强度和塑性,特别是低温冲击性能较好;与球墨铸铁相比,它还具有质量稳定、铁液处理简便和利于组织生产的特点;但可锻铸铁的力学性能比球墨铸铁稍差,而且可锻铸铁生产周期长,能耗大,工艺复杂,成本较高,随着稀土镁球墨铸铁的发展,不少可锻铸铁零件已逐渐被球墨铸铁所代替。可锻铸铁的耐磨性和减振性优于普通碳素钢;切削性能与灰铸铁接近。适于制作形状复杂的薄壁中小型零件和工作中受到振动而强度、韧性要求又较高的零件。可锻铸铁因其较高的强度、塑性和冲击韧度而得名,实际上并不能锻造。

 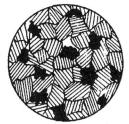

（a）铁素体可锻铸铁　　　　　（b）珠光体可锻铸铁

图1-46　可锻铸铁的显微组织

2）可锻铸铁的牌号及用途

常用两种可锻铸铁的牌号由"KTH＋数字—数字"或"KTZ＋数字—数字"组成。"KTH"和"KTZ"分别代表"黑心可锻铸铁"和"珠光体可锻铸铁",符号后的第一组数字表示最低抗拉强度（MPa）,第二组数字表示最小断后伸长率。可锻铸铁主要用来制作一些形状复杂而在工作中承受冲击振动的薄壁小型铸件。

根据GB/T 9440—2010,常用可锻铸铁的牌号、性能及用途见表1-5。

表1-5　黑心可锻铸铁和珠光体可锻铸铁的牌号、力学性能及用途

牌号	最小抗拉强度 σ_b（MPa）	硬度 HBS	主要用途
KTH300—06	300		弯头、三通管件、中低压阀门等
KTH330—08	330	≤150	扳手、犁刀、犁柱、车轮壳等
KTH350—10 KTH370—12	350 370		汽车、拖拉机前后轮壳、差速器壳、转向节壳、制动器及铁道零件等
KTZ450—06	450	150～200	载荷较高和耐磨损零件,如曲轴、凸轮轴、连杆、齿轮、活塞环、轴套、耙片、万向接头、棘轮、扳手、传动链条等
KTZ550—04	550	180～250	
KTZ650—02	650	210～260	
KTZT00—02	700	240～290	

1.5.5 蠕墨铸铁

蠕墨铸铁是在一定成分的铁液中加入适量的蠕化剂和孕育剂所获得的石墨形似蠕虫状的铸铁。生产方法与程序和球墨铸铁基本相同,只是加入的添加剂不同。

1)蠕墨铸铁的成分、组织及性能

蠕墨铸铁的成分特点是高碳、低硫、低磷,一定量的硅、锰,并加入适量的蠕化剂。蠕虫状石墨对基体的割裂作用介于灰铁和球铁之间,故性能也介于相同基体组织的球墨铸铁和灰铸铁之间,强度、韧性、疲劳强度、耐磨性及耐热疲劳性比灰铸铁高,断面敏感性也小,但塑性、韧性都比球墨铸铁低。蠕墨铸铁的铸造性能、减振性、导热性及切削加工性优于球墨铸铁,抗拉强度接近球墨铸铁。其显微组织如图 1-47 所示。

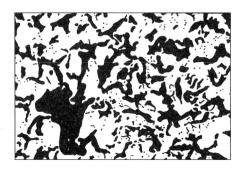

图 1-47 铁素体蠕墨铸铁的显微组织

2)蠕墨铸铁的牌号及用途

蠕墨铸铁的牌号由"RuT+数字"组成。其中"RuT"表示蠕墨铸铁,数字表示最小抗拉强度值(MPa)。各种牌号间的主要区别在于基体组织的不同。

蠕墨铸铁的牌号、性能及用途见表 1-6。

表 1-6 蠕墨铸铁的牌号、力学性能及用途

牌号	最小抗拉强度 σ_b(MPa)	硬度 HBS	主要用途
RuT260	260	121～197	增压器废气进气壳体,汽车底盘零件等
RuT300	300	140～217	排气管、变速箱体、汽缸、液压件、纺织机零件、钢锭模具等
RuT340	340	170～249	重型机床件、大型齿轮箱体、汽缸盖、飞轮、起重机卷筒等
RuT380 RuT420	380 420	193～274 200～280	活塞环、汽缸套、制动盘、钢珠研磨盘等

▶检查评估

1. 填空题

(1)可锻铸铁的生产过程是首先铸成_____铸件,然后再经过_____,使其组织中的_____转变成为_____。

(2)HT200 牌号中的 HT 表示_____,200 为_____。

(3)QT700—2 牌号中的 QT 表示_____,700 表示_____,2 表示_____,该铸铁组织应是_____。

（4）球墨铸铁的生产过程是首先熔化铁水，其成分特点是_____；然后在浇注以前进行_____和_____处理，才能获得球墨铸铁。

（5）铁碳合金为双重相图，即_____相图和_____相图。

（6）影响石墨化的因素主要有_____和_____。

（7）与白口铸铁相比，灰铸铁的化学成分特点是_____、_____。

（8）普通灰铸铁的减震性比球墨铸铁_____，因此常用其制造_____件。

2. 判断题

（1）可锻铸铁由于具有较好的塑性，因此可以进行锻造。　　　　　　（　　）

（2）同一牌号的普通灰铸铁铸件，薄壁和厚壁处的抗拉强度值是相等的。　（　　）

（3）孕育铸铁（变质铸铁）中碳、硅含量较普通灰铸铁高。　　　　　（　　）

（4）高强度灰铸铁变质（孕育）处理的目的仅仅是为了细化晶粒。　　（　　）

（5）与 HT100 相比，HT200 组织中的石墨数量较多，珠光体的数量也较多。（　　）

（6）HT150 制机床床身，壁厚不论多厚，抗拉强度不低于 150 MPa。　（　　）

（7）铸铁中的石墨是简单六方晶格，其强度、塑性和韧性极低，几乎都为零。（　　）

（8）铸铁中的石墨为片状时，在石墨片的尖端处导致应力集中，从而使铸铁韧性几乎为零。　　　　　　　　　　　　　　　　　　　　　　　（　　）

（9）当铸铁组织以铁素体为基体，其上分布有团絮状或球状石墨时，可获得较高的塑性。　　　　　　　　　　　　　　　　　　　　　　　　　（　　）

3. 单项选择题

（1）白口铸铁与灰铸铁在组织上的主要区别是（　　）。

A. 无珠光体　　　　　B. 无渗碳体　　　　　C. 无铁素体　　　　　D. 无石墨

（2）可锻铸铁通常用于制造较高强度或较高塑性的（　　）。

A. 薄壁铸件　　　　　B. 薄壁锻件　　　　　C. 厚壁铸件　　　　　D. 任何零件

（3）为了获得最佳力学性能，铸铁组织中的石墨应呈（　　）。

A. 粗片状　　　　　B. 细片状　　　　　C. 团絮状　　　　　D. 球状

（4）对铸铁石墨化，硫起（　　）作用。

A. 促进　　　　　B. 阻碍　　　　　C. 无明显　　　　　D. 间接促进

（5）对铸铁石墨化，硅起（　　）作用。

A. 促进　　　　　B. 强烈促进　　　　　C. 阻止　　　　　D. 无明显

（6）孕育铸铁（变质铸铁）的组织为（　　）。

A. 莱氏体＋细片状石墨　　　　　　　　B. 珠光体＋细片状石墨

C. 珠光体＋铁素体＋粗石墨　　　　　　D. 铁素体＋细片状石墨

（7）在机械制造中应用最广泛、成本最低的铸铁是（　　）。

A. 白口铸铁　　　　　B. 灰铸铁　　　　　C. 可锻铸铁　　　　　D. 球墨铸铁

（8）亚共晶铸铁结晶过程，在共析转变前按铁-石墨相图进行，在共析转变及其以后按铁-渗碳体相图进行，其组织是（　　）。

A. 铁素体＋石墨　　　　　　　　　　　B. 铁素体＋珠光体＋石墨

C. 珠光体＋石墨　　　　　　　　　　　D. 珠光体＋渗碳体＋石墨

4. 简答题

(1) 试述石墨形态对铸铁性能的影响。

(2) 何谓石墨化？石墨化的影响因素有哪些？

(3) 为什么相同基体的球墨铸铁的力学性能比灰铸铁高得多？

(4) 下列工件宜选择何种特殊铸铁制造？

① 磨床导轨；② 1 000～1 100 ℃ 加热炉底板；③ 硝酸盛贮器。

(5) 说明下列牌号属于何种铸铁，并指出其主要用途及常用热处理方法。

HT150、HT350、KTH300—06、KTZ45—06、QT400—15、QT600—3。

任务六　钢的分类及其选用

→任务导入

1. 掌握常用非合金钢的牌号、成分、性能和用途等方面的知识。

2. 掌握各种合金钢类型的性能特点及工作要求、化学成分特点、热处理特点、组织、性能以及它们的应用。

3. 会制定常用典型钢种的热处理工艺路线和实际应用。

→应知应会

钢的分类方法很多，从不同的角度可以将钢分成不同的种类。按化学成分可分为：碳素钢、合金钢。按用途可分为：结构钢、工具钢、特殊性能钢。按质量可分为：普通钢、优质钢、高级优质钢。按脱氧程度可分为：镇静钢、沸腾钢。

1.6.1　碳素钢

根据《钢分类》标准（GB/T 13304—2008）中的分类，已用"非合金钢"一词取代"碳素钢"，但鉴于大家的习惯，本书仍按原常规分类进行。碳素钢简称碳钢，是指 $w_C < 2.11\%$ 并含少量硅、锰、磷、硫等杂质元素的铁碳合金。碳素钢广泛用于建筑、交通运输及机械制造工业中。

1）杂质元素的影响

(1) 硅、锰的影响：都能溶于铁素体中，产生固溶强化作用。硅和锰在钢中都是有益元素。在炼铁、炼钢的生产过程中，由于原料中含有硅以及使用硅铁作脱氧剂，使得钢中常含有少量的硅元素。在碳钢中通常 $w_{Si} < 0.4\%$，硅能溶入铁素体使之强化，提高钢的强度、硬度，而塑性和韧性降低。锰也是由于原材料中含有锰以及使用锰铁脱氧而带入钢中的。锰在钢中的质量分数一般为 $w_{Mn} = 0.25\% \sim 0.8\%$。锰能溶入铁素体使之强化，提高钢的强度、硬度。锰还可与硫化合形成 MnS，以减轻硫的有害作用，并能起断屑作用，可改善钢的切削加工性。

(2) 磷的影响：磷在钢中是有害元素。磷在常温固态下能全部溶入铁素体中，使钢的强度、硬度提高,但使塑性、韧性显著降低,在低温时表现得尤为突出。这种在低温时由磷导致钢严重脆化的现象称为"冷脆"。磷的存在还使钢的焊接性能变坏,因此钢中含磷量要严格控制。

（3）硫的影响:硫在钢中也是有害元素。硫和磷也是从原料及燃料中带入钢中的。硫在固态下不溶于铁,以 FeS(熔点 1 190℃)的形式存在。FeS 常与 Fe 形成低熔点(985℃)共晶体分布在晶界上,当钢加热到 1 000~1 200℃进行压力加工时,由于分布在晶界上的低熔点共晶体熔化,使钢沿晶界处开裂,这种现象称为热脆。为了避免热脆,在钢中必须严格控制含硫量。

2）碳钢的分类

（1）按用途分类:①碳素结构钢。主要用于制造工程结构件和机械零件,一般 w_C 在 0.25%~0.6%之间。②碳素工具钢。主要用来制造各种工具,一般 $w_C > 0.6\%$。

（2）按质量分类:①普通碳素钢: $w_P \leqslant 0.05\%$, $w_S \leqslant 0.045\%$;②优质碳素钢: $w_P \leqslant 0.035\%$, $w_S \leqslant 0.035\%$;③高级优质碳素钢: $w_P \leqslant 0.030\%$, $w_S \leqslant 0.030\%$。

（3）按钢水脱氧程度又可分为:镇静钢,脱氧较完全,成分和性能较均匀,组织致密,应用广泛;沸腾钢,脱氧不完全,成分不均匀,但成本较低;半镇静钢,脱氧程度介于以上两种钢之间。

3）碳素钢的牌号、性能和用途

（1）碳素结构钢

碳素结构钢中所含有害杂质硫、磷及非金属夹杂物较多,力学性能不高。

碳素结构钢的牌号由代表屈服点的字母 Q、屈服点强度值、质量等级符号和脱氧方法符号四部分依次组成。沸腾钢用 F 表示;半镇静钢用 b 表示;镇静钢用 Z 表示,但在牌号中省略不标。如牌号 Q235—AF 表示屈服点 $\sigma_s \geqslant 235$ MPa,质量等级为 A 的碳素结构沸腾钢。表 1-7 列出了碳素结构钢的性能和应用。

表 1-7　碳素结构钢的力学性能和应用举例(摘自 GB/T 700—2006)

牌号	质量等级	σ_s(MPa)				σ_b(MPa)	主要用途
		钢材厚度(直径)(mm)					
		≤16	>16~40	>40~60	>60~100		
Q195	—	(195)	(185)	—	—	315~390	塑性好,有一定的强度,用于制造受力不大的零件,如螺钉、螺母、垫圈,以及焊接件、冲压件、桥梁建筑等金属结构件
Q215	A B	215	205	195	185	335~410	
Q235	A B C D	235	225	215	205	375~460	
Q255	A B	255	245	235	225	410~510	强度较高,用于制造承受中等载荷的零件,如小轴、销子、连杆、农机零件等
Q275	—	275	265	255	245	490~610	

(2) 优质碳素结构钢

优质碳素结构钢中所含有害杂质元素较少,力学性能较好,故广泛用于制造较重要的机械零件。

优质碳素结构钢又包括普通锰的质量分数钢($w_{Mn} < 0.8\%$)和较高锰的质量分数钢($w_{Mn} = 0.7\% \sim 1.2\%$)两组。普通锰的质量分数钢的牌号用两位数字表示,数字代表钢中平均碳的质量分数的万分数;沸腾钢需在数字后加字母F,镇静钢不标注。较高锰的质量分数钢的牌号用两位数字后加锰元素符号表示。

优质碳素结构钢一般都要经过热处理以提高其机械性能。常用钢号、化学成分及正火后的力学性能见表1-8。如:08F,20,45,65Mn。

表1-8　常用优质碳素结构钢的主要化学成分和力学性能(摘自 GB/T 699—1999)

| 牌号 | 力学性能 | | | | | 热轧 | 退火 | 主要用途 |
| | 正火状态 ≥ | | | | | 硬度 HBS | | |
	σ_b (MPa)	σ_s (MPa)	δ_5 (%)	ψ (%)	A_K(J)			
08F	295	175	35	60	—	131	—	钢板用作深冲压和深拉延的容器,如搪瓷制品等;圆钢用作心部强度要求不高的渗碳或氧化零件
10	335	205	31	55	—	137	—	钢板用作汽车深冲钢板、搪瓷品、冲压容器、钢管、垫片等;圆钢用作拉杆、垫圈等,并可用于冷拔钢和冷轧带钢等
20	410	245	25	55	—	156	—	钢板用作高压容器,如锅炉、高压缸等;圆钢用作杠杆、链条、拉杆和渗碳的齿轮等
35	530	315	20	45	55	197	—	作冷拉的冷顶锻钢材,制造螺钉和螺母、连杆、钩环等
40	570	335	19	45	47	217	187	制造机器的运动零件,如辊子、轴、曲柄、销、传动轴、活塞、连杆等
45	600	355	16	40	39	229	197	制造蒸汽透平机叶片、压缩机、泵的传动轴、活塞杆、连杆以及齿轮、轴等,但需进行表面淬火
65	695	410	10	30	—	255	229	制造弹簧、工具、切削刀具、耐磨工具、加工工具等
65Mn	735	430	9	30	—	285	229	

(3) 碳素工具钢

碳素工具钢都是高碳钢,具有高的硬度、耐磨性,主要用来制造刀具、模具、量具。按质量分,碳素工具钢有优质和高级优质两种。优质碳素工具钢的牌号用字母 T 和数字表示,数字表示平均碳的质量的千分数。高级优质碳素工具钢的牌号则在上述钢号后加字母 A。常用碳素工具钢的牌号、成分、性能和用途见表1-9所示。

表 1-9 常用碳素工具钢的牌号、w_C、性能及用途

牌号	w_C(%)	硬度		主要用途
		退火后 HBS≤	淬火后 HRC≥	
T7、T7A	0.65～0.74	187	62	錾子、简单锻模、锤子等
T8、T8A	0.75～0.84	187	62	简单冲模、剪刀、木工工具等
T10、T10A	0.95～1.04	197	62	丝锥、手锯条、冲模等
T12、T12A	1.15～1.24	207	62	锉刀、刮刀、丝锥等

（4）碳素铸钢

有些机械零件，例如水压机横梁、轧钢机机架、重载大齿轮等，因形状复杂，难以用锻压方法成形，又因力学性能要求较高，铸铁无法满足，故采用铸钢件。碳素铸钢的牌号用字母 ZG 和两组数字表示，第一组数字表示钢的最低屈服强度，第二组数字表示最低抗拉强度。常用碳素铸钢的牌号、碳的质量分数、力学性能和应用见表 1-10。

表 1-10 碳素铸钢的牌号、w_C、性能及用途

牌号	w_C(%)	力学性能（不小于）					主要用途
		σ_s 或 $\sigma_{0.2}$ (MPa)	σ_b (MPa)	δ (%)	ψ (%)	A_K (J/cm²)	
ZG200—400	0.2	200	400	25	40	60	基座、变速箱壳等
ZG230—450	0.3	230	450	22	32	45	砧座、外壳、轴承盖、座底、阀体等
ZG270—500	0.4	270	500	18	25	35	轧钢机机架、轴承盖、连杆、箱体、曲轴、缸体、飞轮、蒸汽锤等
ZG310—570	0.5	310	570	25	21	30	大齿轮、缸体、制动轮、辊子等
ZG340—640	0.6	340	640	10	18	20	起重运输机中的齿轮、联轴器等

1.6.2 合金钢

碳素钢虽然在工业上得到了广泛应用，但还存在着淬透性低，强度低（特别是高温强度低），回火抗力差，不具有特殊的物理、化学性能等缺点。为了提高钢的性能，常常在钢中加入一定量的合金元素，形成合金钢。合金元素是在冶炼时为了改善钢的性能或使之具有某些特殊性能而有意加入的元素。常见的合金元素有硅、锰、铬、镍、钼、钨、钒、钛、铝、硼和稀土等。由于合金元素与铁、碳以及合金元素之间的相互作用，改变了钢的内部组织结构，从而能提高和改善钢的性能。

1）合金元素在钢中的作用

在一般的合金化理论中，按与碳相互作用形成碳化物趋势的大小，可将合金元素分为碳化物形成元素与非碳化物形成元素两大类。常用的合金元素有以下几种：非碳化物形成元素：Ni、Si、Al、Co、Cu、N、B；碳化物形成元素：Mn、Cr、Mo、W、V、Ti、Nb、Zr。

铁素体和渗碳体是钢中的两个基本相，由于合金元素的性能和种类等差异，一部分合金元

素可溶于铁素体中形成合金铁素体，一部分合金元素可溶于渗碳体中形成合金渗碳体。非碳化物形成元素主要溶于铁素体中，形成合金铁素体，碳化物形成元素可以溶于渗碳体中，形成合金渗碳体，也可以和碳直接结合形成特殊碳化物。

合金元素溶入铁素体时，由于与铁原子半径不同和晶格类型不同而造成晶格畸变，另外合金元素还易分布在晶体缺陷处，使位错移动困难，从而提高了钢的塑性变形抗力，产生固溶强化的效果。

碳化物是钢中的重要相之一，碳化物的类型、数量、大小、形状及分布对钢的性能有很重要的影响。合金元素是溶入渗碳体还是形成特殊碳化物，是由它们与碳亲和能力的强弱程度所决定的。强碳化物形成元素钛、铌、锆、钒等，倾向于形成特殊碳化物，如 ZrC、NbC、VC、TiC 等。它们熔点高、硬度高，加热时很难溶于奥氏体中，也难以聚集长大，因此对钢的机械性能及工艺性能有很大影响。如果形成在奥氏体晶界上，会阻碍奥氏体晶粒的长大，提高钢的强度、硬度和耐磨性，但这些特殊碳化物的数量增多时，会影响钢的塑性和韧性。合金渗碳体是渗碳体中一部分铁被碳化物形成元素置换后所得到的产物，其晶体结构与渗碳体相同，可表达为 $(\mathrm{Fe, Me})_3\mathrm{C}$（Me 代表合金元素），如 $(\mathrm{Fe, Cr})_3\mathrm{C}$、$(\mathrm{Fe, W})_3\mathrm{C}$。渗碳体中溶入碳化物形成元素后，硬度有明显增加，因而可提高钢的耐磨性。

2）合金钢分类和牌号

生产中使用的钢材品种繁多，为了便于生产、管理、选用和研究，有必要对钢加以分类和编号。

（1）合金钢的分类

目前，可按照合金钢的主要用途、合金元素的质量分数、含有主要合金元素的种类和金相组织来分类。

① 按照合金钢的主要用途分类

a. 合金结构钢。可分为建筑及工程用结构钢和机械制造用结构钢。建筑及工程用结构钢主要用于建筑、桥梁、船舶、锅炉或其他工程上制造金属结构件的钢，如低合金结构钢、钢筋钢等。机械制造结构钢主要用于制造机械设备上结构零件的钢，如渗碳钢、轴承钢等。

b. 合金工具钢。主要用于制造重要工具的钢，包括刃具钢、量具钢和模具钢等。

c. 特殊性能钢。主要用于制造有特殊物理、化学、力学性能要求的钢，包括耐热钢、不锈钢、耐磨钢等。

② 按照合金元素的质量分数分类

a. 低合金钢。钢中全部合金元素总的质量分数 $w_{\mathrm{Me}} \leqslant 5\%$。

b. 中合金钢。钢中全部合金元素总的质量分数 $5\% \leqslant w_{\mathrm{Me}} \leqslant 10\%$。

c. 高合金钢。钢中全部合金元素总的质量分数 $w_{\mathrm{Me}} > 10\%$。

③ 按照金相组织来分类

钢的金相组织随处理方法不同而异。按照牌号状态或退火组织可分为亚共析钢、共析钢、过共析钢和莱氏体钢；按正火组织可分为珠光体钢、贝氏体钢、马氏体钢及奥氏体钢。

（2）合金钢的编号

为了管理和使用的方便，每一种合金钢都应该有一个简明的编号。世界各国钢的编号方法不一样。钢编号的原则是根据编号可以大致看出该钢的成分和用途。我国合金钢牌号的命名原则是由钢中碳的质量分数（w_C）、合金元素的种类和质量分数（w_{Me}）的组合来表示。产品名称、用途、冶炼和浇注方法等用汉语拼音字母表示，具体编号方法如下。

① 合金结构钢的编号

合金结构钢编号的方法与优质碳素结构钢是相同的，都是以"两位数字＋元素符号＋数字＋…"的方法表示。牌号首部用数字表示碳的质量分数，规定结构钢碳的质量分数以万分之几为单位；用元素的化学符号表明钢中主要合金元素，质量分数由其后面的数字标明，一般以百分之几表示。凡合金元素的平均含量小于 1.5％时，钢号中一般只标明元素符号而不标明其含量。如果平均质量分数为 1.5％～2.49％、2.5％～3.49％…时，相应地标以 2、3、…。如为高级优质钢，则在其钢号后加"高"或"A"。例如 20Cr2Ni4A 等。钢中的 V、Ti、Al、B 等合金元素，虽然它们的含量很低，但在钢中能起相当重要的作用，故仍应在钢号中标出。如 60Si2Mn 表示平均含碳量为 0.60％，主要合金元素 Mn 含量低于 1.5％，Si 含量为 1.5％～2.49％。

② 合金工具钢的编号

合金工具钢的牌号以"一位数字（或没有数字）＋元素＋数字＋…"表示。编号方法与合金结构钢大体相同，区别在于含碳量的表示方法，钢号前表示其平均含碳量的是一位数字，为其千分数，如果平均含碳量＜1.0％时，则在钢号前以千分之几表示它的平均含碳量；当含碳量≥1.0％时则不予标出。如合金工具钢 5CrMnMo，平均碳质量分数为 0.5％，主要合金元素 Cr、Mn、Mo 的质量分数均在 1.5％以下。

高速钢是一类高合金工具钢，其钢号中一般不标出含碳量，仅标出合金元素符号及其平均含量的百分数。如 W18Cr4V 钢的平均含碳量为 0.7％～0.8％，而牌号首位并不写 8。

③ 特殊性能钢的编号

特殊性能钢的牌号的表示方法与合金工具钢的表示方法基本相同，如不锈钢 9Cr18 表示钢中碳的平均质量分数为 0.90％，铬的平均质量分数为 18％。但也有少数例外，不锈钢、耐热钢在碳质量分数较低时表示方法有所不同，若碳的平均质量分数小于 0.03％及 0.08％时，则在钢号前分别冠以"00"及"0"的数字来表示其平均质量分数，如 0Cr18Ni9、00Cr17Ni14Mo2。

④ 专用钢的编号

专用钢是指某些用于专门用途的钢种。它是以其用途名称的汉语拼音第一个字母来表明此种钢的类型，以数字表明其碳质量分数；合金元素后的数字标明该元素的大致含量。

例如滚珠轴承钢在钢号前标以"G"字，其后为铬（Cr）＋数字，数字表示铬含量平均值的千分之几，如"滚铬 15"（GCr15）。这里应注意牌号中铬元素后面的数字是表示含铬量为 1.5％，其他元素仍按百分之几表示，如 GCr15SiMn 表示含铬为 1.5％，硅、锰含量均小于 1.5％的滚动轴承钢。又如易切钢前标以"Y"字，Y40Mn 表示碳质量分数为 0.4％，锰质量分数少于 1.5％的易切削钢。还有如 20g 表示碳质量分数为 0.20％的锅炉用钢；16MnR 表示碳质量分数为 0.16％、含锰量小于 1.5％的容器用钢。

3）合金结构钢

在碳素结构钢的基础上添加一些合金元素就形成了合金结构钢。合金结构钢具有较高的淬透性、强度和韧性，用于制造重要工程结构和机器零件时具有优良的综合力学性能，从而保证零部件使用安全。主要有低合金高强度结构钢、合金渗碳钢、合金调质钢、合金弹簧钢和滚动轴承钢。

（1）低合金结构钢

低合金结构钢是在低碳碳素结构钢的基础上加入少量合金元素（总 $w_{Me}<3\%$）而得到的钢。这类钢比低碳碳素结构钢的强度高 10％～30％，因此又被称为低合金高强度钢，英文缩写为 HSLA 钢。从成分上看其为含低碳的低合金钢种，是为了适应大型工程结构（如大型桥梁、压力容器及船舶等）减轻结构重量，提高可靠性及节约材料的需要。

与低碳钢相比，低合金结构钢不但具有良好的塑性和韧性以及焊接工艺性能，而且还具有较高的强度、较低的冷脆转变温度和良好的耐腐蚀能力。因此，用低合金结构钢代替低碳钢，可以减少材料和能源的损耗，减轻工程结构件的自重，增加可靠性。这类钢主要用来制造各种要求强度较高的工程结构，例如船舶、车辆、高压容器、输油输气管道、大型钢结构等。它在建筑、石油、化工、铁道、造船、机车车辆、锅炉容器、农机农具等许多部门得到了广泛应用。

（2）合金渗碳钢

许多机械零件如汽车、拖拉机中的变速齿轮，内燃机上的凸轮轴、活塞销等机器零件等工作条件比较复杂，这类零件在工作中承受强烈的摩擦磨损，同时又承受较大的交变载荷，特别是冲击载荷，要求"内韧外硬"的性能，从而产生了合金渗碳钢。

合金渗碳钢经渗碳、淬火和低温回火后，表面渗碳层硬度高，以保证优异的耐磨性和接触疲劳抗力，同时具有适当的塑性和韧性。心部具有高的韧性和足够高的强度。另外，合金渗碳钢有良好的热处理工艺性能，在高的渗碳温度（900～950℃）下，奥氏体晶粒不易长大，并有良好的淬透性。

按照渗碳钢的淬透性大小，可分为三类：

① 低淬透性渗碳钢。有 20Cr、20Mn2 等，典型钢种为 20Cr，这类钢合金元素的质量分数较低，淬透性差，零件水淬临界直径小于 25 mm，渗碳淬火后，心部强韧性较低，只适于制造受冲击载荷较小的耐磨零件，如活塞销、凸轮、滑块、小齿轮等。

② 中淬透性渗碳钢。有 20CrMnTi、20CrMn、20CrMnMo、20MnVB 等，典型钢种为 20CrMnTi，这类钢合金元素的质量分数较高，淬透性较好，零件油淬临界直径约为 25～60 mm，渗碳淬火后有较高的心部强度，主要用于制造承受中等载荷、要求足够冲击韧度和耐磨性的汽车、拖拉机齿轮等零件，如汽车变速齿轮、花键轴套、齿轮轴等。

③ 高淬透性渗碳钢。有 18Cr2Ni4WA、20Cr2Ni4A 等，典型钢种为 20Cr2Ni4A，这类钢合金元素的质量分数更高，淬透性很高，零件油淬临界直径大于 100 mm，淬火和低温回火后心部有很高的强度，主要用于制造大截面、高载荷的重要耐磨件，如飞机、坦克中的曲轴、大模数齿轮等。20CrMnTi 钢齿轮的加工工艺路线为下料→锻造→正火→加工齿形→渗碳→淬火→低温回火→喷丸→磨齿（精磨）。

（3）合金调质钢

合金调质钢是指调质处理后使用的合金结构钢，广泛用于制造汽车、拖拉机、机床和其他机器上的各种重要零件，如齿轮、轴类件、连杆、螺栓等。

许多机器设备上的重要零件，如机床主轴，汽车、拖拉机后桥半轴，曲轴，连杆，高强螺栓等都使用调质钢，这些零件工作时大多承受多种工作载荷，受力情况比较复杂，常承受较大的弯矩，还可能同时传递扭矩；且受力是交变的，因此还常发生疲劳破坏；在启动或刹车时有较大冲击；有些轴类零件与轴承配合时还会有摩擦磨损，要求高的综合力学性能，即要求高的强度及良好的塑性和韧性。为了保证整个截面力学性能的均匀性和高的强韧性，合金调质钢要求有很好的淬透性。但不同零件受力情况不同,对淬透性的要求不一样。整个截面受力都比较均匀的零件如只受单向拉、压、剪切的连杆,要求截面处处强度与韧性都要有良好的配合。而截面受力不均匀的零件如承受扭转和弯曲应力的传动轴,主要要求受力较大的表面区有较好的性能,心部要求可以低一些,不要求截面全部淬透。当然,工艺上保证零件获得整体均匀的组织也是必需的,因此要求其性能有高的屈服强度及疲劳强度,良好的韧性和塑性,局部表面有一定耐磨性和较好的淬透性。

按淬透性的高低,合金调质钢大致可以分为三类:

① 低淬透性合金调质钢

低淬透性合金调质钢包括 40Cr、40MnB、40MnVB 等,典型钢种是 40Cr。这类钢的合金元素总的质量分数较低,淬透性不高,零件油淬临界直径最大为 30~40 mm,广泛用于制造一般尺寸的重要零件,如轴、齿轮、连杆螺栓等。

② 中淬透性调质钢

中淬透性调质钢包括 35CrMo、38CrMoAl、40CrNi 等,典型钢种为 40CrNi。这类钢的合金元素总的质量分数较高,零件油淬临界直径最大为 40~60 mm,用于制造截面较大、承受较重载荷的重要件,如内燃机曲轴、变速箱主动轴、连杆等。加入 Mo 不但可以提高淬透性,还可以防止第二类回火脆性。

③ 高淬透性调质钢

高淬透性调质钢包括 40CrNiMoA、40CrMnMo、25Cr2Ni4WA 等,典型钢种为 40CrNiMoA。这类钢的合金元素总的质量分数最高,淬透性也高,零件油淬临界直径为 60~100 mm,多半为铬镍钢。用于制造大截面、承受重负荷的重要零件,如汽轮机主轴、叶轮、压力机曲轴、航空发动机曲轴等。40Cr 钢作为拖拉机上的连杆,其加工工艺路线为下料→锻造→退火(或正火)→粗加工→调质(淬火+高温回火)→精加工→装配。

(4) 合金弹簧钢

弹簧是广泛应用于交通、机械、国防、仪表等行业及日常生活中的重要零件,用来制造各种弹性零件如板簧、螺旋弹簧、钟表发条等的钢称为弹簧钢。

弹簧主要工作在冲击、振动、扭转、弯曲等交变应力下,利用其较高的弹性变形能力吸收能量以缓和振动和冲击,或依靠弹性储存能量来起驱动作用。弹簧的主要失效形式为疲劳断裂和由于发生塑性变形而失去弹性。因此其性能要求制造弹簧的材料具有高的弹性极限和强度,防止工作时产生塑性变形;高的疲劳强度和屈强比,避免疲劳破坏;具有足够的塑性和韧性,保证在承受冲击载荷条件下正常工作,以免受冲击时脆断;在高温或腐蚀介质下工作时,材料应有好的环境稳定性,具有较好的耐热性和耐腐蚀性。此外,弹簧钢还要求有较好的淬透性,不易脱碳和过热,容易绕卷成形等。

合金弹簧钢根据合金元素不同主要有两大类:

① 以 Si、Mn 为主要合金元素的弹簧钢。代表钢种有 65Mn 和 60Si2Mn 等,这类钢的价格便宜,淬透性明显优于碳素弹簧钢,Si、Mn 的复合合金化,性能比只用 Mn 的好得多。这类钢主要用于汽车、拖拉机上的板簧和螺旋弹簧。

② 以 Cr、V、W、Mo 为主要合金元素的弹簧钢。有 50CrVA、60Si2CrVA。碳化物形成元素 Cr、V、Mo 的加入,能细化晶粒,不仅大大提高钢的淬透性,而且还提高钢的高温强度、韧性和热处理工艺性能。这类钢可制作在 350~400℃温度下承受重载的较大弹簧,如阀门弹簧、

高速柴油机的气门弹簧。

（5）滚动轴承钢

用来制作各种滚动轴承零件如轴承内外套圈、滚动体（滚珠、滚柱、滚针等）的专用钢称为滚动轴承钢。

滚动轴承是一种高速转动的零件，工作时滚动体与套圈处于点或线接触方式，接触面积很小，接触应力在 1 500～5 000 MPa 以上。不仅有滚动摩擦，而且有滑动摩擦，承受很高、很集中的周期性交变载荷，每分钟的循环受力次数达上万次，所以常常是接触疲劳破坏使局部产生小块剥落。因此要求滚动轴承钢具有高而均匀的硬度，高的弹性极限和接触疲劳强度，足够的韧性和淬透性。此外，还要求在大气和润滑介质中有一定的耐蚀能力和良好的尺寸稳定性。

我国滚动轴承钢分为铬轴承钢和无铬轴承钢。目前以含铬轴承钢应用最广，其中用量最大的是 GCr15，除用作中、小轴承外，还可以制作精密量具、冷冲模具和机床丝杆等。

为了提高淬透性，在制造大型和特大型轴承时，常在铬轴承钢中加入 Si、Mn，如 GCr15SiMn 等。为了节省铬，加入 Si、Mn、Mo、V 等合金元素可得到无铬轴承钢，如 GSiMnMoV、GSiMnMoVRe 等，其性能与 GCr15 相近，但是脱碳敏感性较大且耐蚀性较差。

为了进一步提高耐磨性和耐冲击载荷可采用渗碳轴承钢，如用于中小齿轮、轴承套圈、滚动件的 G20CrMo、G20CrNiMo，用于冲击载荷的大型轴承 G20Cr2Ni4A。

4）合金工具钢

主要用于制造各种加工和测量工具的钢称为工具钢。按其加工用途分为刃具、量具和模具用钢，按成分不同也可分为碳素工具钢和合金工具钢。在碳素工具钢的基础上加入一定种类和数量的合金元素，用来制造各种刃具、模具、量具等用钢就称为合金工具钢。与碳素工具钢相比，合金工具钢的硬度和耐磨性更高，而且还具有更好的淬透性、红硬性和回火稳定性，因此常被用来制作截面尺寸较大、几何形状较复杂、性能要求更高的工具。

合金工具钢按用途可分为合金刃具钢、合金模具钢和合金量具钢。

（1）合金刃具钢

合金刃具钢主要用来制造车刀、铣刀、丝锥、钻头、板牙等刃具的钢称为刃具钢。

刃具切削时受工件的压力，刃部与工件之间产生强烈的摩擦；由于切削发热，刃部温度可达 500～600℃或更高；此外，还承受一定的冲击和振动。因此对刃具钢的基本性能要求是高硬度、高耐磨性、高热硬性以及足够的塑性和韧性。用于刃具的材料有碳素工具钢、低合金工具钢、高速钢、硬质合金等。

① 低合金刃具钢

对于某些低速而且走刀量较小的机用工具，以及要求不太高的刃具，可以碳素工具钢制作。但是碳素工具钢具有淬透性差、易变形和开裂、回火稳定性和红硬性差等缺点，不能用作对性能有较高要求的刃具。为了克服碳素工具钢的不足，在其基础上加入少量的合金元素，一般不超过 3％～5％，就形成了低合金工具钢。

常用低合金刃具钢有 9SiCr、9Mn2V、CrWMo 等，其中以 9SiCr 钢应用最多。9SiCr 钢组织细致，碳化物细小均匀，制作刃具不易崩刃。常用于制造板牙、丝锥等。

② 高速钢

低合金刃具钢基本上解决了碳素工具钢淬透性低、耐磨性不足的缺点，红硬性也有一定程度提高，但仍满足不了高速切削和高硬度材料加工的生产需求。为适应高速切削，发展了高速钢,其红硬性可达 600℃以上,强度比碳素工具钢提高 30%～50%。

由于高速钢的合金元素含量多,在空气中冷却就可得到马氏体组织,因此高速钢也被俗称为"风钢"。

我国常用的高速钢中最重要的有两种,一种是钨系如 W18Cr4V 钢,另一种是钨-钼系如W6Mo5Cr4V2 钢。W18Cr4V 钢的发展最早、应用最广,具有较高的红硬性,过热和脱碳倾向小,但是碳化物颗粒较粗大,韧性较差。目前我国生产的 W6Mo5Cr4V2 等钨-钼系高速钢,用适量的钼代替部分钨,由于钼的碳化物颗粒比较细小,从而使钢具有较好的韧性。此外,W6Mo5Cr4V2 中碳和钒的质量分数较高,提高了耐磨性,但由于钨含量较 W18Cr4V 钢低,红硬性略差,过热和脱碳倾向略大。它适合制造耐磨性和韧性较好的刃具,如丝锥、钻头等,并适合于采用轧制、扭制热变形加工成形新工艺来制造钻头等刀具。

(2) 合金模具钢

模具是机械、仪表等工业部门中的主要加工工具。根据使用状态,模具钢可分为两大类:一类是用于冷成形的冷作模具钢,工作温度不超过 200～300℃;另一类是用于热成形的热作模具钢,模具表面温度可达 600℃以上。

① 冷作模具钢

冷作模具钢是用于在室温下对金属进行变形加工的模具,包括冷冲模、冷镦模、冷挤压模、拉丝模、落料模等。

按冷作模具钢使用条件,大部分刃具用钢都可以用作制造某些冷作模具。如 T8A、Cr2、9CrSi、Cr6WV 等碳素和低合金工具钢可用作尺寸较小、形状简单且工作负荷不太大的模具,这类钢的主要缺点是淬透性较差,热处理变形较大,且耐磨性不足,使用寿命短。

为冷作模具专门设计了高碳高铬钢。这主要是指 Cr12、Cr12MoV 等。其成分中含碳量 1.4%～2.3%,含铬量 11%～12%。含碳量高是为了保证与铬形成碳化物,在淬火加热时,其中一部分溶于奥氏体中,以保证马氏体有足够的硬度,而未溶的碳化物则起到细化晶粒的作用,在使用状态下起到提高耐磨性的作用。含铬量高,其主要作用是提高淬透性和细化晶粒,截面尺寸为 200～300 mm 时,在油中可以淬透;形成铬的碳化物,提高钢的耐磨性。另外,有些钢还加入 1% 的 Mo、V 等合金元素,以便进一步提高淬透性、细化晶粒,其中钒可形成 VC,进一步提高耐磨性和韧性,所以 Cr12MoV 钢较 Cr12 钢的碳化物分布均匀、强度和韧性、淬透性高,用于制作截面、负荷大的冷冲模、挤压模、滚丝模、剪裁模等。

② 热作模具钢

热作模具钢是用于制造在受热状态下对金属进行变形加工的模具,包括热锻模、压铸模、热镦模、热挤压模、高速锻模等。

热作模具钢工作时经常会接触炽热的金属,型腔表面温度高达 400～600℃。金属在巨大的压应力、张应力、弯曲应力和冲击载荷的作用下,与型腔做相对运动时会产生强烈的摩擦磨损。剧烈的冷热循环所引起的不均匀热应变和热应力,以及高温氧化,使模具工作表面出现热疲劳"龟裂纹"、崩裂、塌陷、磨损等失效形式,因此热模具钢的主要性能要求是优异的综合力学性能、抗热疲劳性和高的淬透性等。

热模钢一般使用中碳合金钢,含碳量为 0.3%～0.6%(压铸模钢材含碳量为下限),以保证高强度、高韧性、较高的硬度(35～52 HRC)和较高的热疲劳抗力。

制造中、小型热锻模(模具有效高度小于 400 mm)一般选用 5CrMnMo 钢,制造大型热锻模(模具有效高度大于 400 mm)多选用 5CrNiMo 钢,5CrNiMo 钢的淬透性和抗热疲劳性比 5CrMnMo 好。热挤压模和压铸模冲击载荷较小,但模具与热态金属长时间接触,对热硬性和热强性要求较高,常选用 3Cr2W8V、4Cr5MoSiV1、4Cr3Mo3V 钢等钢种。其中 4Cr5MoSiV1 是一种空冷硬化的热模具钢,广泛应用于制造模锻锤的锻模、热挤压模以及铝、铜及其合金的压铸模等。

(3) 合金量具钢

量具用钢用于制造各种量测工具,如卡尺、千分尺、螺旋测微仪、块规、塞规等。用于制造量具的合金钢称为合金量具钢。

量具在使用过程中主要是受到磨损,因此对量具钢的主要性能要求是:工作部分有高的硬度和耐磨性,以防止在使用过程中因磨损而失效;要求组织稳定性高,在使用过程中尺寸形状不变,以保证高的尺寸精度;还要求有良好的磨削加工性和耐腐蚀性。

量具用钢的成分与低合金刃具钢相同,即为高碳(0.9%～1.5%)和加入提高淬透性的合金元素 Cr、W、Mn 等。对于在化工、煤矿、野外使用的对耐蚀性要求较高的量具可用 4Cr13、9Cr18 等钢制造。

为了保证量具在使用过程中具有较高的尺寸稳定性,通常在冷却速度较缓慢的冷却介质中淬火,并进行冷处理(−50～−78℃),使残余奥氏体转变成马氏体。淬火后长时间低温回火(低温时效),进一步降低内应力,且使回火马氏体进一步稳定。精度要求高的量具,在淬火、冷处理和低温回火后,尚需进行 120～130℃ 温度下几小时至几十小时的时效处理,使马氏体正方度降低、残余奥氏体稳定和消除残余应力。此外,许多量具在最终热处理后一般要进行电镀铬防护处理,可提高表面装饰性和耐磨耐蚀性。

CrWMn 钢制造量块的生产工艺为锻造→球化退火→切削加工→淬火→冷处理→低温回火→粗磨→等温人工时效→精磨→去应力退火→研磨。

5) 特殊性能钢

特殊性能钢是指具有特殊物理化学性能并可在特殊环境下工作的钢,如不锈钢、耐热钢、耐磨钢及低温用钢等。

(1) 不锈钢

不锈钢是指在大气和一般介质中具有很高耐腐蚀性的钢种。不锈钢并非不生锈,只是在不同介质中的腐蚀形式不一样。

金属腐蚀通常可分为化学腐蚀和电化学腐蚀两种类型。化学腐蚀是金属在干燥气体或非电解质溶液中发生纯粹的化学作用,腐蚀过程不产生微电流,钢在高温下的氧化属于典型的化学腐蚀;电化学腐蚀是金属在电解质溶液中产生原电池,腐蚀过程中有微电流产生,包括金属在大气、海水、酸、碱、盐等溶液中产生的腐蚀,钢在室温下的锈蚀主要属于电化学腐蚀。金属材料的腐蚀大多数是电化学腐蚀。即当两种互相接触的金属放入电解质溶液中时,由于两种金属的电极电位不同,彼此之间就形成一个微电池,从而有电流产生。此微电池中,电极电位低的金属为阳极,不断被溶解,而电极电位高的金属为阴极,不被腐蚀。

根据电化学腐蚀的基本原理,对不锈钢通常采取以下措施来提高其性能:①尽量获得单相的均匀的金属组织,这样金属在电解质溶液中只有一个极,从而减少原电池形成的可能性。②通过加入合金元素提高金属基体的电极电位。金属材料中,一般第二相的电极电位都比较高,往往会使基体成为阳极而受到腐蚀,加入某些合金元素来提高基体的电极电位,就能延缓基体的腐蚀,使金属抗蚀性大大提高。例如在钢中加入大于 13% 的 Cr,则铁素体的电极电位由 -0.56 V 提高到 0.2 V,从而使金属的抗腐蚀性能提高。再者,加入合金元素使金属表面在腐蚀过程中形成致密保护膜如氧化膜(又称钝化膜),使金属材料与介质隔离开,防止进一步腐蚀。如 Cr、Al、Si 等合金元素就易于在材料表面形成致密的氧化膜 Cr_2O_3、Al_2O_3、SiO_2 等,将介质与金属材料分开。

常用的不锈钢有铬不锈钢和铬镍不锈钢。

① 铬不锈钢

典型钢号有 1Cr13、2Cr13、3Cr13、4Cr13 等。由于铬容易与碳形成 $(Cr,Fe)_{23}C_6$ 等含铬碳化物,降低了基体中铬的质量分数,从而影响抗腐蚀性能。另外,含铬碳化物的电极电位不同于基体,和基体形成原电池,金属被腐蚀。为了提高耐蚀性,马氏体不锈钢的含碳量都控制在很低的范围,一般不超过 0.4%。

含碳量低的 1Cr13、2Cr13 钢耐蚀性较好,且有较好的力学性能,具有抗大气、蒸汽等介质腐蚀的能力,常作为耐蚀的结构钢使用。为了获得良好的综合性能,常调质处理,得到回火索氏体组织。需要指出的是,这类钢的焊接性和冷冲压性都不很高,且有回火脆性,因此回火后必须快速冷却。常用来制造汽轮机叶片、锅炉管附件等。而 3Cr13、4Cr13 钢因含碳量增加,强度和耐磨性提高,但耐蚀性就相对差一些,通过淬火+低温回火(200~300℃),得到回火马氏体,具有较高的强度和硬度(50 HRC),因此常作为工具钢使用,制造医疗器械、刀具、热油泵轴等。

② 铬镍不锈钢

在含 Cr 18% 的钢中加入 8%~11% Ni,就是 18-8 型的奥氏体不锈钢,如 1Cr18Ni9Ti 是最典型的铬镍不锈钢钢号。镍扩大奥氏体区,由于它的加入,在室温下就能得到亚稳定的单相奥氏体组织。钢中还常加入 Ti 或 Nb,以防止晶间腐蚀。由于含有较高的铬和镍,并呈单相奥氏体组织,因而奥氏体不锈钢具有比铬不锈钢更高的化学稳定性及耐蚀性,是目前应用最多、性能最好的一类不锈钢。这类钢不仅耐腐蚀性能好,而且钢的冷热加工性和焊接性也很好,广泛用于制造化工生产中的某些设备及管道等。

(2)耐热钢

耐热钢是指在高温下具有高的热化学稳定性和热强性的特殊性能钢。在航空航天,发动机,热能工程,化工及军事工业部门,高温下工作的零件,常常使用具有高耐热性的耐热钢。钢的耐热性包括高温抗氧化性和高温强度两方面的含义。金属的高温抗氧化性是指金属在高温下对氧化作用的抗力;而高温强度是指钢在高温下承受机械负荷的能力。所以,耐热钢既要求高温抗氧化性能好,又要求高温强度高。

常用钢号有 15CrMo、12CrMoV 等。其工作温度为 350~550℃,由于含合金元素量少,工艺性好,常用于制造锅炉、化工压力容器、热交换器、汽阀等耐热构件。

(3)耐磨钢

从广泛意义上讲,表面强化结构钢、工具钢和滚动轴承钢等具有高耐磨性的钢种都可称为耐磨钢,但这里所指的耐磨钢主要是指在强烈冲击载荷或高压力的作用下发生表面硬化而具有高耐磨性的高锰钢,如车辆履带、挖掘机铲斗、破碎机颚板和铁轨分道叉等。常用的高锰钢的牌号有 ZGMn13 钢(ZG 是"铸钢"二字汉语拼音的字母)等,这种钢的含碳量为 0.8%~1.4%,保证钢的耐磨性和强度;含锰 11%~14%,锰是扩大奥氏体区的元素,它和碳配合,使钢在常温下呈现单相奥氏体组织,因此高锰钢又称为奥氏体锰钢。

高锰耐磨钢常用于制作球磨机衬板、破碎机颚板、挖掘机斗齿、坦克或某些重型拖拉机的履带板、铁路道岔和防弹钢板等,但在一般机器工作条件下,材料只承受较小的压力或冲击力,不能产生或仅有较小的加工硬化效果,也不能诱发马氏体转变,此时高锰钢的耐磨性甚至低于一般的淬火高碳钢或铸铁。

→检查评估

1. 选择题

(1) 40Cr 中 Cr 的主要作用是( )。

A. 提高耐蚀性   B. 提高回火稳定性及固溶强化 F

C. 提高切削性   D. 提高淬透性及固溶强化 F

(2) 除( )以外,其他合金元素溶入 A 体中,都能使 C 曲线右移,提高钢的淬透性。

A. Co   B. Ni   C. W   D. Mo

(3) 除( )以外,其他合金元素都使 M_s、M_f 点下降,使淬火后钢中残余奥氏体量增加。

A. Cr、Al   B. Ni、Al   C. Co、Al   D. Mo、Co

(4) Q345(16Mn)是一种( )。

A. 调质钢,可制造车床齿轮   B. 渗碳钢,可制造主轴

C. 低合金结构钢,可制造桥梁   D. 弹簧钢,可制造弹簧

(5) GCr15 是一种滚动轴承钢,其( )。

A. 碳含量为 1%,铬含量为 15%   B. 碳含量为 0.1%,铬含量为 15%

C. 碳含量为 1%,铬含量为 1.5%   D. 碳含量为 0.1%,铬含量为 1.5%

(6) 0Cr18Ni19 钢固溶处理的目的是( )。

A. 增加塑性   B. 提高强度   C. 提高韧性   D. 提高耐蚀性

2. 简答题

(1) 合金元素在钢中以什么形式存在?

(2) 合金钢中经常加入的合金元素有哪些? 按其与碳的作用如何分类?

(3) 合金元素对 Fe-Fe₃C 合金状态图有什么影响? 这种影响有什么工业意义?

(4) 为什么碳钢在室温下不存在单一的奥氏体或单一的铁素体组织,而合金钢中有可能存在这类组织?

(5) 在碳质量分数相同的情况下,为什么大多数合金钢的奥氏体化加热温度比碳素钢的高? 为什么含 Ti、Cr、W 等合金钢的回火稳定性比碳素钢的高?

(6) 说明用 20Cr 钢制造齿轮的工艺路线,并指出其热处理特点。

(7) 合金渗碳钢中常加入哪些合金元素? 它们对钢的热处理、组织和性能有何影响?

(8) 说明合金调质钢的最终热处理的名称及目的。

(9) 为什么合金弹簧钢把 Si 作为重要的主加合金元素? 弹簧淬火后为什么要进行中温回火?

(10) 为什么滚动轴承钢的含碳量均为高碳? 为什么限制钢中含 Cr 量不超过 1.65%? 简述滚动轴承钢预备热处理和最终热处理的特点。

(11) 一般刃具钢要求什么性能? 高速钢要求什么性能? 为什么?

（12）为什么刃具钢中含高碳？合金刃具钢中加入哪些合金元素？其作用怎样？

（13）用9SiCr钢制成圆板牙，其工艺流程为：锻造→球化退火→机械加工→淬火→低温回火→磨平面→开槽加工。试分析：① 球化退火、淬火及低温回火的目的。② 球化退火、淬火及低温回火的大致工艺参数。

（14）高速钢经铸造后为什么要经过反复锻造？锻造后切削前为什么要进行退火？淬火温度选用高温的目的是什么？淬火后为什么需进行三次回火？

（15）什么叫热硬性（红硬性）？它与"二次硬化"有何关系？W18Cr4V钢的二次硬化发生在哪个回火温度范围？

（16）模具钢分几类？各采用何种最终热处理工艺？为什么？

（17）制造量具的钢有哪几种？有什么要求？热处理工艺有什么特点？

（18）不锈钢通常采取哪些措施来提高其性能？

（19）1Cr13、2Cr13、3Cr13、4Cr13钢在成分、用途和热处理工艺上有什么不同？

（20）试说明不锈钢的分类及热处理特点。

（21）影响耐热钢热强性的因素有哪些？如何解决？

（22）指出下列钢号的钢种、成分及主要用途和常用热处理：

16Mn、20CrMnTi、40Cr、60Si2Mn、GCr15、9SiCr、W18Cr4V、1Cr18Ni9Ti、1Cr13、12CrMoV、5CrNiMo

任务七 铝与铝合金的分类及其选用

任务导入

1. 掌握纯铝及常用铝合金的牌号、性能。

2. 掌握铝合金的强化方法及用途。

应知应会

1.7.1 工业纯铝

工业上使用的纯铝呈银白色，具有面心立方晶格，无同素异构转变。熔点660℃，密度为2.7 g/cm³，除Mg和Be外，Al是工程金属中最轻的。纯铝的导电性、导热性好，仅次于金（Au）、铜（Cu）和银（Ag）。在大气中有良好的耐蚀性，强度、硬度很低，塑性很高，可铸造、压力加工、机械加工成各种形状，并且无低温脆性，无磁性。冷变形强化可提高其强度，但塑性会有所降低。纯铝因强度低，一般不作结构材料使用。适宜制作电线、电缆及对强度要求不高的用品和器皿。

工业纯铝通常含有Fe、Si、Cu、Zn等杂质，是由于冶炼原料铁钒土带入的。杂质含量越多，其导电性、导热性、耐蚀性及塑性越差。纯铝按纯度可分为三类：

（1）工业纯铝。纯度为98.0%～99.0%，牌号有L1、L2、L3、L4、L5、L6和L7。铝材用汉语拼音第一个字母"L"表示，数字越大，纯度越低。L1、L2、L3：用于高导电体、电缆、导电机件和防腐机械。L4、L5、L6:用于器皿、管材、棒材、型材和铆钉等。L7:用于日用品。

（2）工业高纯铝。纯度为 98.85%～99.9%。牌号有 L0 和 L00 等。用于制造铝箔、包铝及冶炼铝合金的原料。

（3）高纯铝。纯度为 99.93%～99.99%,牌号有 L01、L02、L03、L04 等。数字越大,纯度越高。主要用于特殊化学机械、电容器片和科学研究等。

1.7.2　铝合金

向铝中加入适量的 Si、Cu、Mg、Mn 等合金元素,进行固溶强化和第二相强化而得到铝合金,其强度比纯铝高几倍,并保持纯铝的特性。

1）铝合金的分类

二元铝合金一般形成固态下局部互溶的共晶相图,如图 1-48 所示。

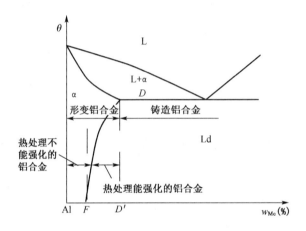

图 1-48　二元铝合金相图

根据铝合金的成分和工艺特点可把铝合金分为变形铝合金和铸造铝合金。

（1）变形铝合金。由图 1-48 可知,凡成分在 D' 点以左的合金,加热时能形成单相 α 固溶体组织,具有良好的塑性,适于压力加工,故称变形铝合金。

变形铝合金又可分为两类:成分在 F 点以左的合金,在加热过程中,始终处于单相固溶体状态,成分不随温度变化,称之为热处理不能强化的铝合金;成分在 F 点与 D' 点之间的铝合金,其固溶体成分随温度变化,称之为热处理能强化的铝合金。

（2）铸造铝合金。成分在 D' 点以右的铝合金,具有共晶组织,塑性较差,但熔点低,流动性好,适于铸造,故称铸造铝合金。

2）铝合金的强化方法

铝合金可以通过冷加工和热处理的方法进行强化,铝合金的种类不同,强化方法也不一样。

（1）不可热处理强化的变形铝合金。这类铝合金在固态范围内加热、冷却都不会产生相变,因而只能用冷加工方法进行形变强化,如冷轧、压延等。

（2）可热处理强化的变形铝合金。这类铝合金既可进行形变强化,又可进行热处理强化。其热处理的方法是先固溶处理,然后进行时效处理。

将铝合金加热到单相区某一温度,经保温,使第二相溶入 α 中,形成均匀的单相 α 固溶体,随后迅速水冷,使第二相来不及从 α 固溶体中析出,在室温下得到过饱和的 α 固溶体。这种处理方法称为固溶热处理。

固溶后的铝合金强度和硬度并无明显提高,且获得的过饱和固溶体是不稳定的组织,在室温下放置一段时间后(4～5 天)或低温加热时,第二相从中缓慢析出,使合金的强度和硬度明显提高。这种固溶处理后的铝合金,随时间延长而发生硬化的现象,称为时效(即时效强化)。在室温下进行的时效称自然时效;在加热的条件下进行的时效称人工时效。

1.7.3　常用铝合金

铝合金由于比强度高,用它代替某些钢铁材料,可减轻机械产品的质量,因此,铝合金在机械、电子、化工、仪表、航空航天等部门得到了广泛的应用。铝合金分为变形铝合金和铸造铝合金两大类。

1）变形铝合金

变形铝合金根据其特点和用途可分为防锈铝合金(LF)、硬铝合金(LY)、超硬铝合金(LC)及锻铝合金(LD),其代号分别用 LF5、LY12、LC4、LD5 表示,数字为顺序号。按 GB/T 16474—2011 规定,变形铝合金采用四位数字体系表达牌号。牌号的第一位数字是依主要合金元素 Cu、Mn、Si、Mg、Mg+Si、Zn,其他元素顺序表示铝及铝合金的组别,第二位数字或字母表示纯铝或铝合金的改型情况,字母 A 表示原始纯铝,数字 0 表示原始合金,B～Y 或 1～9 表示改型情况;牌号最后两位数字用以标识同一组中不同的铝合金,纯铝则表示铝的最低质量分数(%)。

常用变形铝合金的代号、牌号、成分、力学性能及用途见表 1-11。

2）铸造铝合金

用来制作铸件的铝合金称为铸造铝合金。按主加合金元素的不同,铸造铝合金可分为 Al-Si 系、Al-Cu 系、Al-Mg 系、Al-Zn 系四类。为了使合金具有良好的铸造性能和足够的强度,合金中要有适量的低熔点共晶组织。因此,它的合金元素含量比变形铝合金要多些,其合金元素总量分数可达 8%～25%。

铸造铝合金的代号由"ZL+三位阿拉伯数字"组成。"ZL"是"铸铝"二字汉语拼音字首,其后第一位数字表示合金系列,如 1、2、3、4 分别表示铝硅、铝铜、铝镁、铝锌系列合金;第二、三位数字表示顺序号。例如,ZL102 表示铝硅系 02 号铸造铝合金。若为优质合金在代号后加"A",压铸合金在牌号前面冠以字母"YZ"。

铸造铝合金的牌号是由"Z+基体金属的化学元素符号+合金元素符号+数字"组成。其中,"Z"是"铸"字汉语拼音字首,合金元素符号后的数字是以名义百分数表示的该元素的质量分数。例如:ZAlSi12 表示 $w_{Si} \approx 12\%$ 的铸造铝合金。

(1) 铝硅合金。铸造铝硅合金(又称硅铝明),由于具有良好的力学性能、耐蚀性和铸造性能,所以是应用最广泛的铸造铝合金。

硅铝明的含硅量一般为 10%～13%,铸造后几乎全部得到共晶组织,因此,具有良好的铸造性能。由于共晶体由粗大针状硅晶体和固溶体构成,故强度低、脆性大。若在浇注前向合金溶液中加入占合金重量 2%～3% 的钠盐(2/3Na+1/3NaCl),进行变质处理,则能细化合金组织,提高合金的强度和塑性。

表1-11 常用变形铝合金牌号、代号、成分、力学性能及用途（GB/T 3190—1996）

类别		牌号	代号	化学成分（质量分数）(%)					处理状态①	力学性能②			用途举例
				w_{Cu}	w_{Mg}	w_{Mn}	w_{Zn}	其他		σ_b(MPa)	δ(%)	HBS	
不能热处理强化的铝合金	防锈铝合金	5A05	LF5	0.1	4.8~5.5	0.3~0.6	0.2	w_{Si} 0.5 w_{Fe} 0.5	M	280	20	70	焊接油箱、油管、焊条、铆钉以及中等载荷零件及制品
		3A21	LF21	0.2	0.05	1.0~1.6	0.1	w_{Si} 0.6 w_{Ti} 0.15 w_{Fe} 0.7	M	130	20	30	焊接油箱、油管、焊条、铆钉以及轻载荷零件及制品
能热处理强化的铝合金	硬铝合金	2A01	LY1	2.2~3.0	0.2~0.5	0.2	0.10	w_{Si} 0.5 w_{Ti} 0.15 w_{Fe} 0.5	线材 CZ	300	24	70	工作温度不超过100℃的结构用中等强度铆钉
		2A11	LY11	3.8~4.8	0.4~0.8	0.4~0.8	0.3	w_{Si} 0.7 w_{Fe} 0.7 w_{Ni} 0.1 w_{Ti} 0.15	板材 CZ	420	18	100	中等强度结构零件，如骨架、模锻的固定接头、支柱、螺旋桨叶片、局部镦粗的零件、螺栓和铆钉
		2A12	LY12	3.8~4.9	1.2~1.8	0.3~0.9	0.3	w_{Si} 0.5 w_{Ni} 0.1 w_{Ti} 0.15 w_{Fe} 0.5	板材 CZ	470	17	105	高强度结构零件，如骨架、框、肋、梁、蒙皮、隔框、加强框蒙皮、接头及起落架、铆钉等在150℃以下工作的零件
	超硬铝合金	7A04	LC4	1.4~2.0	1.8~2.8	0.2~0.6	5.0~7.0	w_{Si} 0.5 w_{Fe} 0.5 w_{Cr} 0.1~0.25	CS	600	12	150	结构中主要受力件，如飞机大梁、桁架、加强框、蒙皮、接头及起落架
	锻铝合金	2A50	LD5	1.8~2.6	0.4~0.8	0.4~0.8	0.3	w_{Si} 0.7~1.2	CS	420	13	105	形状复杂中等强度的锻件及模锻件
		2A70	LD7	1.9~2.5	1.4~1.8	0.2	0.3	w_{Ti} 0.02~0.1 w_{Ni} 0.9~1.5 w_{Fe} 0.9~1.5	CS	415	13	120	内燃机活塞、高温下工作的复杂锻件、板材，可做高温下工作的结构件

注：①M——包铝板材退火状态；CZ——包铝板材淬火自然时效状态；CS——包铝板材淬火人工时效状态。②防锈铝合金为退火状态指标；硬铝合金为（淬火＋自然时效）状态指标；超硬铝合金为（淬火＋人工时效）状态指标；锻铝合金为（淬火＋人工时效）状态指标；硬铝合金人工时效板材指标。

由于硅在铝中的溶解度很小,硅铝明不能进行热处理强化。如向合金中加入能形成强化相的铜、镁等元素,则合金除能进行变质处理外,还能进行淬火时效。因而,可以显著提高硅铝明的强度。

(2)铝铜合金。铸造铝铜合金具有较高的强度和耐热性,但铸造性能和耐蚀性较差,因此主要用于要求高强度和高温(300℃以下)条件下工作,且外形不太复杂便于铸造的零件。

(3)铝镁合金。铸造铝镁合金的耐蚀性好,强度高,密度小(2.55 g/cm³),但铸造性能不好,耐热性低。该合金可以进行淬火时效处理。主要用于制造能承受冲击载荷、可在腐蚀介质中工作的、外形不太复杂便于铸造的零件。

(4)铝锌合金。铸造铝锌合金价格便宜,铸造性能优良,经变质处理和时效处理后强度较高,但耐蚀性差,热裂倾向大。常用于制造汽车、拖拉机、发动机零件以及形状复杂的仪器零件和医疗器械等。

常用铸造铝合金的牌号、化学成分、力学性能及用途见表 1-12。

表 1-12　常用铸造铝合金的牌号、代号、成分、力学性能及用途(GB/T 1173—1995)

类别	牌号	代号	化学成分(质量分数)(%)						处理状态		力学性能			用途举例
			w_{Si}	w_{Cu}	w_{Mg}	w_{Mn}	其他	w_{Al}	铸造①	热处理②	σ_b (MPa)	δ(%)	HBS	
铝硅合金	ZAlSi12	ZL102	10.0~ 13.0					余量	S B J B S B J	F F T2 T2	143 153 133 143	4 2 4 3	50 50 50 50	形状复杂、低载的薄壁零件,如仪表、水泵壳体、船舶零件等
	ZAlSi5 Cu1Mg	ZL105	4.5~ 5.5	1.0~ 1.5	0.4~ 0.6			余量	J J	T5 T7	231 173	0.5 1	70 65	工作温度225℃以下的发动机曲轴箱、汽缸体、盖等
铝铜合金	ZAlCu 5Mn	ZL201		4.5~ 5.3		0.6~ 1.0	$w_{Ti}0.15$~ 0.35	余量	S S	T4 T5	290 330	3 4	70 90	工作温度小于300℃的零件,如内燃机汽缸头、活塞
铝镁合金	ZAlMg 10	ZL301			9.5~ 11.5			余量	S	T4	280	9	20	承受冲击载荷,在大气或海水中工作的零件,如水上飞机、舰船配件
	ZAlMg 5Si1	ZL303	0.8~ 0.3		4.5~ 5.5	0.1~ 0.4		余量	S J	F	143	1	55	
铝锌合金	ZAlZn 11Si7	ZL401	6.0~ 8.0		0.1~ 0.3		$w_{Zn}=$ 9.0~ 13.0	余量	J	T1	241	1.5	90	承受高静载荷或冲击载荷,不能进行热处理的铸件,如汽车、仪表零件及医疗器械等
	ZAlZn 6Mg	ZL402			0.5~ 0.65		$w_{Cr}=0.4$ ~0.6 $w_{Zn}=5.0$ ~6.5 $w_n=0.15$ ~2.5	余量	J	T1	231	4	70	

注:①J——金属型;S——砂型;B——变质处理。②F铸态;T1 人工时效;T2 退火;T4 固溶处理后自然时效;T5 固溶处理＋不完全人工时效;T6 固溶处理＋完全人工时效;T7 固溶处理＋稳定化处理。

→检查评估

1. 单项选择题

(1) 提高 LY11 零件强度的方法通常采用(　　)。

A. 淬火＋低温回火　　　　　　　　　B. 固溶处理＋时效

C. 变质处理　　　　　　　　　　　　D. 调质处理

(2) 为了获得较高强度的 ZL102(ZAlSi12)零件,通常采用(　　)。

A. 调质处理　　　　　　　　　　　　B. 变质处理

C. 固溶处理＋时效　　　　　　　　　D. 淬火＋低温回火

2. 填空题

(1) ZL102 属于＿＿＿＿合金,一般用＿＿＿＿工艺方法来提高强度。

(2) 铝合金热处理是首先进行＿＿＿＿处理,获得＿＿＿＿组织;然后经＿＿＿＿过程使其强度、硬度明显提高。

3. 简答题

(1) 何谓硅铝明?它属于哪一类铝合金?

(2) 为什么硅铝明具有良好的铸造性能?在变质处理前后其组织和性能有何变化?这类铝合金主要用于何处?

(3) 指出下列合金的类别、成分、主要特性及用途:ZL108,LY12,LD7。

任务八　铜与铜合金的分类及其选用

→任务导入

1. 掌握目前工程中广泛应用的铜及其合金的类型和性能。

2. 熟悉常用铜合金的牌号、强化方法及用途。

→应知应会

通常把铁及其合金(钢、铸铁)称为黑色金属,而黑色金属以外的所有金属则为有色金属。与黑色金属相比,有色金属有许多优良的特性,例如铝、镁、钛等金属及其合金具有密度小、比强度(强度/密度)高的特点,在航空航天、汽车、船舶和军事领域中应用十分广泛;银、铜、金(包括铝)等金属及其合金具有优良的导电性和导热性,是电器仪表和通信领域不可缺少的材料;钨、钼、钽、铌等金属及其合金熔点高,是制造耐高温零件及电真空元件的理想材料;钛及其合金是理想的耐蚀材料等。

1.8.1　工业纯铜

工业纯铜呈玫瑰红色,但容易和氧化合,表面形成氧化铜薄膜后,外观呈紫红色,故又称紫铜。纯铜具有面心立方晶格,无同素异晶转变。密度为 8.9 g/cm³,熔点为 1 083℃。导电性和导热性良好,导电性仅次于银居第二位,并具有抗磁性。在大气和淡水中有良好的耐腐蚀性能,强度、硬度不高,塑性、韧性、焊接性及低温力学性能良好,适宜进行各种冷热加工。冷变形强化后会使塑性明显降低,导电性略微降低。工业纯铜中常含有微量的杂质元素,会降低纯铜的导电性,使铜出现"热脆"性和"冷脆"性。

压力加工工业纯铜代号有 T1、T2、T3、T4 四种。数字越大,表示铜的纯度越低。

1.8.2　黄铜

黄铜是以 Zn 为主加元素的铜合金,黄铜按成分分为普通黄铜和特殊黄铜;按加工方式分为加工黄铜和铸造黄铜。

1) 普通黄铜(铜锌二元合金)

(1) 普通黄铜的代号及牌号

普通黄铜中的加工黄铜,其代号由"H+数字"组成。其中"H"是"黄"字汉语拼音字首,数字是以名义百分数表示的 Cu 的质量分数。如 H62 表示 Cu 的平均质量分数为 62%,其余为 Zn 的普通黄铜。普通黄铜中的铸造黄铜,其牌号表示法是由"Z+Cu+合金元素符号+数字"组成。其中,"Z"是"铸"字汉语拼音字首,合金元素符号后的数字是以名义百分数表示的该元素的质量分数。如 ZCuZn38,其含义是 $w_{Zn} \approx 38\%$,其余为 Cu 的铸造黄铜。

(2) Zn 的质量分数的影响

普通黄铜是铜锌二元合金,Zn 的质量分数对黄铜的组织和性能的影响如图 1-49 所示。

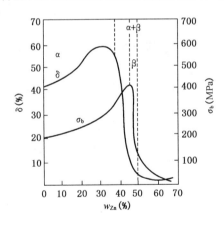

图 1-49　锌对黄铜力学性能的影响

在平衡状态下,当 $w_{Zn} < 32\%$ 时,Zn 全部溶于铜中,室温下形成单相 α 固溶体,强度和塑性都随 Zn 的质量分数的增加而提高,适于冷变形加工;当 $w_{Zn} = 30\% \sim 32\%$ 时,塑性最高。当 $w_{Zn} > 32\%$ 时,其室温组织为 α 固溶体与少量硬而脆的 β′ 相,塑性开始下降,不宜冷变形加工,但高温下塑性好,可进行热变形加工;当 $w_{Zn} = 40\% \sim 45\%$ 时,强度最高。当 $w_{Zn} > 45\%$ 时,其组织全部为 β′ 相,塑性和强度均急剧下降,在工业上已无实用价值。

2) 特殊黄铜

特殊黄铜是在铜锌的基础上加入 Pb、Al、Sn、Mn、Si 等元素后形成的铜合金,并相应称之为铅黄铜、铝黄铜、锡黄铜等,它们具有比普通黄铜更高的强度、硬度、耐蚀性和良好的铸造性能。

（1）特殊黄铜的代号及牌号

加工特殊黄铜代号由"H＋合金元素符号（Zn 除外）＋数字—数字"组成。其中"H"是"黄"字汉语拼音字首,第一组数字是以名义百分数表示的 Cu 的质量分数,第二组数字是以名义百分数表示的主添加合金元素的质量分数,有时还有第三组数字,用以表示其他元素的质量分数。如 HSn62 - 1 表示 $w_{Cu} \approx 62\%$,$w_{Sn} \approx 1\%$,其余为 Zn 的加工锡黄铜。

铸造特殊黄铜的牌号表示法是由"Z＋Cu＋合金元素符号＋数字"组成。其中,"Z"是"铸"字汉语拼音字首,合金元素符号后的数字是以名义百分数表示的该元素的质量分数。如 ZCuZn40Mn3Fe1,其含义是 $w_{Zn} \approx 40\%$、$w_{Mn} \approx 3\%$、$w_{Fe} \approx 1\%$,其余为 Cu 的铸造特殊黄铜。

（2）合金元素的影响

Pb 可改善切削加工性和耐磨性;Si 可改善铸造性能,提高强度和耐蚀性;Al 可提高强度、硬度和耐蚀性;Sn、Al、Si、Mn 可提高耐蚀性,减少应力腐蚀破裂的倾向。

若特殊黄铜中加入的合金元素较少,塑性较高,则称为加工特殊黄铜;加入的合金元素较多,强度和铸造性能好,则称为铸造特殊黄铜。

常用加工黄铜的代号、成分、性能及用途见表 1-13。

表 1-13　常用加工黄铜的代号、成分、性能及用途（GB/T 5231—2012）

类别	代号	化学成分（质量分数）（%）						力学性能			用途举例
		w_{Cu}	w_{Pb}	w_{Al}	w_{Sn}	其他	w_{Zn}	σ_b(MPa)	δ(%)	HBS	
普通黄铜	H96	95.0～97.0	0.03			$w_{Fe}0.1$ $w_{Ni}0.5$	余量	450	2		冷凝、散热管,汽车水箱带、导电零件
	H70	68.5～71.5	0.03			$w_{Fe}0.1$ $w_{Ni}0.5$	余量	660	3	150	弹壳、造纸用管、机械电器零件
铅黄铜	HPb63 -3	62.0～65.0	2.4～3.0				余量	650	4		要求可加工性极高的钟表、汽车零件
	HPb59 -1	57.0～60.0	0.8～1.9				余量	650	16	140	热冲压及切削加工零件,如销子、螺钉、垫片
铝黄铜	HAl67 -2.5	66.0～68.0	0.5	2.0～3.0		$w_{Fe}0.6$	余量	650	12	170	海船冷凝器管及其他耐蚀零件
	HAl60 -1-1	58.0～61.0		0.7～1.50		$w_{Fe}0.7$～1.50	余量	750	8	180	齿轮、蜗轮、衬套、轴及其他耐蚀零件
锡黄铜	HSn90 -1	88.0～91.0			0.25～0.75		余量	520	5	148	汽车、拖拉机弹性套管及耐蚀减摩零件等
	HSn62 -1	61.0～63.0			0.71～1.1		余量	700	4		船舶、热电厂中高温耐蚀冷凝器管

常用铸造黄铜的牌号、成分、性能及用途见表 1-14。

表 1-14 常用铸造黄铜的牌号、成分、性能用途(GB/T 1176—2013)

类别	牌号(旧牌号)	化学成分(质量分数)(%)					铸造方法	力学性能			用途举例
		w_{Cu}	w_{Al}	w_{Mn}	w_{Si}	其他		σ_b(MPa)	$\delta(\%)$	HBS	
普通铸造黄铜	ZCuZn38(ZH62)	60.0~63.0				w_{Zn}余量	S J	285 295	30 30	60 70	一般结构件和耐蚀零件,如法兰、阀座、支架、手柄、螺母等
铸造铝黄铜	ZCuZn25Al6Fe3Mn3(ZHAl66-6-3-2)	60.0~66.0	4.5 7.0	1.5 4.0		w_{Fe}=2.0~4.0 w_{Zn}余量	S J	725 740	10 7	160 170	高强耐磨零件,如桥梁支撑板、螺母、螺杆、耐磨板、蜗轮等
铸造铝黄铜	ZCuZn31Al2(ZHAl67-2.5)	66.0~68.0	2.0~3.0			w_{Zn}余量	S J	295 390	12 15	80 90	适于压力铸造零件,如电动机、仪表等压铸件、耐蚀零件
铸造锰黄铜	ZCuZn38Mn2Pb2(ZHMn58-2-2)	57.0~60.0		1.5~2.5		w_{Pb}=1.5~2.5 w_{Zn}余量	S J	245 345	10 18	70 70	一般用途的结构件,如套筒、轴瓦、滑块等

注:括号内材料牌号为旧标准(GB 1176—1974)牌号。

1.8.3 青铜

1)青铜的分类和牌号

除黄铜和白铜以外的其他铜合金称为青铜,常见的如锡青铜、铝青铜、铍青铜等。按生产方式,可分为加工青铜和铸造青铜。

加工青铜的代号由"Q+第一个主加元素符号+数字—数字"组成。其中"Q"是"青"字汉语拼音字首,第一组数字是以名义百分数表示的第一个主加元素的质量分数,第二组数字是以名义百分数表示的其他合金元素的质量分数。例如,QSn4-3 表示平均 $w_{Sn} \approx 4\%$、$w_{Zn} \approx 3\%$,其余为 Cu 的加工锡青铜。

铸造青铜的牌号表示法是由"Z+Cu+合金元素符号+数字"组成。其中"Z"是"铸"字汉语拼音字首,合金元素符号后的数字是以名义百分数表示的该元素的质量分数。例如:ZCuSn10Pb1,表示平均 $w_{Sn} \approx 10\%$、$w_{Pb} \approx 1\%$,其余为铜的铸造锡青铜。

2)锡青铜

锡青铜的铸造收缩率很小,适于铸造外形及尺寸要求严格的铸件,但其流动性差,易于形成分散缩孔,不宜用作要求致密度较高的铸件。锡青铜对大气、海水与无机盐溶液有极高的抗蚀性,但对氨水、盐酸与硫酸的抗蚀性却不够理想。磷及含铝的锡青铜具有良好的耐磨性,适于用作轴承和轴套材料。

3)铝青铜

铝青铜具有可与钢相比的强度,它有着高的冲击韧度与疲劳强度、耐蚀、耐磨、受冲击时不产生火花等优点。铝青铜的结晶温度间隔小,流动性好,铸造时形成集中缩孔,可获得致密的铸件。常用来制造轴承、齿轮、摩擦片、涡轮等要求高强度、高耐磨性的零件。

常用加工青铜的代号、成分、力学性能及用途见表 1-15。

常用铸造青铜的牌号、成分、力学性能及用途见表 1-16。

表 1-15　常用加工青铜的代号、成分、性能及用途（GB/T 5231—2012）

类别	代号	化学成分（质量分数）（%） 主加元素	化学成分（质量分数）（%） 其他	力学性能 σ_b(MPa)	力学性能 δ(%)	力学性能 HBS	用途举例
锡青铜	QSn4-3	$w_{Sn}=3.5\sim4.5$	$w_{Zn}=2.7\sim3.3$　杂质总和 0.2，w_{Cu} 余量	550	4	160	弹性元件、化工机械耐磨零件和抗磁零件
锡青铜	QSn6.5-0.1	$w_{Sn}=6.0\sim7.0$　$w_{Zn}=0.3$	$w_P=0.1\sim0.25$，杂质总和 0.1，w_{Cu} 余量	750	10	160~200	弹簧接触片、精密仪器中的耐磨零件和抗磁零件
铝青铜	QAl9-2	$w_{Al}=8.0\sim10.0$　$w_{Mn}=1.5\sim2.5$	$w_{Zn}=1.0$　杂质总和 1.7，w_{Cu} 余量	700	4~5	160~200	海轮上的零件，在 250℃ 以下工作的管配件和耐蚀零件
铝青铜	QAl10-3-1.5	$w_{Al}=8.5\sim10.0$　$w_{Fe}=2.0\sim4.0$	$w_{Mn}=1.0\sim2.0$　杂质总和 0.75，w_{Cu} 余量	800	9~12	160~200	船舶用高强度耐蚀零件，如齿轮、轴承
硅青铜	QSi3-1	$w_{Si}=2.7\sim3.5$　$w_{Mn}=1.0\sim1.5$	$w_{Zn}=0.5$，$w_{Fe}=0.3$，杂质总和 0.25，w_{Cu} 余量	700	1~5	180	弹簧，耐蚀零件以及蜗轮、蜗杆、齿轮、制动杆等
硅青铜	QSi1-3	$w_{Si}=0.6\sim1.1$　$w_{Ni}=2.4\sim3.4$	$w_{Mn}=0.1\sim0.4$　杂质总和 1.1，w_{Cu} 余量	600	8	150~200	发动机和机械制造中的构件，在 300℃ 以下工作的摩擦零件
铍青铜	QBe2	$w_{Be}=1.8\sim2.1$　$w_{Ni}=0.2\sim0.5$	杂质总和 0.5，w_{Cu} 余量	1 250	2~4	330	重要的弹簧和弹性元件、耐磨零件以及高压、高速、高温轴承

表 1-16　常用铸造青铜的牌号、成分、性能及用途（GB/T 1176—2013）

类别	牌号（旧牌号）	化学成分（质量分数）（%）		铸造方法	力学性能			用途举例
		主加元素	其他		σ_b（MPa）	δ（%）	HBS	
铸造锡青铜	ZCuSn3Zn7Pb5Ni1（ZQSn3-7-5-1）	$w_{Sn}=2.0\sim4.0$	$w_{Zn}=6.0\sim9.0$ $w_{Pb}=4.0\sim7.0$ $w_{Ni}=0.5\sim1.5$ w_{Cu} 余量	S J	175 215	8 10	60 71	在各种液体燃料、海水、淡水和蒸汽（＜225℃）中工作的零件，压力小于 2.5 MPa 的阀门和管配件
	ZCuSn5Pb5Zn5（ZQSn5-5-5）	$w_{Sn}=4.0\sim6.0$	$w_{Zn}=4.0\sim6.0$ $w_{Pb}=4.0\sim6.0$ w_{Cu} 余量	S J	200 200	13 13	70 90	在较高负荷、中等滑动速度下工作的耐磨、耐蚀零件，如轴瓦、缸套、活塞、离合器、蜗轮等
	ZCuSn10Pb1（ZQSn10-1）	$w_{Sn}=9.0\sim11.5$	$w_{Pb}=0.5\sim1.0$ w_{Cu} 余量	S J	220 310	3 2	90 115	在高负荷、高滑动速度下工作的耐磨零件，如连杆、轴瓦、衬套、缸套、蜗轮等
铸造铅青铜	ZCuPb10Sn10（ZQPb10-10）	$w_{Pb}=8.0\sim11.0$	$w_{Sn}=9.0\sim11.0$ w_{Cu} 余量	S J	180 220	7 5	62 65	表面压力高，又存在侧压的滑动轴承，轧辊、车辆轴承及内燃机的双金属轴瓦等
	ZCuPb30（ZQPb30）	$w_{Pb}=27.0\sim33.0$	w_{Cu} 余量	J			40	高滑动速度的双金属轴瓦、减摩零件等
铸造铝青铜	ZCuAl8Mn13Fe3（ZQA18-13-3）	$w_{Al}=7.0\sim9.0$	$w_{Mn}=12.0\sim14.5$ w_{Cu} 余量	S J	600 650	15 10	160 170	重型机械用轴套及要求强度高、耐磨、耐压零件，如衬套、法兰、阀体、泵体等
	ZCuAl8Mn13Fe3Ni2（ZQA18-13-3-2）	$w_{Al}=7.0\sim8.5$	$w_{Ni}=1.8\sim2.5$ $w_{Fe}=2.5\sim4.0$ $w_{Mn}=11.5\sim14.0$ w_{Cu} 余量	S J	645 670	20 18	160 170	要求强度高耐腐蚀的重要铸件，如船舶螺旋桨、高压阀体及耐压、耐磨零件，如蜗轮、齿轮等

注：括号内材料牌号为旧标注（GB 1176—1974）牌号。

检查评估

1. 单项选择题

（1）为防止黄铜的应力腐蚀破坏可采用（　　）。

A. 去应力退火   B. 固溶处理

C. 调质处理   D. 水韧处理

（2）铸造人物铜像,最好选用（　　）。

A. 黄铜   B. 锡青铜   C. 铅青铜   D. 铝青铜

2. 填空题

（1）ZSnSb11Cu6 属于_____合金,其中锡含量为_____。

（2）H70 属于_____合金,其组织为_____,一般采用_____来提高强度。

3. 简答题

（1）锡青铜属于什么合金? 为什么工业用锡青铜的含锡量大多不超过 14%?

（2）指出下列合金的类别、成分、主要特性及用途:

H62,H59,ZHMn55 - 3 - 1,ZHSi80 - 3;ZQSn6 - 6 - 3, QBe2,ZQPb30;ZChSnSb11 - 6。

任务九　非金属材料的分类及其选用

任务导入

1. 了解除金属材料外的其他工程材料,包括塑料、橡胶和陶瓷的基本知识。

2. 常用工程塑料、橡胶及工业陶瓷的分类、性能特点及应用。

3. 学会在生产实践中,正确选用这些非金属材料。

应知应会

工程材料目前主要还是以金属材料为主,但近年来高分子材料、陶瓷、复合材料等其他工程材料的急剧发展,在材料的生产和使用方面均有重大进展,具有的某些特有的使用性能,正在越来越多地应用于国民经济各个部门。因此,非金属材料已经不是金属材料的代用品,而是一类独立使用的材料,有时甚至是一种不可取代的材料。

其他工程材料,主要指非金属材料,包括除金属材料以外几乎所有的材料,主要有各类高分子材料(塑料、橡胶、合成纤维、部分胶黏剂等)、陶瓷材料(各种陶器、瓷器、耐火材料、玻璃、水泥及近代无机非金属材料等)和各种复合材料等。

1.9.1　塑料

塑料是一种以有机合成树脂为主要组成的高分子材料,它通常可在加热、加压条件下塑制成形,故称为塑料。

1）塑料的组成

工程上所用的塑料，其成分都是以各种各样的合成树脂为基础，再加入其他添加剂制成的，其大致组成如下：

（1）合成树脂。合成树脂是塑料的主要成分，是由低分子化合物通过缩聚或加聚反应合成的高分子化合物，如酚醛树脂、聚乙烯等，也起黏合剂作用。合成树脂在塑料中的含量约为$40\%\sim100\%$，它决定了塑料的主要性能，并且其他添加剂的加入及作用的发挥都是以合成树脂为中心作用的，故绝大多数塑料都以相应的树脂来命名。

（2）添加剂。工程塑料中的添加剂都是为改善材料的某种性能而加入的。根据作用不同，添加剂可分为增塑剂、稳定剂、润滑剂、填充剂、增强剂、着色剂和发泡剂等。其主要作用是增加塑料制品的使用性能和改善塑料工艺性能。

2）塑料的分类

塑料的品种繁多，分类方法也很多，在工业上常用的分类方法有以下两种：

（1）按树脂在加热和冷却时所表现的性质分类

① 热塑性塑料。该类材料加热后软化或熔化，冷却后硬化成形并保持既得形状，而且该过程可反复进行。常用的材料有聚乙烯、聚丙烯、ABS 塑料等。这类塑料加工成形简便，具有较高的力学性能，但耐热性和刚性比较差。较后开发的氟塑料、聚酰亚胺具有较突出的特殊性能，如优良的耐蚀性、耐热性、绝缘性、耐磨性等，是塑料中较好的高级工程塑料。

② 热固性塑料。初加热时软化，可塑造成形，但固化后再加热将不再软化，也不溶于溶剂，故只可一次成形或使用。这类塑料有酚醛、环氧、氨基、不饱和聚酯等。它们具有耐热性高、受压不易变形等优点，但力学性能不好。

（2）按使用范围分类

① 工程塑料。可用作工程结构或机械零件的一类塑料，它们一般有较好的稳定的力学性能，耐热耐蚀性较好，且尺寸稳定性好，如 ABS、尼龙、聚甲醛等。

② 通用塑料。主要用于日常生活用品的塑料。其应用范围广，生产量大，占塑料总产量的 3/4 以上，是一般工农业和日常生活不可缺少的低成本材料。

③ 特种塑料。具有某些特殊的物理化学性能的塑料，如耐高温、耐蚀、光学等性能塑料。其产量少，成本高，只用于特殊场合。

3）塑料的成形方法

塑料的成形是指将原材料制成具有一定形状和尺寸的塑料制品的工艺过程。塑料的成形方法较多，但工艺较简单。其原材料一般采用树脂与所加的添加剂混合而成的粉末或颗粒。热塑性树脂加热可软化变形，经加压后即可成形。热固性树脂在加热成形时进行聚合反应，形成体形高分子结构而变硬。热塑性塑料的成形方法主要有挤出成形、注射成形、压延成形、吹塑成形等。热固性塑料的成形方法主要有模压成形、传递成形、层压成形等。其中传递成形、层压成形、注射成形等既可以用于热塑性塑料的成形，也可以用于热固性塑料的成形，但工艺参数有所不同。

4）塑料的性能

塑料相对于金属来说，具有重量轻、比强度高、化学稳定性好、电绝缘性好、耐磨、减摩和自润滑性好等优点。此外，如透光性、绝热性等也是一般金属所不及的。

通常热塑性塑料强度在 50～100 MPa,热固性塑料强度一般为 30～60 MPa,强度较低;弹性模量只有金属材料的十分之一,但承受冲击载荷的能力与金属一样。虽然塑料的硬度低,但其摩擦、磨损性能优良,摩擦系数小,有些塑料有自润滑性能,很耐磨,可制作在干摩擦条件下使用的零件。

热塑性塑料的最高允许使用温度多数在 100℃以下,而热固性塑料一般高于热塑性塑料,如有机硅塑料高达 300℃。塑料的导热性很差,而膨胀系数较大,约为金属的 3～10 倍。

5) 常用工程塑料

(1) ABS 塑料是丙烯腈、丁二烯和苯乙烯的三元共聚物。由于 ABS 为三元共聚物,丙烯腈使材料耐蚀性和硬度提高,丁二烯提高其柔顺性,而苯乙烯则使其具有良好的热塑性加工性,因此 ABS 是"坚韧、质硬且刚性"的材料,是最早被人类认识和使用的"高分子合金"。ABS 由于其低成本和良好的综合性能,且易于加工成形和电镀防护,因此在机械、电器和汽车等工业有着广泛的应用,可制造齿轮、泵叶轮、轴承、把手、管道、贮槽内衬、电机外壳、仪表壳、仪表盘、蓄电池槽、水箱外壳等;近来在汽车零件上的应用发展很快,如做挡泥板、扶手、热空气调节导管,以及小轿车车身等;做纺织器材、电讯器件都有很好的效果。

(2) 聚乙烯(PE)。聚乙烯由乙烯单体聚合而成。根据合成方法不同,可分为高压、中压和低压三种。高压聚乙烯相对分子质量、结晶度和密度较低,质地柔软,常用来制作塑料薄膜、软管和塑料瓶等。低压聚乙烯质地刚硬,耐磨性、耐蚀性及电绝缘性较好,常用来制造塑料管、板材、绳索以及承载不高的零件,如齿轮、轴承等。聚乙烯产品的缺点是:强度和刚度低;热变形温度低,耐热性差,且容易老化。

(3) 聚氯乙烯(PVC)。聚氯乙烯是最早工业化生产的塑料产品之一,产量仅次于聚乙烯。聚氯乙烯是由乙炔气体和氯化氢合成的氯乙烯聚合而成,具有较高的强度和较好的耐蚀性。用于制作化工、纺织等工业的排污排毒塔、气体液体输送管,还可代替其他耐蚀材料制造贮槽、离心泵、通风机和接头等。当增塑剂加入量达 30%～40%时,便制得软质聚氯乙烯,其延伸率高,制品柔软,并具有良好的耐蚀性和电绝缘性,常制成薄膜,用于工业包装、农业育秧和日用雨衣、台布等,还可用于制作耐酸耐碱软管、电缆外皮、导线绝缘层等。PVC 适宜的加工温度为 150～180℃,使用温度一般在 −15～55℃。其突出的优点是耐化学腐蚀,不燃烧且成本低,易于加工;但其耐热性差,冲击韧度低,还有一定的毒性。当然,若用共聚和混合法改进,也可制成用于食品和药品包装的无毒聚氯乙烯产品。

(4) 聚甲基丙烯酸甲酯(PMMA)。俗称有机玻璃。有机玻璃的透明度比无机玻璃还高,透光率达 92%,是目前最好的透明材料;密度也只有后者的一半,为 1.18 g/cm³。冲击韧度比普通玻璃高 7～8 倍(厚度为 3～6 mm 时),不易破碎,耐紫外线和防老化性能好。但其硬度低,耐磨性和耐热性差,使用温度不能超过 180℃。主要用于制造各种窗体、冰箱隔板、罩类及光学镜片和防弹玻璃等。

(5) 聚丙烯(PP)。聚丙烯由丙烯单体聚合而成。聚丙烯刚性大,其强度、硬度和弹性等力学性能均高于聚乙烯。聚丙烯的密度仅为 0.90～0.91 g/cm³,是常用塑料中最轻的,而它的强度、刚度、表面硬度都比 PE 塑料大;无毒,耐热性也好,是常用塑料中唯一能在水中煮沸、经受消毒温度(130℃)的品种。聚丙烯具有优良的电绝缘性能和耐蚀性能,在常温下能耐酸、碱,所以经常制作成导线外皮。但聚丙烯的冲击韧度差,耐低温及抗老化性也差。聚丙烯可用于制作某些零件,如法兰、齿轮、风扇叶轮、泵叶轮、把手及壳体等,还可制作化工管道、容器、医疗器械等。

（6）聚苯乙烯(PS)。该类塑料的产量仅次于上述两者(PE、PVC)。PS具有良好的加工性能；其薄膜有优良的电绝缘性,常用于电器零件；其发泡材料相对密度低达0.33,是良好的隔音、隔热和防震材料,广泛用于仪器包装和隔热。可用以制造纺织工业中的纱管、纱锭、线轴,电子工业中的仪表零件、设备外壳,化工中的贮槽、管道、弯头；车辆上的灯罩、透明窗,电工绝缘材料等。其中还可加入各种颜色的填料制成色彩鲜艳的制品,用于制造玩具及日常用品。聚苯乙烯的最大缺点是抗冲击性差,易脆裂,耐热性不高。

（7）聚酰胺(PA)。聚酰胺又叫尼龙或锦纶,是最先发现能承受载荷的热塑性塑料,在机械工业中应用比较广泛。它的强度较高,耐磨,自润滑性好,而且耐油、耐蚀、消音、减震,大量用于制造小型零件,代替有色金属及其合金。大多数尼龙易吸水,导致性能和尺寸改变,这在使用时应予以注意。

（8）酚醛塑料(PF)。由酚类和醛类在酸或碱催化剂作用下缩聚合成酚醛树脂,再加入添加剂而制得的高聚物。酚醛塑料具有一定的强度和硬度,耐磨性好,绝缘性良好,耐热性较高,耐蚀性优良。缺点是性脆,不耐碱。酚醛塑料广泛用于制作插头、开关、电话机、仪表盒、汽车刹车片、内燃机曲轴皮带轮、纺织机和仪表中的无声齿轮、化工用耐酸泵等日常用具。

其他塑料还有环氧塑料(EP)、聚碳酸酯(PC)、聚砜(PSF)、聚酰亚胺(PI)、聚苯醚(PPO)等。

1.9.2　橡胶

橡胶是以高分子化合物为基础的具有显著高弹性的材料,相对分子质量一般在几十万以上,甚至达到百万。它与塑料的区别是在很宽的温度范围内($-50\sim150\ ℃$)处于高弹态,并保持明显的高弹性。某些特种橡胶在$-100\ ℃$的低温和$200\ ℃$高温下都保持高弹性。橡胶的弹性模量值很低,在外力作用下变形量可达$100\%\sim1\,000\%$,外力去除后又很快恢复原状。橡胶有优良的伸缩性,良好的储能能力和耐磨、隔音、绝缘、不透气、不透水等性能,是常用的弹性材料、密封材料、减振防振材料和传动材料。

1）橡胶的组成

工业用橡胶是由生胶(或纯橡胶)和橡胶配合剂组成。

生胶是橡胶制品的主要成分,对其他配合剂来说起着黏结剂的作用。使用不同的生胶,可以制成不同的橡胶制品。但生胶性能随温度和环境变化很大,如高温发黏,低温变脆且极易为溶剂溶解,因此必须加入各种不同的橡胶配合剂,以提高橡胶制品的使用性能和加工工艺性能。

橡胶配合剂种类很多,有硫化剂、硫化促进剂、增塑剂、防老剂、填充剂、发泡剂和着色剂等。硫化剂的作用是使橡胶分子产生交联成为三维网状结构,这种交联过程称为硫化,主要为硫磺、含硫有机化合物、过氧化物等。

2）橡胶的种类

橡胶品种很多,根据原材料的来源,主要有天然橡胶和合成橡胶两类。根据应用范围,主要分为通用橡胶和特种橡胶。

（1）天然橡胶

天然橡胶是橡树上流出的胶乳，是以异戊二烯为主要成分的不饱和状态的天然高分子化合物。天然橡胶具有很好的弹性，弹性模量为 3～6 MPa，较好的力学性能，良好的耐碱性及电绝缘性。缺点是不耐强酸、耐油差、不耐高温。主要用来制造轮胎。

（2）合成橡胶

合成橡胶种类繁多，常用来做各种机器中的密封圈、减震器等零件，又可作为电器用的绝缘体和轮胎等。

① 丁苯橡胶。代号 SBR，可以和任意比例的天然橡胶混合使用，耐磨性、耐油性、耐热性及抗氧化性都优于天然橡胶，价格低廉，但弹性不如天然橡胶。主要用来制造轮胎、胶带和胶管。

② 顺丁橡胶。代号 BR，由丁二烯聚合而成，其弹性、耐磨性、耐热性及耐寒性均优于天然橡胶；缺点是强度低、加工性差、抗撕裂性差。主要用来制造轮胎、胶带、减震部件和绝缘零件。

③ 氯丁橡胶。代号 CR，由氯丁二烯聚合而成，不但具有高弹性、高强度、高绝缘性，而且具有耐溶剂、耐氧化、耐油、耐酸、耐热、耐燃烧和抗老化等，有"万能橡胶"之称。但是它耐寒性差，生胶稳定性差。主要用来制造输送带、风管、电缆和输油管。

④ 乙丙橡胶。代号 EPDM，由乙烯和丙烯共聚而成，结构稳定，抗老化、绝缘性、耐热性及耐寒性好，并且耐酸碱。缺点是耐油性差，黏着性差，硫化速度慢。主要用来制作轮胎、电线套管和输送带。

⑤ 丁腈橡胶。代号 NBR，由丁二烯和丙烯共聚而成，耐油、耐磨、耐热、耐燃烧、耐火、耐碱、耐有机溶剂、抗老化性好。但是它耐寒性差，耐酸和绝缘性差。主要用来制作耐油制品，如油桶、油槽及输油管等。

⑥ 硅橡胶。由二基硅氧烷与其他有机硅单体共聚而成。具有高的耐热性及耐寒性，在 −100～350℃ 范围内保持良好的弹性，抗老化、绝缘性好。缺点是强度低，耐磨和耐酸碱性差，价格贵。主要用于制作飞机和宇航中的密封件、薄膜和耐高温的电线和电缆等。

⑦ 氟橡胶。代号 FPM，是一种以碳原子为主链，含有氟原子的聚合物。化学稳定性高，在各类橡胶中耐蚀性最好，耐热性也好，最高使用温度达 300℃。缺点是加工性、耐寒性差。主要用于制作国防和高科技中的密封件和化工设备。

常用橡胶的性能和用途见表 1-17。

表 1-17　常用橡胶的性能和用途

名称	代号	抗拉强度（MPa）	延伸率（％）	使用温度（℃）	特性	用途
天然橡胶	NR	25～30	650～950	−50～120	高强，绝缘，防振	通用制品、轮胎
丁苯橡胶	SBR	15～20	500～800	−50～140	耐磨	通用制品、胶板、胶布
顺丁橡胶	BR	18～25	450～800	120	耐磨，耐寒	轮胎、运输带
氯丁橡胶	CR	25～27	800～1 000	−35～130	耐酸、碱，阻燃	管道、电缆、轮胎

续表 1-17

名称	代号	抗拉强度（MPa）	延伸率（%）	使用温度（℃）	特性	用　途
丁腈橡胶	NBR	15~30	300~800	-35~175	耐油、水，气密性好	油管、耐油垫圈
乙丙橡胶	EPDM	10~25	400~800	150	耐水，气密性好	汽车零件、绝缘体
硅橡胶	—	4~10	50~500	-70~275	耐热，绝缘	耐高温零件
氟橡胶	FPM	20~22	100~500	-50~300	耐油、碱	化工设备衬里、密封件

1.9.3　陶瓷

传统意义上的陶瓷主要指陶器和瓷器，也包括玻璃、搪瓷、耐火材料、砖瓦等，所使用的原料主要是天然硅酸盐类矿物，故又称为硅酸盐材料；其主要成分是 SiO_2、Al_2O_3、TiO_2、Fe_2O_3、CaO、K_2O、MgO、PbO、Na_2O 等氧化物，形成的材料又统称为传统陶瓷或普通陶瓷，包括陶瓷、玻璃、水泥及耐火材料等。

现今意义上的陶瓷材料已有了巨大变化，许多新型陶瓷已经远远超出了硅酸盐的范畴，不仅在性能上有了重大突破，而且在应用上也已渗透到各个领域。所以，一般认为，陶瓷材料是指各种无机非金属材料的通称。所谓现代陶瓷材料是指用人工合成的高纯度原料（如氧化物、氮化物、碳化物、硅化物、硼化物、氟化物等）用传统陶瓷工艺方法制造的新型陶瓷。

1）陶瓷材料制作工艺

陶瓷胚体的生产过程要经历三个阶段，即坯料制备、成形和烧结。

（1）坯料制备。采用天然的岩石、矿物、黏土等作为原料时，一般经过原料粉碎、去杂质、磨细、配料（保证制品性能）、脱水（控制坯料水分）、炼坯等过程。

（2）成形。陶瓷成形就是将粉料直接或间接地转变成具有一定形状、体积和强度的形体，也称素坯。成形方法很多，主要有可塑法、注浆法和压制法。

可塑法又称塑性料团成形法，是将粉料与一定量的水或塑化剂混合均匀化，使之成为具有良好的塑性的料团，再用手工或机械成形。

注浆法又称浆料成形法，是将原料粉配制成糊状浆料注入模具中成形，还可将其分为注浆成形和热压注浆成形。

压制法又称粉料成形法，是粉料直接成形的方法，与粉末冶金的成形方法完全一致，其又分作干压法、热压法和等静压法三种，其中等静压法为新兴陶瓷生产工艺。

（3）烧结。陶瓷制品成形后还要烧结，未经烧结的陶瓷制品叫做生坯。烧结是将成形后的生坯体加热到高温（有时还需同时加压）并保持一定时间，通过固相或部分液相物质原子的扩散迁移或反应的过程，消除坯料中的孔隙并使材料致密化，同时形成特定的显微组织结构的过程。

2）陶瓷材料的显微结构及性能

陶瓷的显微结构是决定其性能的基本因素之一，因此有必要先了解陶瓷的显微结构。

（1）陶瓷的显微结构

陶瓷的显微结构主要包括不同的晶相和玻璃相,晶粒的大小及形状,气孔的尺寸及数量,微裂纹的存在形式及分布。

① 晶粒。陶瓷主要由取向各异的晶粒构成,晶相的性能往往能表征材料的特性。陶瓷制品的原料是细颗粒,但由于烧结过程中发生晶粒长大的现象,烧结后的成品不一定获得细晶粒,因而陶瓷生产中控制晶粒大小十分重要。保温时间越短,晶粒尺寸越小,强度越高。

② 玻璃相。玻璃相是陶瓷烧结时各组成物及杂质发生一系列物理、化学反应后形成的一种非晶态物质,它的作用是黏结分散的晶相,降低烧结温度,抑制晶粒长大和填充气孔。由于玻璃相熔点低、热稳定性差,导致陶瓷在高温下产生蠕变,因此一般控制其含量为20%～40%。

③ 气相。气相是指陶瓷孔隙中的气体,是在陶瓷生产过程中形成并被保留下来的。气孔对陶瓷性能的影响是双重的,它使陶瓷密度减小,并能减震,这是有利的一面;不利的是它使陶瓷强度降低,介电耗损增大,电击穿强度下降,绝缘性降低。因此,生产上要控制气孔数量、大小及分布。一般气孔体积分数占5%～10%,力求气孔细小、均匀分布,呈球状。

（2）陶瓷材料的性能特点

由于陶瓷材料原子结合主要是离子键和共价键,因此陶瓷材料总的性能特点是强度高、硬度大、熔点高、化学稳定性好、线胀系数小,且多为绝缘体,相应地其塑性、韧性和可加工性较差。这里主要介绍陶瓷材料的一些主要的性能特点。

① 强度和硬度。陶瓷材料弹性模量较大,即刚性好,但陶瓷在断裂前无明显塑性变形,因此陶瓷质脆,作为结构材料使用时安全性差。

陶瓷材料的高温强度比金属高得多,且当温度升到 $0.5\ T_m$(T_m 为熔点)以上时陶瓷材料也可发生塑性变形,虽然高温时陶瓷材料强度下降,但其塑性、韧性却大大提高,加之陶瓷材料优异的抗氧化性,其可能成为未来高速高温燃气发动机的主要结构材料。

高硬度、高耐磨性是陶瓷材料主要的优良特性之一,因此硬度对陶瓷烧结气孔等缺陷敏感性低。陶瓷硬度随温度升高而降低的程度较强度下降得要快。

② 脆性与陶瓷增韧。脆性是陶瓷材料的特征,其直观性能的表征为抗机械冲击和热冲击性能差。脆性的本质与陶瓷材料内原子为共价键或离子键结合的特征有关。改善陶瓷脆性主要有三方面的途径:一是增加陶瓷烧结致密度,降低气孔所占份数及气孔尺寸,尽量减少脆性玻璃相数量,并细化晶粒;二是通过陶瓷的相变增韧,同金属一样,某些陶瓷材料也存在相变和同素异构转变,具有补强效应;三是纤维增韧,利用一些纤维(长纤维或短纤维)的高强度和高模量特性,使之均匀分布于陶瓷基体中,生成一种陶瓷基复合材料。

③ 陶瓷的电性能。大部分陶瓷是好的绝缘材料,这是由于陶瓷中组成原子的共价键和离子键的饱和性。但由于成分因素和环境因素的影响,有些陶瓷可以作半导体或压电材料。

④ 陶瓷的化学性能。陶瓷的组织结构非常稳定,不与介质中的氧发生氧化,即使在高温下也不氧化,所以陶瓷对酸、碱、盐等都有极好的抗腐蚀能力。

⑤ 陶瓷热性能。陶瓷熔点高,而且有很好的高温强度和抗氧化性,是有前途的高温材料,用于制造陶瓷发动机,不仅重量轻、体积小,而且热效率大大提高;陶瓷热传导性差,抗熔融金属侵蚀性好,可用作坩埚热容器;陶瓷线胀系数小,但抗热振性能差。

陶瓷材料还有一些特殊的光学性能、磁性能、生物相容性以及超导性能等,而陶瓷薄膜的力学性能除与其结构因素有关外,还应服从薄膜的力学性能规律以及其独特的光、电、磁等物理化学性能,利用之,将可开发出具有各种各样功能的材料,有着广泛的应用前景。

3）常用工业陶瓷及其应用

（1）普通陶瓷

普通陶瓷也叫传统陶瓷,其主要原料是黏土（$Al_2O_3 \cdot 2SiO_2 \cdot 2H_2O$）、石英（$SiO_2$）和长石（$K_2O \cdot Al_2O_3 \cdot 6SiO_2$）,它产量大,应用广,大量用于日用陶器、瓷器、建筑工业、电器绝缘材料、耐蚀要求不很高的化工容器、管道,以及力学性能要求不高的耐磨件,如纺织工业中的导纺零件等。组分的配比不同,陶瓷的性能会有所差别。

普通陶瓷通常分为日用陶瓷和工业陶瓷两大类。日用陶瓷主要用作日用器皿和瓷器,一般具有良好的光泽度、透明度,热稳定性和力学强度较高。工业陶瓷包括建筑用瓷,用于装饰板、卫生间装置及器具等,通常尺寸较大,要求强度和热稳定性好。

（2）特种陶瓷

特种陶瓷也叫现代陶瓷、精细陶瓷,包括特种结构陶瓷和功能陶瓷两大类。工程上最重要的是高温陶瓷,包括氧化物陶瓷、硼化物陶瓷、氮化物陶瓷和碳化物陶瓷。

比如,氧化物陶瓷熔点大多 2 000 ℃以上,烧成温度约 1 800 ℃;单相多晶体结构,有时有少量气相;强度随温度的升高而降低,在 1 000 ℃以下时一直保持较高强度,随温度变化不大;纯氧化物陶瓷在任何高温下都不会氧化。像氧化铝（刚玉）陶瓷,这是以 Al_2O_3 为主要成分的陶瓷,另含有少量的 SiO_2。熔点达 2 050 ℃,抗氧化性好,广泛用于耐火材料。根据 Al_2O_3 含量不同又分为 75 瓷（含 75% Al_2O_3）、95 瓷（含 95% Al_2O_3）和 99 瓷（含 99% Al_2O_3）,Al_2O_3 含量在 90%～99.5%时称为刚玉瓷。氧化铝含量越高性能越好。氧化铝瓷耐高温性能很好,在氧化气氛中可使用到 1 950 ℃。氧化铝瓷的硬度高,电绝缘性能好,耐蚀性和耐磨性也很好,可用作高温器皿、刀具、内燃机火花塞、轴承、化工用泵、阀门等。氧化铝瓷的缺点是脆性大,不能承受冲击载荷,抗热振性差,不适合用于有温度急变的场合。

1.9.4　复合材料

在自然界和人类发展中,复合材料并不是一个陌生的领域,建筑中的混凝土和人体的骨骼等都是复合材料,而现代复合材料则是在充分利用材料科学理论和材料制作工艺的基础上发展起来的一类新型材料。复合材料（Composite Material）是指两种或两种以上的物理、化学性质不同的物质,经一定方法得到的一种新的多相固体材料。由于复合材料各组分之间"取长补短","协同作用",极大地弥补了单一材料的缺点,创造单一材料不具备的双重或多重功能,或者在不同时间或条件下发挥不同的功能。

1）复合材料的分类

复合材料种类繁多,分类方法也不尽一致。原则上讲,复合材料可以由金属材料、高分子材料和陶瓷材料中任两种或几种制备而成。

按复合材料基体的不同可分为树脂基复合材料（Resin Matrix Composite）、金属基复合材料（Metal Matrix Composite）、陶瓷基复合材料（Ceramic Matrix Composite）和碳—碳基复合材料,目前应用最多的是树脂基复合材料和金属基复合材料。

复合材料中根据增强体的种类和形态不同,可分为纤维增强复合材料、颗粒增强复合材料、层状复合材料和填充骨架型复合材料。纤维增强复合材料又分为长纤维、短纤维和晶须增强型复合材料,其中发展最快、应用最广的是各种纤维(玻璃纤维、碳纤维、硼纤维、SiC 纤维等)增强的复合材料。按复合材料的主要作用,可将其分为结构复合材料和功能复合材料两大类。

2)复合材料的性能特点

影响复合材料性能的因素很多,主要取决于增强材料的性能、含量及分布状况,基体材料的性能、含量,以及它们之间的界面结合情况,作为产品还与成形工艺和结构设计有关。因此,无论对哪种复合材料,性能不是一个定值,但就常用的工程复合材料而言,与其相应的基体材料相比较,主要有以下力学性能特点:

(1)高比强度、高比模量。比强度、比模量是指材料的强度或模量与其密度之比。由于复合材料增强体一般为高强度、高模量、低密度的纤维、晶须、颗粒,从而大大增加了复合材料的比强度、比模量。

(2)良好的耐疲劳性能。复合材料中的纤维缺陷少,因而本身抗疲劳能力高;而基体的塑性和韧性好,能够消除或减少应力集中,不易产生微裂纹;大量纤维的存在,使裂纹扩展要经历非常曲折、复杂的路径,促使复合材料疲劳强度提高。

(3)优越的高温性能。由于各种增强纤维一般在高温下仍可保持高的强度,所以用它们增强的复合材料的高温强度和弹性模量均较高,特别是金属基复合材料。例如 7075-76 铝合金,在 400℃时,弹性模量接近于零,强度值也从室温时的 500 MPa 降至 30~50 MPa。而碳纤维或硼纤维增强组成的复合材料,在 400℃时,强度和弹性模量可保持接近室温下的水平。碳纤维复合材料在非氧化气氛下,在 2 400~2 800℃可长期使用。

(4)减振性能。材料的比模量越大,则其自振频率越高,可避免在工作状态下产生共振及由此引起的早期破坏。

(5)断裂安全性。纤维增强复合材料是力学上典型的静不定体系,它在每平方厘米截面上有几千至几万根增强纤维(直径一般为 10~100 μm),较大载荷下部分纤维断裂时载荷由韧性好的基体重新分配到未断裂纤维上,构件不会瞬间失去承载能力而断裂。

(6)耐磨性好。金属基复合材料,尤其是陶瓷纤维、晶须、颗粒增强金属基复合材料具有很好的耐磨性。

3)复合材料简介

(1)树脂基复合材料

树脂基复合材料又称聚合物基复合材料,是目前应用最广泛的一类复合材料,它是以有机聚合物为基体、连续纤维为增强材料组合而成的。以玻璃纤维增强的塑料(俗称玻璃钢)问世以来,工程界才明确提出"复合材料"这一术语。此后,由于碳纤维、硼纤维、碳化硅纤维等高性能增强体和一些耐高温树脂基体的相继问世,发展了大量高性能树脂基复合材料,成为先进复合材料的重要组成部分。

(2)金属基复合材料

与传统的金属材料相比,金属基复合材料具有较强的比强度和比刚度;与树脂基复合材料相比,又具有优良的导电性和耐热性;与陶瓷材料相比,它又具有高韧性和抗高冲击性能。

(3) 陶瓷基复合材料

现代陶瓷材料致命弱点是脆性,这使陶瓷材料的使用受到了很大的限制。在陶瓷中加入起增韧作用的第二相而制成的陶瓷基复合材料即是一种重要的增韧方法。

陶瓷基复合材料的增强体通常为纤维、晶须和颗粒状。主要是碳纤维或石墨纤维,它能大幅度地提高冲击韧性和热震性,降低陶瓷的脆性,而陶瓷基体则保证纤维在高温下不氧化烧蚀,使材料的综合力学性能大大提高。如碳纤维—石英陶瓷的冲击韧性为烧结石英的 40 倍,抗弯强度为 5～12 倍,能承受 1 200～1 500℃ 的高温气流冲蚀,可用于宇航飞行器的防热部件上;碳纤维-Si_3N_4 复合材料可在 1 400℃ 条件下长期工作,用于制造飞机发动机叶片。

检查评估

1. 选择题

(1) 橡胶是优良的减振材料和摩阻材料,因为它具有突出的(　　　)。

A. 高弹性　　　　　B. 黏弹性　　　　　C. 塑料　　　　　　D. 减摩性

(2) 传统陶瓷包括(　　　),而特种陶瓷主要有(　　　)。

A. 水泥　　　　　　B. 氧化铝　　　　　C. 碳化硅

D. 氮化硼　　　　　E. 耐火材料　　　　F. 日用陶瓷

(3) 纤维增强树脂复合材料中,增强纤维应该(　　　)。

A. 强度高,塑性好　　　　　　　　　　B. 强度高,弹性模量高

C. 强度高,弹性模量低　　　　　　　　D. 塑性好,弹性模量高

2. 填空题

(1) 按应用范围分类,塑料可以分为_____、_____、_____。

(2) 陶瓷的生产过程一般都要经过_____、_____与_____三个阶段。

(3) 传统陶瓷的基本原料是_____、_____和_____。

(4) 玻璃钢是_____和_____的复合材料。

3. 简答题

(1) 什么是热塑性塑料?什么是热固性塑料?试举例说明。

(2) 简述聚乙烯、聚氯乙烯、聚苯乙烯、聚丙烯、ABS 塑料、聚酰胺、聚碳酸酯、有机玻璃、塑料王等材料的性能及用途。

(3) 简述橡胶的组成及性能特点。

(4) 陶瓷材料的优点是什么?简述其原因。

(5) 陶瓷材料的生产制作过程是怎样的?

(6) 举出四种常见的工程陶瓷材料,并说明其性能及在工程上的应用。

(7) 何谓复合材料?它有哪些种类和特点?

任务十 机械零件的失效分析及选材

1. 了解机械零件的主要失效形式,材料及成形工艺的选择原则。
2. 初步具备工程材料和成形工艺的选择能力。
3. 了解材料的成分分析、组织分析及无损探伤等质量检验方法。

应知应会

在各类机械产品的设计或制造过程中,都会遇到材料与成形工艺的选择问题。在生产实践中,往往由于材料的选择和加工工艺路线不当,造成机械零件在使用过程中发生早期失效,给生产带来了重大损失。因此,在机械制造工业中,正确地选择机械零件材料和成形工艺方法,对于保证零件的使用性能要求,降低成本、提高生产率和经济效益,有着重要的意义。

在机械制造工业中,工程材料的质量控制是获得高质量产品与赢得市场的重要环节。材料的化学成分、组织状态、性能及其热处理、热加工过程中的变化,需要确定是否合乎要求;原材料及其加工中的缺陷需要确认,并作为改进加工工艺的依据;产品服役过程中的质量需要跟踪等,都需要通过检验来分析和控制。

1.10.1 机械零件的失效形式

失效是指零件在使用过程中,由于尺寸、形状或材料的组织与性能发生变化而失去原有设计效能的现象。一般机械零件在以下三种情况下都认为已经失效:零件完全不能工作;零件虽能工作,但已不能完成指定的功能;零件有严重损伤而不能继续安全使用。

零件的失效有达到预定寿命的失效,也有远低于预定寿命的不正常的早期失效。不论何种失效,都是在外力或能量等外在因素作用下的损害。正常失效是比较安全的;而早期失效则会带来经济损失,甚至会造成人身和设备事故。

1）零件失效原因

引起失效的因素很多,涉及零件的结构设计、材料选择与使用、加工制造、装配、使用保养等,就零件失效形式而言则与其工作条件有关。零件工作条件包括:应力情况大小、分布,残余应力及应力集中情况,常温、高温或交变温度等。

零件失效的原因大体可归纳为图1-50所示的"鱼骨图"。

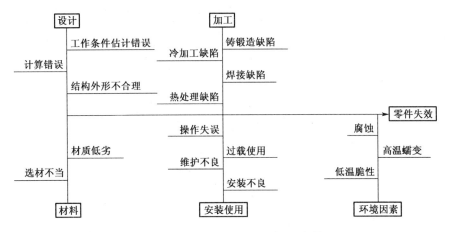

图 1-50　零件失效主要原因示意图(鱼骨图)

2）零件失效形式

一般机械零件常见的失效形式有断裂失效,包括静载荷或冲击载荷断裂、疲劳破坏以及应力腐蚀破裂等;磨损失效,包括过量磨损、表面龟裂、麻点剥落等;变形失效,包括过度的弹性或塑性变形失效形式及要求的力学性能。图 1-51 列出了材料的失效分析大致过程。

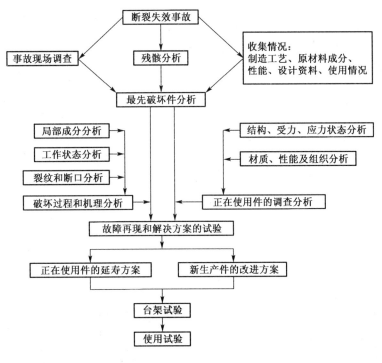

图 1-51　失效分析过程

常见零件的工作条件、失效形式及力学性能见表 1-18。

表 1-18　常见零件的工作条件、失效形式及力学性能

零件	工作条件			常见失效形式	要求的主要力学性能
	应力种类	载荷性质	其他		
普通紧固螺栓	拉、切应力	静	—	过量变形、断裂	屈服强度及抗剪强度、塑性
传动轴	弯、扭应力	循环、冲击	轴颈处摩擦、振动	疲劳破坏、过量变形、轴颈处磨损、咬轴	综合力学性能
传动齿轮	压、弯应力	循环、冲击	强烈摩擦、振动	磨损、麻点剥落、齿折断	表面硬度及弯曲疲劳强度、接触疲劳抗力,心部屈服强度、韧性
弹簧	扭应力（旋簧力）	循环、冲击	振动	弹性丧失、疲劳断裂	弹性极限、屈强比、疲劳强度
油泵柱塞副	压应力	循环、冲击	摩擦、油的腐蚀	磨损	硬度、抗压强度
冷作模具	复杂应力	循环、冲击	强烈摩擦	磨损、脆断	硬度,足够的强度、韧性
压铸模	复杂应力	循环、冲击	高温、摩擦、金属液腐蚀	热疲劳、脆断、磨损	高温强度、热疲劳抗力、韧性和红硬性
滚动轴承	压应力	循环、冲击	强烈摩擦	疲劳断裂、磨损、麻点剥落	接触疲劳抗力、硬度、耐蚀性
曲轴	弯、扭应力	循环、冲击	轴颈摩擦	脆断、疲劳断裂、咬蚀、磨损	疲劳强度、硬度、冲击疲劳抗力、综合力学性能
连杆	拉、压应力	循环、冲击	—	脆断	抗压疲劳强度、冲击疲劳抗力

1.10.2　材料及成形工艺选择原则

在进行材料及成形工艺选择时要具体问题具体分析,一般是在满足零件使用性能要求的情况下,同时考虑材料的工艺性及总的经济性,并要充分重视、保障环境不被污染,符合可持续发展要求,积极采用生态材料和绿色制造工艺。材料及成形工艺选择主要遵循以下三个原则。

1）使用性原则

材料使用性是指机械零件或构件在正常工作情况下材料应具备的性能。满足零件的使用要求是保证零件完成规定功能的必要条件,是材料及成形工艺选择应主要考虑的问题。

零件的使用要求体现在对其形状、尺寸、加工精度、表面粗糙度等外部质量,以及对其化学成分、组织结构、力学性能、物理性能和化学性能等内部质量的要求上。在进行材料及成形工艺选择时,主要从三个方面加以考虑:①零件的负载和工作情况;②对零件尺寸和重量的限制;③零件的重要程度。零件的使用要求也体现在产品的宜人化程度上,材料及成形工艺选择时

要考虑外形美观,符合人们的工作和使用习惯。

由于零件工作条件和失效形式的复杂性,要求在选择时必须根据具体情况抓住主要矛盾,找出最关键的力学性能指标,同时兼顾其他性能。

零件的负载情况主要指载荷的大小和应力状态。工作状况指零件所处的环境,如介质、工作温度及摩擦等。若零件主要满足强度要求,且尺寸和重量又有所限制时,则选用强度较高的材料;若零件尺寸主要满足刚度要求,则应选择 E 值大的材料;若零件的接触应力较高,如齿轮和滚动轴承,则应选用可进行表面强化的材料;在高温下工作的零件,应选用耐热材料;在腐蚀介质中的零件,应选用耐腐蚀的材料。

零件的尺寸和重量还可能影响材料成形方法的选择。对小零件,从棒料切削加工而言可能是经济的,而大尺寸零件往往采用热加工成形;反过来,对利用各种方法成形的零件一般也有尺寸的限制,如采用熔模铸造和粉末冶金,一般仅限于几千克、十几千克的零件。

零件的具体力学性能指标和数值确定之后,即可利用手册选材。但应注意以下几点:①材料的性能不仅与化学成分有关,也与加工、处理后的状态有关。应注意手册中的数据是在什么条件下得到的;②材料的数据与加工处理时试样的尺寸有关,应注意零件尺寸与手册中试样尺寸的差别,并进行适当的修正。

2)工艺性原则

材料工艺性是指材料适应某种加工的性能。在零件功能设计时,必须考虑工艺性。有些材料如果仅从零件的使用性能要求来看是完全合适的,但无法加工制造或加工制造很困难,成本很高,这些都属于工艺性不好。因此工艺性的好坏,对决定零件加工的难易程度、生产效率、生产成本等方面起着十分重要的作用,是选材时必须同时考虑的重要因素。

材料的工艺性能要求与零件制造的加工工艺路线密切相关,具体的工艺性能要求是结合制造方法和工艺路线提出来的。材料工艺性能主要包括热处理工艺性、铸造工艺性、锻造工艺性、焊接工艺性、切削加工工艺性和装配工艺性等。

一般金属材料的加工工艺路线如图 1-52 所示。

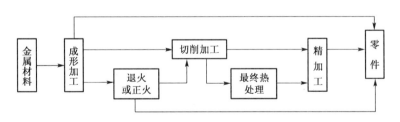

图 1-52 金属材料的加工工艺路线

3)经济性原则

经济性原则一般指应使零件的生产和使用的总成本降至最低,经济效益最高。总成本包括材料价格,零件成品率、加工费用、零件加工过程中材料的利用率、回收率,零件寿命以及材料的货源、供应、保管等综合因素。

(1)材料选定时,应在满足使用性能前提下,尽可能选用价廉材料

材料的直接成本常占到产品价格的 30%～70%,因此能用非合金钢的不用合金钢,能用硅锰钢的不用铬镍钢。表 1-19 为我国常用工程材料的相对价格。

表 1-19　常用工程材料的相对价格

材　料	相对价格	材　料	相对价格
非合金结构钢	1	非合金工具钢	1.4~1.5
低合金高强度结构钢	1.2~1.7	合金量具刃具钢	2.4~3.7
优质非合金结构钢	1.4~4.5	合金模具钢	5.4~7.2
易切削钢	2	高速工具钢	13.5~15
合金结构钢	1.7~2.9	铬不锈钢	8
镍铬合金结构钢	3	铬镍不锈钢	20
滚动轴承钢	2.1~2.9	普通黄铜	13
弹簧钢	1.6~1.9	球墨铸铁	2.4~2.9

（2）选材时要考虑材料来源，符合国情厂情

含铝超硬高速钢适合我国资源情况。又如 9Mn2V 钢不含铬元素，符合我国资源情况，故价格较低，性能与 CrWMn 钢相近，拉刀、长铰刀、长丝锥等均可使用。

（3）用非金属材料代替金属材料

具有许多优异性能的聚合物材料，在某些场合可代替金属材料，不仅可以降低成本，而且性能可能更为优异。表 1-20 列出了某些塑料代替金属的应用实例。

表 1-20　用塑料代替金属的应用实例

零件类型		产　品	零件名称	原用材料	现用材料	工作条件	使用效果
摩擦传动零件	轴承	4 t 载重汽车	底盘衬套轴承	轴承钢	聚甲醛 F-4铝粉	低速、重载、干摩擦	1 万公里以上不用加油保养
		柴油机	推力轴承	巴氏合金	喷涂尼龙 1010	在油中工作,平均滑动线速度7.1 m/s,载荷 1.5 MPa	磨损量小,油温比用巴氏合金时低10℃左右
		水压机	立柱导套	ZQSn6-6-3青铜	MC 尼龙	0~100℃ 往复运动	良好,已投入生产
	齿轮	六角车床	走刀机械传动齿轮	45 钢	聚甲醛(铸型尼龙)	摩擦但较平稳	噪声减少,长期使用无损坏磨损
		起重机	吊索绞盘传动蜗轮	磷青铜	MC 铸型尼龙	最大起吊重量6~7 t	零件质量减轻80%,使用两年磨损很小
		万能磨床	油泵圆柱齿轮	40Cr	铸型尼龙、氯化聚醚	转速高,在油中运转连续,工作油压1.5 MPa	噪声小,压力稳定,长期使用无损坏
一般结构件	螺母	铣床	丝杠螺母	锡青铜	聚甲醛	对丝杠不起磨损作用或磨损极微,有一定强度、刚度	良好
	油管	万能外圆磨床	滚压系统油管	紫铜	尼龙 1010	耐压 0.8~2.5 MPa,工作台换向等精度高	良好,已推广使用

续表 1-20

零件类型		产　品	零件名称	原用材料	现用材料	工作条件	使用效果
一般结构件	紧固件	外圆磨床	管接头	45钢	聚甲醛	<55℃,耐20℃机油压0.3~8.1 MPa	良好
		摇臂钻床	上、下部管体螺母	HT150	尼龙1010	室温、冷却液3个大气压力	密封性好,不渗漏水
	壳体件	万能外圆磨床	罩壳衬板	镀锌钢板	ABS	电器按钮盒	外观良好,制作方便
		D26型电压表	开关罩	铜合金	聚乙烯	40~60℃,保护仪表	良好,便于装配
		电风扇	开关外罩	铝合金	改性有机玻璃	有一定强度,美观	良好
	手柄手轮等	柴油机	摇手柄套	无缝钢管	聚乙烯	一般	良好
		磨床	手把	35钢	尼龙6	一般	良好
		电焊机	控制滑阀	铜	尼龙1010	6个大气压	良好

（4）材料利用率与再生利用率

材料利用率是指合格品中包含的材料数量在材料（原材料）总消耗量中所占的比重,即已被利用的材料与实际消耗的材料之比,说明材料被有效利用的程度。在选择材料时尽可能地提高利用率,以增加产品的附加值。材料的再生利用率是现代制造技术关注的问题。在现代产品设计中,不仅要进行结构设计、零件设计、装配设计,而且特别强调拆卸设计,使产品报废处理时,能够进行材料的再循环,节约能源,保护环境。

值得注意的是,选材时不能片面强调材料的费用及零件的制造成本,还需对不同情况下零件的使用寿命给予足够的重视。评价零件的经济效果时,还需考虑其实用过程中的经济效益。如某零件在使用过程中即使失效,也不会造成整机破损事故,而且该零件拆换方便,用量又大时,一般希望该零件制造成本低,售价便宜。有些零件,如高速柴油机曲轴、连杆等,一旦该零件失效,将造成整台机器损坏的事故。为了提高零件的使用寿命,材料成本就可以较高,但从整体经济性看也是合理的。还有一些关键零件,当其性能提高以后,可使整个产品的性能指标得以提高,往往可以取得整体较好的经济效益。有时关键零件的成本稍高些,但产品的价值却会大幅度地提高。总之,通过降低成本和改善功能,要力求充分合理化,使整体经济效益最好。

→检查评估

1. 零件的常见失效形式有哪几种？它们要求材料的主要性能指标分别是什么？

2. 分析说明如何根据机械零件的服役条件选择零件用钢的含碳量及组织状态？

3. 汽车、拖拉机变速箱齿轮多半用渗碳钢来制造,而机床变速箱齿轮又多采用调质钢制造,为什么？

4. 生产中某些机器零件常选用工具钢制造。试举例说明哪些机器零件可选用工具钢制造,并可得到满意的效果,分析其原因。

5. 指出下列工件各应采用所给材料中哪一种材料,并选定其热处理方法。

工件:车辆缓冲弹簧、发动机排气阀门弹簧、自来水水管弯头、机床床身、发动机连杆螺栓、机用大钻头、车床尾架顶针、螺丝刀、镗床镗杆、自行车车架、车床丝杠螺母、电风扇机壳、普通机床地脚螺栓、高速粗车铸铁的车刀。

材料:38CrMoAl、40Cr、45、Q235、T7、T10、50CrVA、16Mn、W18Cr4V、KTH300 - 06、60Si2Mn、ZL102、ZCuSn10P1、YG15、HT200。

项目二

铸 造

公元前 7 世纪至公元前 6 世纪的春秋时期,我国已发明了冶铁技术,开始用铸铁制作农具,这比欧洲国家早 1 800 多年。

明朝时,江西奉新县人宋应星所著的《天工开物》一书中记载了冶铁、炼钢、铸钟、锻造、淬火等各种金属的加工方法,这是世界上有关金属加工工艺最早的科学著作之一。

铸造是机械制造中毛坯成形的主要工艺之一。在机械制造业中,铸造零件的应用十分广泛。在一般机械设备中,铸件的质量往往要占机械总质量的 70%～80%,甚至更高。在学习本章内容时,应与"金工实训"中实际操作的工艺相联系,理论联系实际。

铸造是指将液态金属在重力或外力作用下充填到与零件的形状、尺寸相适应的铸型空腔中,待其冷却凝固后,获得所需形状和尺寸的毛坯或零件的方法。

铸造成形有许多优点:

(1) 适应性广,工艺灵活性大(材料、大小、形状几乎不受限制)。

(2) 最适合制造形状复杂的箱体、机架、阀体、泵体、缸体等。

(3) 成本较低(铸件与最终零件的形状相似、尺寸相近)。

但也存在不少缺点:铸件组织疏松、晶粒粗大,内部常有缩孔、缩松、气孔等缺陷产生,导致铸件力学性能,特别是冲击性能较低。液态合金在凝固和冷却过程中,体积和尺寸减小的现象称为合金的收缩。收缩能使铸件产生缩孔、缩松、裂纹、变形和内应力等缺陷。随着温度的下降,铸件会产生固态收缩,有些合金甚至还会因发生固态相变而引起收缩或膨胀,这些收缩或膨胀若受到阻碍或因铸件各部分互相牵制,都将在铸件内部产生应力。当铸造内应力超过金属材料的抗拉强度时,铸件便产生裂纹。铸件生产工序多,很容易使铸件产生各种缺陷。某些有缺陷的产品经修补后仍可使用的成为次品,严重的缺陷则使铸件成为废品。为保证铸件的质量应首先正确判断铸件的缺陷类别,并进行分析,找出原因,以采取改进措施。砂型铸造的铸件常见的缺陷有冷隔、浇不足、气孔、粘砂、夹砂、砂眼、胀砂等。

铸造生产过程非常复杂,影响铸件质量的因素也非常多。其中合金的铸造性能的优劣对能否获得优质铸件有着重要影响。铸造合金在铸造过程中呈现出的工艺性能,称为铸造性能。合金的铸造性能主要指充型能力、收缩性、偏析、吸气等。其中液态合金的充型能力和收缩性是影响成形工艺及铸件质量的两个最基本的问题。

液态合金充满型腔的过程称为充型。液态合金充满型腔是获得形状完整、轮廓清晰合格铸件的保证,铸件的很多缺陷都是在此阶段形成的。液态合金的流动能力称为流动性。液态合金充满型腔,形成轮廓清晰、形状和尺寸符合要求的优质铸件的能力,称为液态合金的充型能力。流动性是液态合金本身的属性。液态合金的充型能力首先取决于液态合金本身的流动性,同时又与外界条件,如铸型性质、浇注条件、铸件结构等因素密切相关,是各种因素的综合反映。

铸造从造型方法来分,可分为砂型铸造和特种铸造两大类。其中砂型铸造目前应用更为广泛。

任务一　金属的砂型铸造

任务导入

1. 掌握砂型铸造的概念及主要工序。
2. 了解砂型铸造的各种造型材料及其基本性能。
3. 掌握砂型铸造工艺设计的方法、要求及程序。
4. 掌握砂型铸造的铸件结构工艺性。

应知应会

将液体金属浇入用型砂紧实成的铸型中,待凝固冷却后,将铸型破坏,取出铸件的铸造方法,称为砂型铸造。砂型铸造是传统的铸造方法,它适用于各种形状、大小及各种常用合金铸件的生产。砂型铸造工艺,如图 2-1 所示。主要工序包括制造模样、制备造型材料、造型、制芯、合型、熔炼、浇注、落砂、清理与检验等。

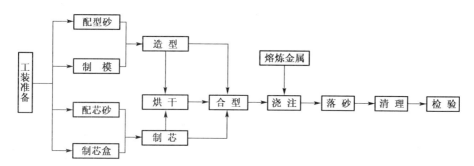

图 2-1　砂型铸造工艺流程图

2.1.1　造型材料

制造铸型的材料称为造型材料,通常包括原砂、黏结剂、水及其他附加物(如煤粉、木屑、重油等)按一定比例混制而成。根据黏结剂的种类不同,可分为黏土砂、水玻璃砂、树脂砂等。造型材料的质量直接影响铸件的质量,据统计,铸件废品率约50%以上与造型材料有关。为保证铸件质量,要求型砂应具备足够的强度、良好的可塑性、高的耐火性和一定的透气性、退让性等。芯砂处于金属液体的包围之中,工作条件更加恶劣,所以对芯砂的基本性能要求更高。

1）黏土砂

以黏土作黏结剂的型(芯)砂称为黏土砂。常用的黏土为膨润土和高岭土。黏土在与水混合时才能发挥黏结作用,因此必须使黏土砂保持一定的水分。此外,为了防止铸件粘砂,还需在型砂中添加一定数量的煤粉或其他附加物。

根据浇注时铸型的干燥情况可将其分为湿型、表干型及干型三种。湿型铸造具有生产效率高、铸件不易变形、适合于大批量流水作业等优点,广泛应用于生产中、小型铸铁件,而大型复杂铸铁件则采用干型或表干型铸造。

到目前为止,黏土砂依然是铸造生产中应用最广泛的砂种,但它的流动性差,造型时需消耗较多的紧实功。用湿型砂生产大件,由于浇注时水分的迁移,容易在铸件的表面形成夹砂、胀砂、气孔等缺陷。而使用干型则生产周期长、铸型易变形,同时也增加能源的消耗。因此,人们研究采用了其他黏结剂的砂种。

2）树脂砂

以合成树脂做黏结剂的型(芯)砂称为树脂砂。目前国内铸造用的树脂黏结剂主要有酚醛树脂、尿醛树脂和糠醇树脂三类,但这三类树脂的性能都有一定的局限性,单一使用时不能完全满足铸造生产的要求,常采用各种方法将它们改性,生成各种不同性能的新树脂砂。

目前用树脂砂制芯(型)主要有四种方法:壳芯法、热芯盒法、冷芯盒法和温芯盒法。各种方法所用的树脂及硬化形式都不一样。与湿型黏土砂相比,型芯可直接在芯盒内硬化,且硬化反应快,不需进炉烘干,大大提高了生产效率;制芯(造型)工艺过程简化,便于实现机械化和自动化;型芯硬化后取出,变形小,精度高,可制作形状复杂、尺寸精确、表面粗糙度低的型芯和铸型。

由于树脂砂对原砂的质量要求较高,树脂黏结剂的价格较贵,树脂硬化时会放出有害气体,对环境有污染,所以树脂砂只用在制作形状复杂、质量要求高的中、小型铸件的型芯及壳型(制芯)时使用。

3）水玻璃砂

用水玻璃做黏结剂的型(芯)砂称为水玻璃砂。它的硬化过程主要是化学反应的结果,并可采用多种方法使之自行硬化,因此也称为化学硬化砂。

化学硬化砂与黏土砂相比,具有型砂要求的强度高、透气性好、流动性好等特点,易于紧实,铸件缺陷少,内在质量高;造型(芯)周期短,耐火度高,适合于生产大型铸铁件及所有铸钢件。当然,水玻璃砂也存在一些缺点,如退让性差、旧砂回用较复杂等。针对这些问题,人们正在进行大量的研究工作,以逐步改善水玻璃砂的应用情况。目前国内用于生产的化学硬化砂有二氧化碳硬化水玻璃砂、硅酸二钙水玻璃砂、水玻璃石灰石砂等,而其中尤以二氧化碳硬化水玻璃砂用得最多。

2.1.2　砂型铸造造型方法

造型是指用型砂及模样等工艺装备制造铸型的过程。造型是砂型铸造最基本的工序,通常分为手工造型和机器造型两大类。造型方法选择是否合理,对铸件质量和成本有着很大影响。

1）手工造型

手工造型是全部用手工或手动工具完成的造型工序。手工造型特点是操作方便灵活、适应性强,模样生产准备时间短。但生产率低,劳动强度大,铸件质量不易保证。只适用于单件或小批量生产。

各种常用手工造型方法的特点及其适用范围见表 2-1。

表 2-1　常用手工造型方法的特点和适用范围

造型方法			主要特点	适用范围
按砂箱特征区分	两箱造型		铸型由上型和下型组成,造型、起模、修型等操作方便。是造型最基本的方法	适用于各种生产批量,各种大、中、小铸件
	三箱造型		铸型由上、中、下三部分组成,中型的高度须与铸件两个分型面的间距相适应。三箱造型费工,应尽量避免使用	主要用于单件、小批量生产具有两个分型面的铸件
	地坑造型		在车间地坑内造型,用地坑代替下砂箱,只要一个上砂箱,可减少砂箱的投资。但造型费工,而且要求操作者的技术水平较高	常用于砂箱数量不足,制造批量不大或质量要求不高的大、中型铸件
按模样特征区分	整模造型		模样是整体的,分型面是平面,多数情况下,型腔全部在下半型内,上半型无型腔。造型简单,铸件不会产生错型缺陷	适用于一端为最大截面,且为平面的铸件
	挖砂造型		模样是整体的,但铸件的分型面是曲面。为了起模方便,造型时用手工挖去阻碍起模的型砂。每造一件就挖砂一次,费工,生产率低	用于单件或不批量生产分型面不是平面的铸件
	假箱造型		为了克服挖砂造型的缺点,先将模样放在一个预先做好的假箱上,然后放在假箱上造下型,假箱不参与浇注,省去挖砂操作。操作简便,分型面整齐	用于成批生产分型面不是平面的铸件
	分模造型		将模样沿最大截面处分为两半,型腔分别位于上、下两个半型内。造型简单,节省工时	常用于最大截面在中部的铸件
	活块造型		铸件上有妨碍起模的小凸台、肋条等。制模时将此部分分做成活块,在主体模样起出后,从侧面取出活块。造型费工,要求操作者的技术水平较高	主要用于单件、小批量生产带有突出部分、难以起模的铸件
	刮板造型		用刮板代替模样造型,可大大降低模样成本,节约木材,缩短生产周期。但生产率低,要求操作者的技术水平较高	主要用于有等截面或回转体的大、中型铸件的单件或小批量生产

2）机器造型

机器造型是指用机器完成全部或至少完成紧砂操作的造型工序。与手工造型相比,机器造型能够显著提高劳动生产率,铸型紧实度高而均匀,型腔轮廓清晰,铸件质量稳定,并能提高铸件的尺寸精度、表面质量,使加工余量减小,改善劳动条件,是大批量生产砂型的主要方法。但由于机器造型需造型机、模板及特制砂箱等专用机器设备,其费用高,生产准备时间长,故只适用于中、小铸件的成批或大量生产。

（1）机器造型紧实砂型的方法

机器造型紧实砂型的方法很多,最常用的是振压紧实法和压实紧实法等。

振压紧实法如图 2-2 所示,砂箱放在带有模样的模板上,填满型砂后靠压缩空气的动力,使砂箱与模板一起振动而紧砂,再用压头压实型砂即可。

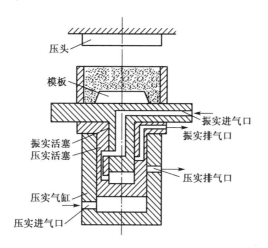

图 2-2 振压式造型机工作原理图

压实紧实法是直接在压力作用下使型砂得到紧实。如图 2-3 所示,固定在横梁上的压头将辅助框内的型砂从上面压入砂箱得以紧实。

（2）起模方法

为了实现机械起模,机器造型所用的模样与底板连成一体,称为模板。模板上有定位销与砂箱精确定位。图 2-4 是顶箱起模的示意图。起模时,四个顶杆在起模液压缸的驱动下一起将砂箱顶起一定高度,从而使固定在模板上的模样与砂型脱离。

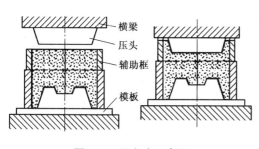

图 2-3 压实法示意图

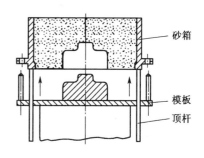

图 2-4 顶箱起模示意图

2.1.3 铸造工艺设计

铸造生产必须首先根据零件结构特点、技术要求、生产批量和生产条件进行铸造工艺设计,并绘制铸造工艺图。铸造工艺包括:铸件浇注位置和分型面位置,加工余量、收缩率和拔模斜度等工艺参数,型芯和芯头结构,浇注系统、冒口和冷铁的布置等。铸造工艺图是在零件图上绘制出制造模样和铸型所需技术资料,并表达铸造工艺方案的图形。

1)铸件浇注位置的选择

铸件的浇注位置是指浇注时铸件在铸型内所处的空间位置。铸件浇注时的位置,对铸件质量、造型方法、砂箱尺寸、机械加工余量等都有着很大的影响。在选择浇注位置时应以保证铸件质量为主,一般应注意以下几个原则:

(1)铸件的重要加工面应朝下或位于侧面。因为浇注时气体、夹杂物易漂浮在金属液上面,下面金属质量纯净,组织致密。

如图 2-5 所示为车床床身铸件的浇注位置方案。由于床身导轨面是重要表面,不允许有明显的表面缺陷,而且要求组织致密,因此应将导轨面朝下浇注。

如图 2-6 所示为起重机卷扬筒的浇注位置方案。采用立式浇注,由于全部圆周表面均处于侧立位置,其质量均匀一致,较易获得合格铸件。

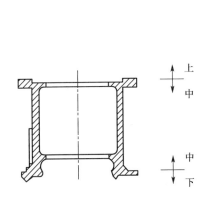

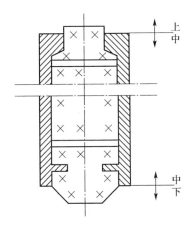

图 2-5　床身的浇注位置　　　图 2-6　卷扬筒的浇注位置示意图

(2)铸件的大平面应朝下。由于在浇注过程中金属液对型腔上表面有强烈的热辐射,铸型因急剧热膨胀和强度下降易拱起开裂,从而形成夹砂缺陷。如图 2-7 所示,铸件的大平面应朝下。

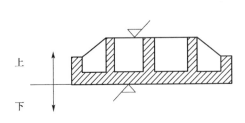

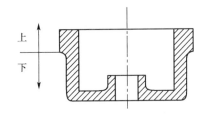

图 2-7　具有大平面的铸件的正确浇注位置示意图　　图 2-8　箱盖浇注时的正确位置示意图

（3）面积较大的薄壁部分置于铸型下部或使其处于垂直或倾斜位置,这样有利于金属的充填,可以有效防止铸件产生浇不足或冷隔等缺陷。如图2-8所示为箱盖的合理浇注位置,它将铸件的大面积薄壁部分放在铸型下面,使其能在较高的金属液压力下充满铸型。

（4）对于容易产生缩孔的铸件,应将厚大部分放在分型面附近的上部或侧面,以便在铸件厚壁处直接安置冒口,使之实现自下而上的定向凝固。如前述之铸钢卷扬筒,浇注时厚端放在上部是合理的;反之,若厚端在下部,则难以补缩。

2）铸型分型面的选择原则

分型面是指两半铸型相互接触的表面。分型面决定了铸件(模样)在造型时的位置。铸型分型面的选择不恰当会影响铸件质量,使制模、制型、造芯、合箱或清理等工序复杂化,甚至还可增大切削加工的工作量。在选择分型面时应注意以下原则:

（1）为便于起模,分型面应尽量选在铸件的最大截面处,并力求采用平直面。图2-9所示零件,若按图(a)确定分型面则不便于起模,分型面选择不当;改为图(b)的最大截面处则便于起模,分型面选择合理。

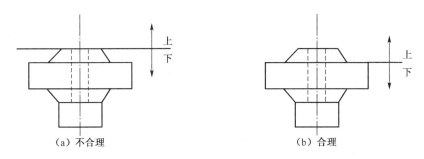

（a）不合理　　　　　　　　　　　（b）合理

图2-9　分型面应选在最大截面处示意图

如图2-10所示为一起重臂铸件,按图(b)中所示的分型面为一平面,故可采用较简便的分模造型;如果选用图(a)所示的分型面为弯曲分型面,则需采用挖砂或假箱造型,而在大量生产中则使机器造型的模板制造费用增加。

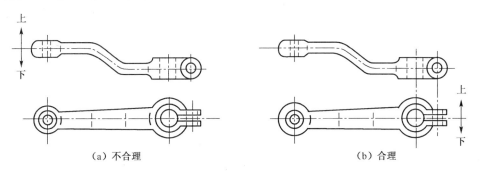

（a）不合理　　　　　　　　　　　（b）合理

图2-10　起重臂的分型面

（2）应尽量使铸型只有一个分型面,以便采用工艺简便的两箱造型。多一个分型面,铸型就增加一些误差,使铸件的精度降低。有时可用型芯来减少分型面。图2-11所示的绳轮铸件,由于绳轮的圆周面外侧内凹,采用不同的分型方案,其分型面数量不同。采用图(a)方案,铸型必须有两个分型面才能取出模样,即用三箱造型。采用图(b)方案,铸型只有一个分型面,采用两箱造型即可。

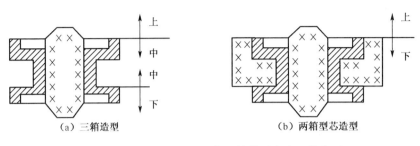

(a) 三箱造型　　　　　　　　　　(b) 两箱型芯造型

图 2-11　绳轮采用型芯使三箱造型变为两箱造型

(3) 尽量使铸件全部或大部置于同一砂箱内,并使铸件的重要加工面、工作面、加工基准面及主要型芯位于下型内,这样便于型芯的安放和检验,还可使上型的高度减低,便于合箱,并可保证铸件的尺寸精度,防止错箱。图 2-12 所示螺栓堵头分型面的选择,如采用方案(b)可使铸件全部放在下型,避免了错箱,铸件质量得到保证。

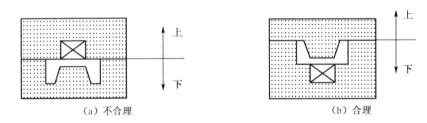

(a) 不合理　　　　　　　　　　　(b) 合理

图 2-12　螺栓堵头的分型面

(4) 铸件的非加工面上,尽量避免有披缝,如图 2-13 所示。

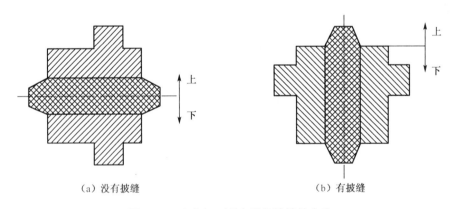

(a) 没有披缝　　　　　　　　　　(b) 有披缝

图 2-13　在非加工面上避免披缝的方法

分型面的上述诸原则,对于某个具体的铸件来说难以全面满足,有时甚至互相矛盾。因此,必须抓住主要矛盾全面考虑,至于次要矛盾,则应从工艺措施上设法解决。在确定浇注位置和分型面时,一般情况下,应先保证铸件质量选择浇注位置,而后通过简化造型工艺确定分型面。但在生产中,有时二者的确定会相互矛盾,必须综合分析各种方案的利弊,选择最佳方案。

3）工艺参数的确定

铸造工艺参数是指铸造工艺设计时,需要确定的某些工艺数据。这些工艺数据一般与模样和芯盒尺寸有关,同时也与造型、制芯、下芯及合型的工艺过程有关,选择不当会影响铸件的精度、生产率和成本。常见的工艺参数有如下几项:

（1）收缩率。由于合金的线收缩,铸件冷却后的尺寸比型腔尺寸略为缩小,为保证铸件的应有尺寸,模样和芯盒的尺寸必须比铸件加大一个收缩的尺寸。加大的这部分尺寸称收缩量,一般根据合金铸造收缩率来定。铸造收缩率 K 表达式为:

$$K = \frac{L_模 - L_件}{L_件} \times 100\%$$

式中:$L_模$——模样或芯盒工作面的尺寸,mm;

$L_件$——铸件的尺寸,mm。

收缩率的大小取决于铸造合金的种类及铸件的结构、尺寸等因素。通常,灰铸铁的铸造收缩率为 0.7%～1.0%,铸造碳钢为 1.3%～2.0%,铸造锡青铜为 1.2%～1.4%。

（2）加工余量。在铸件的加工面上为切削加工而加大的尺寸称为机械加工余量。加工余量过大,会浪费金属和加工工时;过小则达不到加工要求,影响产品质量。加工余量取决于铸件生产批量、合金的种类、铸件的大小、加工面与基准面之间的距离及加工面在浇注时的位置等。采用机器造型,铸件精度高,余量可减小;手工造型误差大,余量应加大。铸钢件因收缩大、表面粗糙,余量应加大;非铁合金铸件价格昂贵,且表面光洁,余量应比铸铁小。铸件的尺寸愈大或加工面与基准面之间的距离愈大,尺寸误差也愈大,故余量也应随之加大。浇注时铸件朝上的表面因产生缺陷的几率较大,其余量应比底面和侧面大。

灰铸铁的机械加工余量见表 2-2。

表 2-2　灰铸铁的机械加工余量　　　　　　　　（单位:mm）

铸件最大尺寸	浇注时位置	加工面与基准面之间的距离					
		<50	50～120	120～260	260～500	500～800	800～1 250
<120	顶面	3.5～4.5	4.0～4.5				
	底、侧面	2.5～3.5	3.0～3.5				
120～260	顶面	4.0～5.0	4.5～5.0	5.0～5.5			
	底、侧面	3.0～4.0	3.5～4.0	4.0～4.5			
260～500	顶面	4.5～6.0	5.0～6.0	6.0～7.0	6.5～7.0		
	底、侧面	3.5～4.5	4.0～4.5	4.5～5.0	5.0～6.0		
500～800	顶面	5.0～7.0	6.0～7.0	6.5～7.0	7.0～8.0	7.5～9.0	
	底、侧面	4.0～5.0	4.5～5.0	4.5～5.5	5.0～6.0	6.5～7.0	
800～1 250	顶面	6.0～7.0	6.5～7.5	7.0～8.0	7.5～8.0	8.0～9.0	8.5～10
	底、侧面	4.0～5.5	5.0～5.5	5.0～6.0	5.5～6.0	5.5～7.0	6.5～7.5

（3）最小铸出孔。对于铸件上的孔、槽,一般来说,较大的孔、槽应当铸出,以减少切削加工工时,节约金属材料,并可减小铸件上的热节;较小的孔则不必铸出,用机械加工较经济。最小铸出孔的参考数值见表 2-3。对于零件图上不要求加工的孔、槽以及弯曲孔等,一般均应铸出。

表 2-3　铸件毛坯的最小铸出孔

生产批量	最小铸出孔的直径(mm)	
	灰铸铁件	铸钢件
大量生产	12～15	—
成批生产	15～30	30～50
单件、小批量生产	30～50	50

（4）起模斜度。为了使模样（或型芯）易于从砂型（或芯盒）中取出，凡垂直于分型面的立壁，制造模样时必须留出一定的倾斜度，此倾斜度称为起模斜度，如图 2-14 所示。

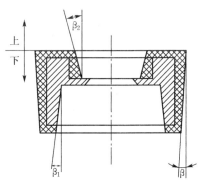

图 2-14　起模斜度

在铸造工艺图上，加工表面上的起模斜度应结合加工余量直接表示出，而不加工表面上的斜度（结构斜度）仅需用文字注明即可。

起模斜度应根据模样高度及造型方法来确定。模样越高，斜度取值越小；内壁斜度比外壁斜度大，手工造型比机器造型的斜度大。

（5）铸造圆角。铸件上相邻两壁之间的交角应设计成圆角，防止在尖角处产生冲砂及裂纹等缺陷。圆角半径一般为相交两壁平均厚度的 $1/3 \sim 1/2$。

（6）型芯头。为保证型芯在铸型中的定位、固定和排气，在模样和型芯上都要设计出型芯头。型芯头可分为垂直芯头和水平芯头两大类，如图 2-15 所示。

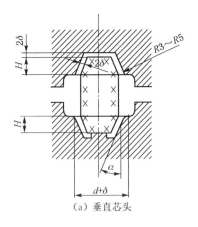

（a）垂直芯头

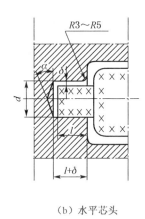

（b）水平芯头

图 2-15　型芯头的构造

以上工艺参数的具体数值均可在有关手册中查到。

4）铸造工艺图的绘制

为了获得健全的合格铸件，减小铸型制造的工作量，降低铸件成本，在砂型铸造的生产准备过程中，必须合理地制定出铸造工艺方案，并绘制出铸造工艺图。

　　铸造工艺图是根据零件的结构特点、技术要求、生产批量以及实际生产条件,在零件图(图 2-16)中用各种工艺符号、文字和颜色,表示出铸造工艺方案的图形。其中包括:铸件的浇注位置;铸型分型面;型芯的数量、形状、固定方法及下芯次序;加工余量;起模斜度;收缩率;浇注系统;冒口;冷铁的尺寸和布置等。铸造工艺图是指导模样(芯盒)设计及制造、生产准备、铸型制造和铸件检验的基本工艺文件。依据铸造工艺图,结合所选造型方法,便可绘制出模样(芯盒)图及铸型装配图(砂型合箱图)。如图 2-16 所示为支座的铸造工艺图、模样图及合箱图。

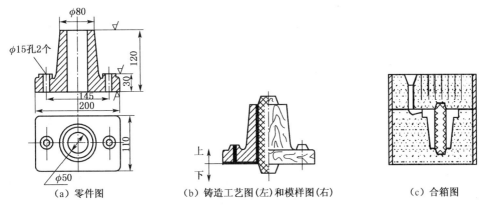

图 2-16　支座的铸造工艺图、模样图及合箱图

5) 铸造工艺设计的一般程序

　　铸造工艺设计就是在生产铸件之前,编制出控制该铸件生产工艺的技术文件。铸造工艺设计主要是画铸造工艺图、铸型装配图和编写工艺卡片等,它们是生产的指导性文件,也是生产准备、管理和铸件验收的依据。因此,铸造工艺设计的好坏,对铸件的质量、生产率及成本起着决定性的作用。

　　一般大量生产的定型产品、特殊重要的单件生产的铸件,铸造工艺设计订得细致,内容涉及较多。单件、小批生产的一般性产品,铸造工艺设计内容可以简化。在最简单的情况下,只需绘制一张铸造工艺图即可。

　　铸造工艺设计的内容和一般程序见表 2-4。

表 2-4　铸造工艺设计的内容和一般程序

项目	内　　容	用途及应用范围	设计程序
铸造工艺图	在零件图上用规定的红、蓝等各色符号表示出:浇注位置和分型面,加工余量,收缩率,起模斜度,反变形量,浇冒口系统,内外冷铁,铸肋,砂芯形状、数量及芯头大小等	制造模样、模底板、芯盒等工装以及进行生产准备和验收的依据。适用于各种批量生产	① 零件的技术条件和结构工艺性分析 ② 选择铸造及造型方法 ③ 确定浇注位置和分型面 ④ 选用工艺参数 ⑤ 设计浇冒口、冷铁和铸肋 ⑥ 型芯设计

续表 2-4

项目	内　　容	用途及应用范围	设计程序
铸件图	把经过铸造工艺设计后，改变了零件形状、尺寸的地方都反映在铸件图上	铸件验收和机加工夹具设计的依据。适用于成批、大量生产或重要铸件的生产	⑦ 在完成铸造工艺图的基础上，画出铸件图
铸型装配图	表示出浇注位置，型芯数量、固定和下芯顺序，浇冒口和冷铁布置，砂箱结构和尺寸大小等	生产准备、合箱、检验、工艺调整的依据。适用于成批、大量生产的重要件，单件的重型铸件	⑧ 通常在完成砂箱设计后画出
铸造工艺卡片	说明造型、造芯、浇注、打箱、清理等工艺操作过程及要求	生产管理的重要依据。根据批量大小填写必要条件	⑨ 综合整个设计内容

2.1.4　铸件结构工艺性

设计铸件结构时，不仅要保证其工作性能和力学性能要求，还应符合铸造工艺和合金铸造性能对铸件结构的要求，即所谓"铸件结构工艺性"。同时采用不同的铸造方法，对铸件结构有着不同的要求。铸件结构设计合理与否，对铸件的质量、生产率及其成本有很大的影响。

以下所介绍的只是砂型铸造铸件结构设计的特点，在特种铸造方法中，应根据每种不同的铸造方法及其特点进行相应的铸件结构设计。

1）铸造工艺对铸件结构设计的要求

铸件结构的设计应尽量使制模、造型、制芯、合型和清理等工序简化，提高生产率。

（1）铸件的外形必须力求简单、造型方便

① 避免外部侧凹。铸件在起模方向上若有侧凹，必将增加分型面的数量，使砂箱数量和造型工时增加，也使铸件容易产生错型，影响铸件的外形和尺寸精度。如图 2-17（a）所示的端盖，由于上下法兰的存在，使铸件产生侧凹，铸件具有两个分型面，所以必须采用三箱造型，或增加环状外型芯，使造型工艺复杂。改为图 2-17（b）所示结构，取消了上部法兰，使铸件只有一个分型面，可采用两箱造型，这样可以显著提高造型效率。

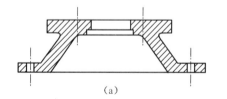　　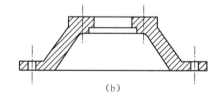

（a）　　　　　　　　　　　　　　　　　　　（b）

图 2-17　端盖的设计

② 凸台、肋板的设计。设计铸件侧壁上的凸台、肋板时，要考虑到起模方便，尽量避免使用活块和型芯。图 2-18（a）、（b）所示凸台均妨碍起模，应将相近的凸台连成一片，并延长到分型面，如图 2-18（c）、（d）所示，就不需要活块和活型芯，便于起模。

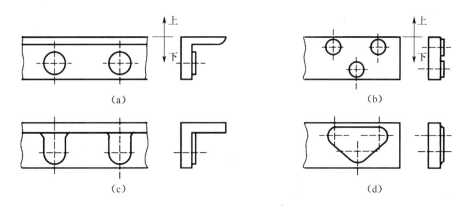

图 2-18 凸台的设计

(2) 合理设计铸件内腔

铸件的内腔通常由型芯形成,型芯处于高温金属液的包围之中,工作条件恶劣,极易产生各种铸造缺陷。故在铸件内腔的设计中,尽可能地避免或减少型芯。

① 尽量避免或减少型芯。图 2-19(a)所示悬臂支架采用方形中空截面,为形成其内腔,必须采用悬臂型芯,型芯的固定、排气和出砂都很困难。若改为图 2-19(b)所示工字形开式截面,可省去型芯。图 2-20(a)带有向内的凸缘,必须采用型芯形成内腔,若改为图 2-20(b)结构,则可通过自带型芯形成内腔,使工艺过程大大简化。

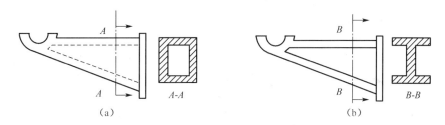

图 2-19 悬臂支架

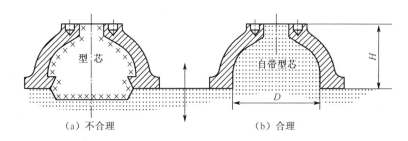

图 2-20 内腔的两种设计

② 型芯要便于固定、排气和清理。型芯在铸型中的支撑必须牢固,否则型芯经不住浇注时金属液的冲击而产生偏芯缺陷,造成废品。如图 2-21(a)所示轴承架铸件,其内腔采用两个型芯,其中较大的呈悬臂状,需用型撑来加固,如将铸件的两个空腔打通,改为图 2-21(b)所示结构,则可采用一个整体型芯形成铸件的空腔,型芯既能很好地固定,而且下芯、排气、清理都很方便。

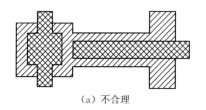
（a）不合理

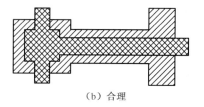
（b）合理

图 2-21　轴承架铸件

③ 应避免封闭内腔。图 2-22(a)所示铸件为封闭空腔结构,其型芯安放困难、排气不畅、无法清砂、结构工艺性极差。若改为图 2-22(b)所示结构,上述问题迎刃而解,结构设计是合理的。

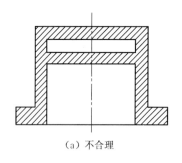
（a）不合理

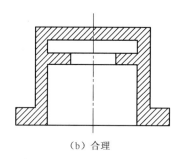
（b）合理

图 2-22　铸件结构避免封闭内腔示意图

（3）分型面尽量平直

分型面如果不平直,造型时必须采用挖砂或假箱造型,而这两种造型方法生产率低。图 2-23(a)所示起重臂件的分型面是不直的,改为图 2-23(b)结构,分型面变成平面,方便了制模和造型,分型面设计更加合理。

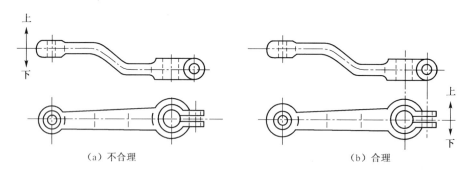
（a）不合理　　　　　　　　　　　　　　（b）合理

图 2-23　起重臂的分型面

（4）铸件要有结构斜度

铸件垂直于分型面的不加工表面,应设计出结构斜度,如图 2-24(b)所示,在造型时容易起模,不易损坏型腔,有结构斜度是合理的。图 2-24(a)所示为无结构斜度的不合理结构。

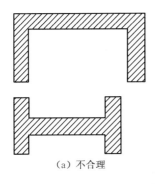 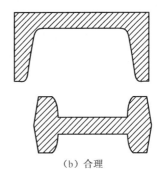

（a）不合理　　　　　　　　　　　　　（b）合理

图 2-24　铸件结构斜度

铸件的结构斜度和起模斜度不容混淆。结构斜度是在零件的非加工面上设置的，直接标注在零件图上，且斜度值较大。起模斜度是在零件的加工面上设置的，在绘制铸造工艺图或模样图时使用，切削加工时将被切除。

2）合金铸造性能对铸件结构设计的要求

铸件结构的设计应考虑到合金的铸造性能的要求，因为与合金铸造性能有关的一些缺陷如缩孔、变形、裂纹、气孔和浇不足等，有时是由于铸件结构设计不够合理，未能充分考虑合金铸造性能的要求所致。虽然有时可采取相应的工艺措施来消除这些缺陷，但必然会增加生产成本和降低生产率。

（1）合理设计铸件壁厚

铸件的壁厚越大，越有利于液态合金充填型腔。但是随着壁厚的增加，铸件心部的晶粒越粗大，而且凝固收缩时没有金属液的补充，易产生缩孔、缩松等缺陷，故承载力并不随着壁厚的增加而成比例地提高。铸件壁厚减小，有利于获得细小晶粒，但不利于液态合金充填型腔，容易产生冷隔、浇不到等缺陷。为了获得完整、光滑的合格铸件，铸件壁厚设计应大于该合金在一定铸造条件下所能得到的"最小壁厚"。表 2-5 列出了砂型铸造条件下铸件的最小壁厚。

表 2-5　砂型铸造铸件最小壁厚的设计　　　　　　　　（单位：mm）

铸件尺寸	铸钢	灰铸铁	球墨铸铁	可锻铸铁	铝合金	铜合金
<200×200	5~8	3~5	4~6	3~5	3~3.5	3~5
200×200~500×500	10~12	4~10	8~12	6~8	4~6	6~8
>500×500	15~20	10~15	12~20	—	—	—

当铸件壁厚不能满足力学性能要求时，常采用带加强肋结构的铸件，而不是用单纯增加壁厚的方法，如图 2-25 所示。

（2）壁厚应尽可能均匀

铸件各部分壁厚若相差过大，将在局部厚壁处形成金属积聚的热节，导致铸件产生缩孔、缩松等缺陷；同时，不均匀的壁厚还将造成铸件各部分的冷却速度不同，冷却收缩时各部分相互阻碍，产生热应力，易使铸件薄弱部位产生变形和裂纹，如图 2-26 所示。因此在设计铸件时，应力求做到壁厚均匀。所谓壁厚均匀，是指铸件的各部分具有冷却速度相近的壁厚，故内

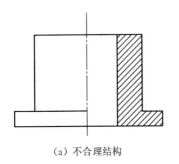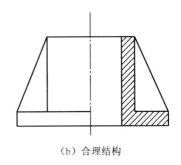

（a）不合理结构　　　　　　　　　　　（b）合理结构

图 2-25　采用加强肋减小铸件的壁厚

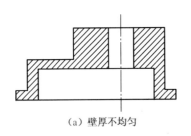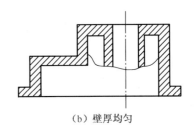

（a）壁厚不均匀　　　　　　　　　　　（b）壁厚均匀

图 2-26　铸件的壁厚设计

壁的厚度要比外壁厚度小一些。

（3）铸件壁的连接方式要合理

① 铸件壁之间的连接应有结构圆角。直角转弯处易形成冲砂、砂眼等缺陷，同时也容易在尖锐的棱角部分形成结晶薄弱区。

此外，直角处还因热量积聚较多（热节）容易形成缩孔、缩松，如图 2-27 所示，因此要合理地设计内圆角和外圆角。铸造圆角的大小应与铸件的壁厚相适应，数值可参阅表 2-6。

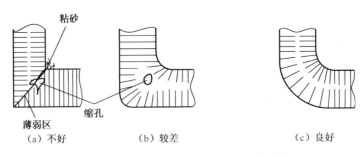

（a）不好　　　　　　　　（b）较差　　　　　　　　（c）良好

图 2-27　直角与圆角对铸件质量的影响

表 2-6　铸件的内圆角半径 R 值　　　　　　　　　　（单位：mm）

	$(a+b)/2$	<8	8~12	12~16	16~20	20~27	27~35	35~45	45~60
	铸铁	4	6	6	8	10	12	16	20
	铸钢	6	6	8	10	12	16	20	25

② 铸件壁厚不同的部分进行连接时，应力求平缓过渡，避免截面突变，以减小应力集中，

防止产生裂纹,如图 2-28。

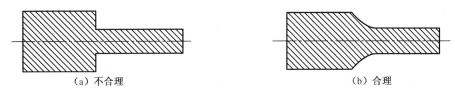

（a）不合理　　　　　　　　　　　（b）合理

图 2-28　铸件壁厚的过渡形式

③ 连接处避免集中交叉和锐角。两个以上的壁连接处热量积聚较多,易形成热节,铸件容易形成缩孔,因此当铸件两壁交叉时,中、小铸件采用交错接头,大型铸件采用环形接头,如图 2-29(c)。当两壁必须锐角连接时,要采用图 2-29(d)所示的过渡形式。

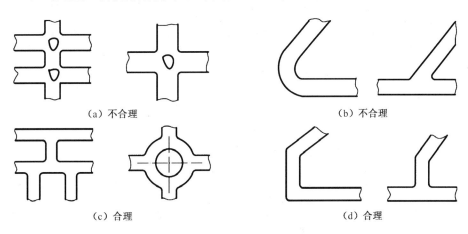

（a）不合理　　　　　　　　　　　（b）不合理

（c）合理　　　　　　　　　　　（d）合理

图 2-29　壁间连接结构的对比

（4）避免大的水平面

铸件上的大平面不利于液态金属的充填,易产生浇不到、冷隔等缺陷。而且大平面上方的砂型受高温金属液的烘烤,容易掉砂而使铸件产生夹砂等缺陷;金属液中气孔、夹渣上浮滞留在上表面,产生气孔、渣孔。如将图 2-30(a)的水平面改为图 2-30(b)的斜面,则可减少或消除上述缺陷。

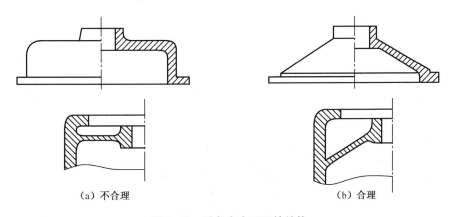

（a）不合理　　　　　　　　　　　（b）合理

图 2-30　避免大水平面的结构

（5）避免铸件收缩受阻

铸件在浇注后的冷却凝固过程中，若其收缩受阻，铸件内部将产生应力，导致变形、裂纹的产生。因此铸件结构设计时，应尽量使其自由收缩。如图 2-31 所示的轮形铸件，轮缘和轮毂较厚，轮辐较薄，铸件冷却收缩时极易产生热应力，图 2-31(a)轮辐对称分布，虽然制作模样和造型方便，但因收缩受阻易产生裂纹，改为图 2-31(b)奇数轮辐或图 2-31(c)所示弯曲轮辐，可利用铸件微量变形来减少内应力。

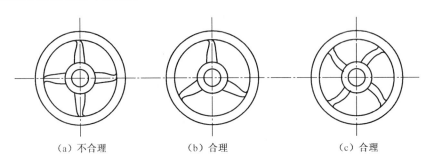

(a) 不合理　　　　　　　　(b) 合理　　　　　　　　(c) 合理

图 2-31　轮辐的设计

检查评估

1. 选择题

（1）（　　）的合金，铸造时合金的流动性较好，充型能力强。

A. 糊状凝固　　　　　　B. 逐层凝固　　　　　　C. 中间凝固

（2）防止和消除铸造应力的措施是采用（　　）。

A. 同时凝固原则　　　　　　　　　　B. 顺序凝固原则

（3）缩孔一般发生在以（　　）的合金中。

A. 糊状凝固　　　　　　B. 逐层凝固　　　　　　C. 中间凝固

（4）缩松一般发生在以（　　）的合金中。

A. 糊状凝固　　　　　　B. 逐层凝固　　　　　　C. 中间凝固

（5）合金液体的浇注温度越高，合金的流动性（　　），收缩率（　　）。

A. 越好　　　　　　　　B. 越差　　　　　　　　C. 越小　　　　　　　　D. 越大

（6）铸件冷却后的尺寸将比型腔的尺寸（　　）。

A. 大　　　　　　　　　B. 小　　　　　　　　　C. 一样

（7）生产滑动轴承时，采用的铸造方法应是（　　）。

A. 熔模铸造　　　　　　B. 压力铸造　　　　　　C. 金属型铸造　　　　　　D. 离心铸造

（8）模样越高，起模斜度取值越（　　），内壁斜度比外壁斜度（　　）。

A. 大　　　　　　　　　　　　　　　　　　　　B. 小

（9）零件的结构斜度是在零件的（　　）上设置的。

A. 加工面　　　　　　　　　　　　　　　　　　B. 非加工面

2. 名词解释

（1）流动性；（2）充型能力；（3）缩孔；（4）缩松；（5）分型面；（6）收缩率；（7）起模斜度；（8）结

构斜度。

3. 填空题

(1) 铸件的凝固方式有_____、_____和_____。其中恒温下结晶的金属或合金以_____方式凝固,凝固温度范围较宽的合金以_____方式凝固。

(2) 缩孔产生的基本原因是_____和_____大于_____,且得不到补偿。防止缩孔的基本原则是按照_____原则进行凝固。

(3) 铸造应力是_____、_____、_____的总和。防止铸造应力的措施是采用_____原则。

(4) 在确定浇注位置时,具有大平面的铸件,应将铸件的大平面朝_____。

(5) 为有利于铸件各部分冷却速度一致,内壁厚度要比外壁厚度_____。

(6) 铸件上垂直于分型面的不加工表面,应设计出_____。

4. 简答题

(1) 型砂由哪些物质组成? 对其基本性能有哪些要求?

(2) 合金的铸造性能对铸件的质量有何影响? 常用铸造合金中,哪种铸造性能较好,哪种较差? 为什么?

(3) 什么是液态合金的充型能力? 它与合金的流动性有何关系? 为什么铸钢的充型能力比铸铁差?

(4) 图 2-32 中所示铸件结构有何缺点? 如何改进?

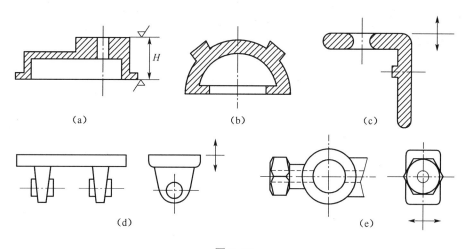

(a)　　　　(b)　　　　(c)

(d)　　　　(e)

图 2-32

任务二　金属的特种铸造

▶ 任务导入

1. 了解特种铸造的类型及特点。

2. 掌握熔模铸造、金属型铸造、压力铸造、离心铸造、低压铸造等特种铸造的工艺过程及应用。

应知应会

2.2.1 熔模铸造

熔模铸造是用易熔材料制成模样,然后在模样上涂挂若干层耐火涂料制成形壳,经硬化后再将模样熔化,排出型外,经过焙烧后即可浇注液态金属获得铸件的铸造方法。由于熔模广泛采用蜡质材料来制造,故又称失蜡铸造或精密铸造。

1)熔模铸造的工艺过程

(1)压型制造。压型[图2-33(b)]是用来制造蜡模的专用模具,它是根据铸件的形状和尺寸制作的母模[图2-33(a)]来制造的。压型必须有很高的精度和低的表面粗糙度值,而且型腔尺寸必须包括蜡料和铸造合金的双重收缩率。当铸件精度高或大批量生产时,压型一般用钢、铜合金或铝合金经切削加工制成;对于小批量生产或铸件精度要求不高时,可采用易熔合金(锡、铅等组成的合金)、塑料或石膏直接向母模上浇注而成。

(2)制造蜡模。蜡模材料常用50%石蜡和50%硬脂酸配制而成。将蜡料加热至糊状,在一定的压力下压入型腔内,待冷却后,从压型中取出得到一个蜡模[图2-33(c)]。为提高生产率,常把数个蜡模熔焊在蜡棒上,成为蜡模组[图2-33(d)]。

(3)制造型壳。在蜡模组表面浸挂一层以水玻璃和石英粉配制的涂料,然后在上面撒一层较细的硅砂,并放入固化剂(如氯化铵水溶液等)中硬化。使蜡模组外面形成由多层耐火材料组成的坚硬型壳(一般为4~10层),型壳的总厚度为5~7 mm[图2-33(e)]。

(4)熔化蜡模(脱蜡)。通常将带有蜡模组的型壳放在80~90℃的热水中,使蜡料熔化后从浇注系统中流出,得到熔模后的型壳[图2-33(f)]。

(5)型壳的焙烧。把脱蜡后的型壳放入加热炉中,加热到800~950℃,保温0.5~2 h,烧去型壳内的残蜡和水分,洁净型腔。为使型壳强度进一步提高,可将其置于砂箱中,周围用粗砂充填,即"造型"[图2-33(g)],然后再进行焙烧。

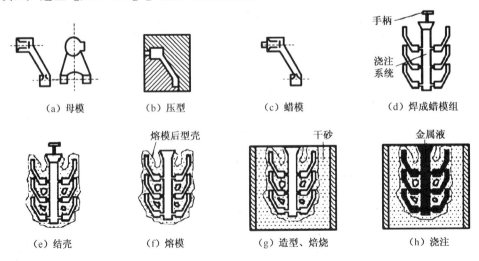

(a)母模   (b)压型   (c)蜡模   (d)焊成蜡模组

(e)结壳   (f)熔模   (g)造型、焙烧   (h)浇注

图2-33 熔模铸造的工艺过程

（6）浇注。将型壳从焙烧炉中取出后，周围堆放干砂，加固型壳，然后趁热（600～700℃）浇入合金液，并凝固冷却[图 2-33(h)]。

（7）脱壳和清理。用人工或机械方法去掉型壳、切除浇冒口，清理后即得铸件。

2）熔模铸造的特点和应用

熔模铸造的特点如下：

（1）由于铸型精密，没有分型面，型腔表面极光洁，故铸件精度高、表面质量好，是少、无切削加工工艺的重要方法之一，其尺寸精度可达 IT9～IT12，表面粗糙度为 R_a6.3～1.6 μm。如熔模铸造的涡轮发动机叶片，铸件精度已达到无加工余量的要求。

（2）可制造形状复杂铸件，其最小壁厚可达 0.3 mm，最小铸出孔径为 0.5 mm。对由几个零件组合成的复杂部件，可用熔模铸造一次铸出。

（3）铸造合金种类不受限制，用于高熔点和难切削合金，如高合金钢、耐热合金等，更具显著的优越性。

（4）生产批量基本不受限制，既可成批、大批量生产，又可单件、小批量生产。

（5）工序繁杂，生产周期长，原辅材料费用比砂型铸造高，生产成本较高，铸件不宜太大、太长，一般限于 25 kg 以下。

应用：生产汽轮机及燃气轮机的叶片，泵的叶轮，切削刀具，以及飞机、汽车、拖拉机、风动工具和机床上的小型零件。

2.2.2 金属型铸造

金属型铸造是将液体金属在重力作用下浇入金属铸型，以获得铸件的一种方法。铸型可以反复使用几百次到几千次，所以又称永久型铸造。

1）金属型的结构与材料

根据分型面位置的不同，金属型可分为垂直分型式、水平分型式和复合分型式三种结构，其中垂直分型式金属型开设浇注系统和取出铸件比较方便，易实现机械化，应用较广，如图 2-34 所示。

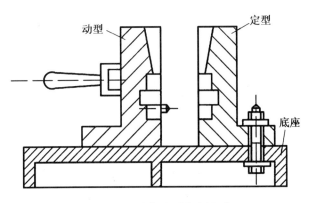

图 2-34 垂直分型式金属型

图 2-35 所示为铸造铝合金活塞用的垂直分型式金属型，它由两个半型组成。上面的大金属芯由三部分组成，便于从铸件中取出。当铸件冷却后，首先取出中间的楔片及两个小金属

芯,然后将两个半金属芯沿水平方向向中心靠拢,再向上拔出。

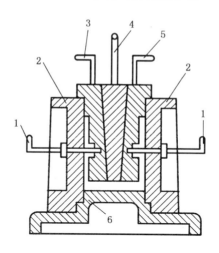

图 2-35 铝活塞金属型简图
1—销孔金属型芯;2—左右半型;3、4、5—分块金属型芯;6—底型

制造金属型的材料熔点一般应高于浇注合金的熔点。如浇注锡、锌、镁等低熔点合金,可用灰铸铁制造金属型;浇注铝、铜等合金,则要用合金铸铁或钢制金属型。金属型用的芯子有砂芯和金属芯两种。有色金属铸件常用金属型芯。

2）金属型的铸造工艺措施

由于金属型导热速度快,没有退让性和透气性,直接浇注易产生浇不到、冷隔等缺陷及内应力和变形,且铸件易产生白口组织,为了确保获得优质铸件和延长金属型的使用寿命,必须采取下列工艺措施:

（1）预热金属型,减缓铸型冷却速度。

（2）表面喷刷防粘砂耐火涂料,以减缓铸件的冷却速度,防止金属液直接冲刷铸型。

（3）控制开型时间,因金属型无退让性,除在浇注时正确选定浇注温度和浇注速度外,浇注后,如果铸件在铸型中停留时间过长,易引起过大的铸造应力而导致铸件开裂。因此,铸件冷凝后应及时从铸型中取出。通常铸铁件出型温度为 $780\sim950℃$,开型时间为 $10\sim60\ s$。

3）金属型铸造的特点及应用范围

金属型铸造的特点:

（1）尺寸精度高,尺寸公差等级为 IT12～IT14,表面质量好,表面粗糙度 R_a 值为 12.5～6.3 μm,机械加工余量小。

（2）铸件的晶粒较细,力学性能好。

（3）可实现一型多铸,提高了劳动生产率,且节约造型材料。

但金属型的制造成本高,不宜生产大型、形状复杂和薄壁铸件;由于冷却速度快,铸铁件表面易产生白口组织,切削加工困难;受金属型材料熔点的限制,熔点高的合金不适宜用金属型铸造。

用途:铜合金、铝合金等铸件的大批量生产,如活塞、连杆、汽缸盖等;铸铁件的金属型铸造目前也有所发展,但其尺寸限制在 300 mm 以内,质量不超过 8 kg,如电熨斗底板等。

2.2.3 压力铸造

压力铸造(简称压铸)是在高压作用下,使液态或半液态金属以较高的速度充填金属型型腔,并在压力下成形和凝固而获得铸件的方法。常用的压射比压为 30～150 MPa,充型时间 0.01～0.2 s。

1)压铸机和压铸工艺过程

压铸是在压铸机上完成的,压铸机根据压室工作条件不同,分为冷压室压铸机和热压室压铸机两类。热压室压铸机的压室与坩埚连成一体,而冷压室压铸机的压室是与坩埚分开的。冷压室压铸机又可分为立式和卧式两种,目前卧式冷压室压铸机应用较多,其工作原理如图 2-36 所示。

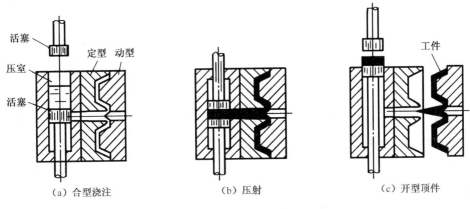

图 2-36 压力铸造

压铸铸型称为压型,分定型、动型。将定量金属液浇入压室,柱塞向前推进,金属液经浇道压入压铸模型腔中,经冷凝后开型,由推杆将铸件推出,完成压铸过程。冷压室压铸机,可用于压铸熔点较高的非铁金属,如铜、铝和镁合金等。

2)压力铸造的特点及其应用

压铸有如下优点:

(1)压铸件尺寸精度高,表面质量好,尺寸公差等级为 IT10～IT12,表面粗糙度 R_a 值为 3.2～0.8 μm,可不经机械加工直接使用,而且互换性好。

(2)可以压铸壁薄、形状复杂以及具有直径很小的孔和螺纹的铸件,如锌合金的压铸件最小壁厚可达 0.8 mm,最小铸出孔径可达 0.8 mm,最小可铸螺距达 0.75 mm,还能压铸镶嵌件。

(3)压铸件的强度和表面硬度较高。压力下结晶,加上冷却速度快,铸件表层晶粒细密,其抗拉强度比砂型铸件高 25%～40%,但延伸率有所下降。

(4)生产率高,可实现半自动化及自动化生产,每小时可压铸几百个零件。压铸是所有铸造方法中生产率最高的。

缺点:气体难以排出,压铸件易产生皮下气孔,压铸件不能进行热处理,也不宜在高温下工作;金属液凝固快,厚壁处来不及补缩,易产生缩孔和缩松;设备投资大,铸型制造周期长、造价高,不宜小批量生产。

应用:生产锌合金、铝合金、镁合金和铜合金等铸件;汽车、拖拉机制造业,仪表和电子仪器工业,以及农业机械、国防工业、计算机、医疗器械等制造业。

2.2.4 离心铸造

离心铸造是指将熔融金属浇入旋转的铸型中,使液体金属在离心力作用下充填铸型并凝固成形的一种铸造方法。

1)离心铸造的类型

铸型采用金属型或砂型。为使铸型旋转,离心铸造必须在离心铸造机上进行。离心铸造机通常可分为立式和卧式两大类,其工作原理如图 2-37 所示。铸型绕水平轴旋转的称为卧式离心铸造,适合浇注长径比较大的各种管件;铸型绕垂直轴旋转的称为立式离心铸造,适合浇注各种盘、环类铸件。

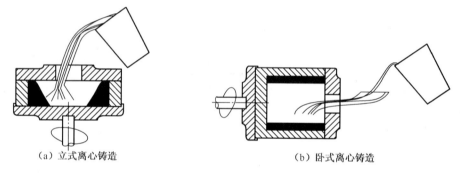

（a）立式离心铸造　　　　　　　　　（b）卧式离心铸造

图 2-37　离心铸造机原理图

铸型的转速是根据铸件直径的大小来确定离心铸造的铸型转速,一般在 250～1 500 r/min 范围内。

2)离心铸造的特点及应用范围

离心铸造的特点:

(1)液体金属能在铸型中形成中空的自由表面,不用型芯即可铸出中空铸件,简化了套筒、管类铸件的生产过程。

(2)由于旋转时液体金属所产生的离心力作用,离心铸造可提高金属充填铸型的能力,因此一些流动性较差的合金和薄壁铸件都可用离心铸造法生产。

(3)由于离心力的作用,改善了补缩条件,气体和非金属夹杂物也易于自金属液中排出,产生缩孔、缩松、气孔和夹杂等缺陷的几率较小。

(4)无浇注系统和冒口,节约金属。

(5)可进行双金属铸造,如在钢套上镶铸薄层铜衬制作滑动轴承等,可节约贵重材料。

(6)金属中的气体、熔渣等夹杂物因密度较轻而集中在铸件的内表面上,所以内孔的尺寸不精确,质量也较差;铸件易产生成分偏析和密度偏析。

应用:主要用于大批量生产的各种铸铁和铜合金的管类、套类、环类铸件和小型成形铸件,如铸铁管、汽缸套、铜套、双金属轴承、特殊钢的无缝管坯、造纸机滚筒等铸件的生产。

2.2.5 低压铸造

使液体金属在较低压力(0.02～0.06 MPa)作用下充填铸型,并在压力下结晶以形成铸件的方法。

1)低压铸造的工艺过程

低压铸造的工作原理如图 2-38 所示。把熔炼好的金属液倒入保温坩埚,装上密封盖,升液导管使金属液与铸型相通,锁紧铸型,缓慢地向坩埚炉内通入干燥的压缩空气,金属液受气体压力的作用,由下而上沿着升液管和浇注系统充满型腔,并在压力下结晶,铸件成形后撤去坩埚内的压力,升液管内的金属液降回到坩埚内金属液面。开启铸型,取出铸件。

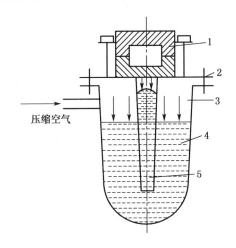

图 2-38 低压铸造的工作原理图
1—铸型;2—密封盖;3—坩埚;4—金属液;5—升液管

2)低压铸造的特点及应用

低压铸造的特点:

(1)浇注时金属液的上升速度和结晶压力可以调节,故适用于各种不同铸型(如金属型、砂型等),铸造各种合金及各种大小的铸件。

(2)采用底注式充型,金属液充型平稳,无飞溅现象,可避免卷入气体及对型壁和型芯的冲刷,铸件的气孔、夹渣等缺陷少,提高了铸件的合格率。

(3)铸件在压力下结晶,铸件组织致密、轮廓清晰、表面光洁,力学性能较高,对于大薄壁件的铸造尤为有利。

(4)省去补缩冒口,金属利用率提高到 90%～98%。

(5)劳动强度低,劳动条件好,设备简易,易实现机械化和自动化。

应用:主要用来生产质量要求高的铝、镁合金铸件,汽车发动机缸体、缸盖、活塞、叶轮等。

→检查评估

1. 名词解释

(1)熔模铸造;(2)压力铸造;(3)低压铸造;(4)金属型铸造;(5)离心铸造。

2. 简答题

(1) 压力铸造主要应用在什么场合?

(2) 离心铸造的工作原理是什么?

(3) 特种铸造有哪些常见的类型? 各有何特点?

项目三

锻压加工

锻压是利用外力使金属坯料产生塑性变形,获得所需尺寸、形状及性能的毛坯或零件的加工方法。锻压是锻造和冲压的总称。它是金属压力加工的主要方式,也是机械制造中毛坯和零件生产的主要方法之一,常分为自由锻、模锻、板料冲压、挤压、轧制、拉拔等。它们的成形方式如图 3-1 所示。

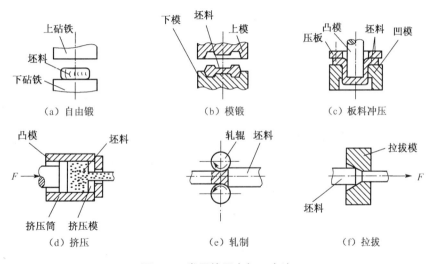

（a）自由锻　　　　　　（b）模锻　　　　　　（c）板料冲压

（d）挤压　　　　　　（e）轧制　　　　　　（f）拉拔

图 3-1　常用的压力加工方法

锻压加工与其他加工方法相比,具有以下特点:

(1) 改善金属的组织,提高力学性能。金属材料经锻压加工后,其组织、性能都得到改善和提高,锻压加工能消除金属铸锭内部的气孔、缩孔和树枝状晶等缺陷,并由于金属的塑性变形和再结晶,可使粗大晶粒细化,得到致密的金属组织,从而提高金属的力学性能。在零件设计时,若正确选用零件的受力方向与纤维组织方向,可以提高零件的抗冲击性能。

(2) 材料的利用率高。金属塑性成形主要是靠金属的形体组织相对位置重新排列,而不需要切除金属。

(3) 较高的生产率。锻压加工一般是利用压力机和模具进行成形加工的。例如,利用多工位冷镦工艺加工内六角螺钉,比用棒料切削加工工效提高 400 倍以上。

(4) 毛坯或零件的精度较高。应用先进的技术和设备,可实现少切削或无切削加工。例如,精密锻造的伞齿轮齿形部分可不经切削加工直接使用,复杂曲面形状的叶片精密锻造后只需磨削便可达到所需精度。

（5）锻压所用的金属材料应具有良好的塑性，以便在外力作用下能产生塑性变形而不破裂。常用的金属材料中，铸铁属脆性材料，塑性差，不能用于锻压。钢和非铁金属中的铜、铝及其合金等可以在冷态或热态下压力加工。

（6）不适合成形形状较复杂的零件。锻压加工是在固态下成形的，与铸造相比，金属的流动受到限制，一般需要采取加热等工艺措施才能实现。对制造形状复杂，特别是具有复杂内腔的零件或毛坯较困难。由于锻压具有上述特点，因此承受冲击或交变应力的重要零件（如机床主轴、齿轮、曲轴、连杆等）都应采用锻件毛坯加工。所以锻压加工在机械制造、军工、航空、轻工、家用电器等行业得到广泛应用。例如，飞机上的塑性成形零件的质量分数占 85％；汽车、拖拉机上的锻件质量分数占 60％～80％。

任务一　金属的锻造

→任务导入

1. 了解金属锻压的特点、分类及应用。
2. 理解金属塑性变形的有关理论基础。
3. 初步掌握自由锻、模锻和板料冲压的基本工序、特点及应用。

→应知应会

3.1.1　锻压加工工艺基础

金属材料经过锻压加工之后，由于产生了塑性变形，其内部组织发生很大变化，使金属的性能得到改善和提高，为锻压方法的广泛使用奠定了基础。因此只有较好地掌握塑性变形的实质、规律和影响因素，才能正确选用锻压加工方法，合理设计锻压加工零件。

1）金属的锻造性能

金属的锻造性能（又称可锻性）是用来衡量压力加工工艺性好坏的主要工艺性能指标。金属的可锻性好，表明该金属适用于压力加工。衡量金属的可锻性，常从金属材料的塑性和变形抗力两个方面来考虑，材料的塑性越好，变形抗力越小，则材料的锻造性能越好，越适合压力加工。在实际生产中，往往优先考虑材料的塑性。

金属的塑性是指金属材料在外力作用下产生永久变形而不破坏其完整性的能力，用伸长率 δ、断面收缩率 ψ 来表示。材料的 δ、ψ 值越大或镦粗时变形程度越大且不产生裂纹，塑性也越大。变形抗力是指金属在塑性变形时反作用于工具上的力。变形抗力越小，变形消耗的能量也就越少，锻压越省力。塑性和变形抗力是两个不同的独立概念。如奥氏体不锈钢在冷态下塑性很好，但变形抗力却很大。

金属的锻造性能取决于材料的性质（内因）和加工条件（外因）。

（1）材料性质的影响

① 化学成分

不同化学成分的金属其锻造性能不同。纯金属的锻造性能较合金的好。钢的含碳量对钢的可锻性影响很大,对于碳质量分数小于0.15%的低碳钢,主要以铁素体为主(含珠光体量很少),其塑性较好。随着碳质量分数的增加,钢中的珠光体量也逐渐增多,甚至出现硬而脆的网状渗碳体,使钢的塑性下降,塑性成形性也越来越差。

合金元素会形成合金碳化物,形成硬化相,使钢的塑性变形抗力增大,塑性下降。通常合金元素含量越高,钢的塑性成形性能也越差。

杂质元素磷会使钢出现冷脆性,硫使钢出现热脆性,降低钢的塑性成形性能。

② 金属组织

金属内部的组织不同,其可锻性有很大差别。纯金属及单相固溶体的合金具有良好的塑性,其锻造性能较好;钢中有碳化物和多相组织时,锻造性能变差;具有均匀细小等轴晶粒的金属,其锻造性能比晶粒粗大的铸态柱状晶组织好;钢中有网状二次渗碳体时,钢的塑性将大大下降。

(2) 加工条件的影响

金属的加工条件一般指金属的变形温度、变形速度和变形方式等。

① 变形温度

随着温度升高,原子动能升高,削弱了原子之间的吸引力,减少了滑移所需要的力,因此塑性增大,变形抗力减小,提高了金属的锻造性能。变形温度升高到再结晶温度以上时,加工硬化不断被再结晶软化消除,金属的锻造性能进一步提高。

但加热温度过高,会使晶粒急剧长大,导致金属塑性减小,锻造性能下降,这种现象称为"过热"。如果加热温度接近熔点,会使晶界氧化甚至熔化,导致金属的塑性变形能力完全消失,这种现象称为"过烧",坯料如果过烧将报废。因此加热要控制在一定范围内,金属锻造加热时允许的最高温度称为始锻温度,停止锻造的温度称为终锻温度。图3-2为碳素钢的锻造温度范围。

② 变形速度

变形速度即单位时间内变形程度的大小,它对可锻性的影响是矛盾的。一方面,随着变形速度的增大,金属在冷变形时的冷变形强化趋于严重,表现出金属塑性下降,变形抗力增大;另一方面,金属在变形过程中,消耗于塑性变形的能量一部分转化为热能,当变形速度很大时,热能来不及散发,会使变形金属的温度升高,这种现象称为"热效应"。变形速度越大,热效应现象越明显,有利于金属的塑性提高,变形抗力下降,锻造性能变好(图3-3中A点以右)。但除高速锤锻造外,在一般的压力加工中变形速度不能超过A点的变形速度,因此热效应现象对可锻性并不影响。故塑性差的材料(如高速钢)或大型锻件,还是应采用较小的变形速度为宜。若变形速度过快会出现变形不均匀,造成局部变形过大而产生裂纹。

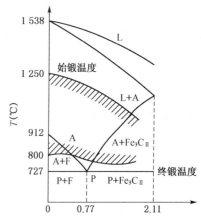

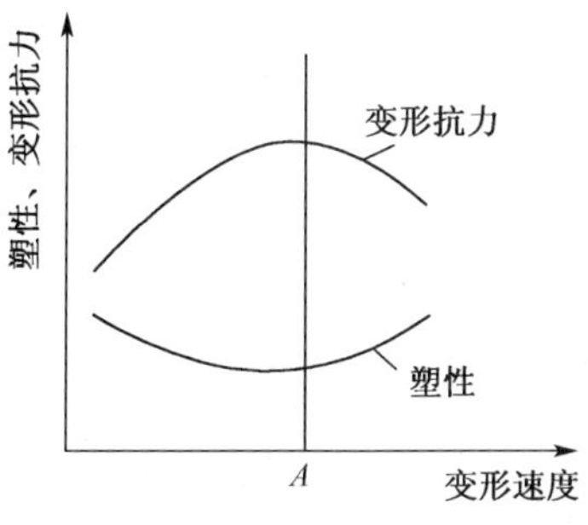

图3-2 碳素钢的锻造温度范围图

图3-3 变形速度对金属锻造性能的影响

③ 应力状态

不同的压力加工方法在材料内部所产生的应力大小和性质(压应力和拉应力)是不同的。例如,金属在挤压变形时三向受压[图 3-4(a)],而金属在拉拔时为两向压应力和一向拉应力,如图 3-4(b)。镦粗时,坯料内部处于三向压应力状态,但侧表面在水平方向却处于拉应力状态[图 3-4(c)]。

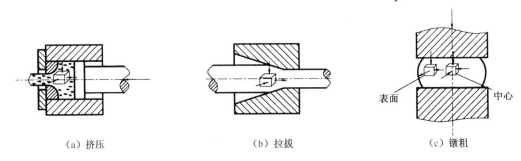

（a）挤压　　　　　　　　（b）拉拔　　　　　　　　（c）镦粗

图 3-4　金属变形时的应力状态

实践证明,在三向应力状态下,压应力的数目越多,则其塑性越好;拉应力的数目越多,则其塑性越差。其原因是在金属材料内部或多或少总是存在着微小的气孔或裂纹等缺陷,在拉应力作用下,缺陷处会产生应力集中,使缺陷扩展甚至达到破坏,从而金属丧失塑性;而压应力使金属内部原子间距减小,又不易使缺陷扩展,因此金属的塑性会提高。从变形抗力分析,压应力使金属内部摩擦增大,变形抗力也随着增大。在三向受压的应力状态下进行变形时,其变形抗力较三向应力状态不同时大得多。因此,选择压力加工方法时,应考虑应力状态对金属塑性变形的影响。

综上所述,金属的锻造性能既取决于金属的本质,又取决于变形条件。在压力加工过程中,要根据具体情况,尽量创造有利的变形条件,充分发挥金属的塑性,降低其变形抗力,以达到塑性成形加工的目的。

2）锻造比及流线组织

金属压力加工生产采用的原始坯料一般是铸锭,其组织很不均匀,晶粒较粗大,并存在气孔、缩松、非金属夹杂物等缺陷。铸锭加热后经过压力加工,铸造组织的内部缺陷如气孔、缩孔、微裂纹等得到压合,使金属组织更加致密。再结晶后可细化晶粒,改变了粗大、不均匀的铸态组织,金属的各种力学性能得到提高。

在金属铸锭中存在的夹杂物多分布在晶界上。有塑性夹杂物,如 FeS 等,还有脆性夹杂物,如氧化物等。锻造时,晶粒沿变形方向伸长,塑性夹杂物随着金属变形沿主要伸长方向呈带状分布。脆性夹杂物被打碎,顺着金属主要伸长方向呈碎粒状或链状分布。拉长的晶粒通过再结晶过程后得到细化,而夹杂物无再结晶能力,依然呈带状和链状保留下来,形成流线组织。

在冷变形过程中,晶粒沿变形方向拉长而形成的组织称为纤维组织,可通过再结晶退火消除。形成的流线组织使金属的力学性能呈现各向异性。金属在纵向(平行流线方向)上塑性和韧性提高,而在横向(垂直流线方向)上塑性和韧性降低。变形程度越大,流线组织就越明显,力学性能的方向性也就越显著。锻压过程中,常用锻造比(Y)来表示变形程度。这样热锻后的金属组织就具有一定的方向性,通常称为锻造流线,又叫纤维组织。使金属性能呈现异向性。纵向性能高于横向。通常用变形前后的截面比、长度比或高度比来表示。

拔长时：$Y = A_0/A$（A_0、A 分别表示拔长前后金属坯料的横截面积）。

镦粗时：$Y = H_0/H$（H_0、H 分别表示镦粗前后金属坯料的高度）。

锻造比对锻件的锻透程度和力学性能有很大影响。当锻造比达到 2 时，随着金属内部组织的致密化，锻件纵向和横向的力学性能均有显著提高；当锻造比为 2～5 时，由于流线化的加强，力学性能出现各向异性，纵向性能虽仍略提高，但横向性能开始下降；锻造比超过 5 后，因金属组织的致密度和晶粒细化度均已达到最大值，纵向性能不再提高，横向性能却急剧下降。因此，选择适当的锻造比相当重要。

流线组织形成后，不能用热处理方法消除，只能通过锻造方法使金属在不同方向变形，才能改变纤维的方向和分布。由于纤维组织的存在对金属的力学性能，特别是冲击韧度有一定影响，在设计和制造易受冲击载荷的零件时，一般应遵循两项原则：

（1）零件工作时的正应力方向与流线方向应一致，切应力方向与流线方向垂直。

（2）流线的分布与零件的外形轮廓应相符合，而不被切断。

例如，曲轴毛坯的锻造，应采用拔长后弯曲工序，使纤维组织沿曲轴轮廓分布，拐颈处流线分布合理，这样曲轴工作时不易断裂，如图 3-5(a)所示，而图 3-5(b)是用棒材直接切削加工出的曲轴，拐颈处流线组织被切断，使用时容易沿轴肩断裂。

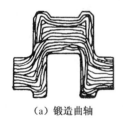

| （a）锻造曲轴 | （b）切削加工的曲轴 |

图 3-5　曲轴的流线分布

如图 3-6 所示是不同成形工艺制造齿轮的流线分布，图(a)是用棒料直接切削成形的齿轮，齿根处的切应力平行于流线方向，力学性能最差，寿命最短；图(b)是扁钢经切削加工的齿轮，齿 1 的根部切应力与流线方向垂直，力学性能好，齿 2 情况正好相反，力学性能差；图(c)是棒料镦粗后再经切削加工而成，流线呈径向放射状，各齿的切应力方向均与流线近似垂直，强度与寿命较高；图(d)是热轧成形齿轮，流线完整且与齿廓一致，未被切断，性能最好，寿命最长。

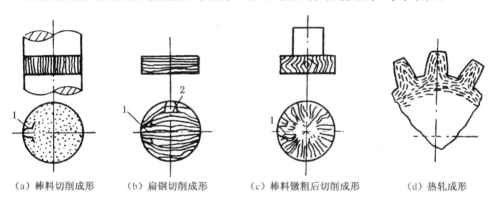

（a）棒料切削成形　　（b）扁钢切削成形　　（c）棒料镦粗后切削成形　　（d）热轧成形

图 3-6　不同成形工艺齿轮的流线组织

3）金属的塑性变形规律

锻压加工是利用金属的塑性变形而进行的，只有掌握其变形规律，才能合理制定工艺规程，达到预期的变形效果。金属塑性变形时遵循的基本规律主要有最小阻力定律和体积不变规律等。

（1）最小阻力定律

最小阻力定律是指在塑性变形过程中，如果金属质点有向几个方向移动的可能时，则金属各质点将向阻力最小的方向移动。阻力最小的方向是通过该质点向金属变形的周边所作的法线方向，因为质点沿此方向移动的距离最短，所需的变形功最小。最小阻力定律符合力学的一般原则，它是塑性成形加工中最基本的规律之一。

利用最小阻力定律可以推断，任何形状的物体只要有足够的塑性，都可以在平锤头下镦粗使坯料逐渐接近于圆形。这是因为在镦粗时，金属流动距离越短，摩擦阻力也越小。图3-7所示圆形截面的金属朝径向流动；方形、长方形截面则分成四个区域分别朝垂直于四个边的方向流动，最后逐渐变成圆形、椭圆形。由此可知，圆形截面金属在各个方向上的流动最均匀，镦粗时总是先把坯料锻成圆柱体再进一步锻造。

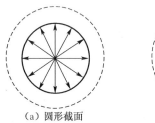  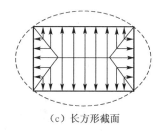

（a）圆形截面　　　　　　　（b）方形截面　　　　　　　（c）长方形截面

图3-7　不同截面金属的流动情况

通过调整某个方向的流动阻力来改变某些方向上金属的流动量，以便合理成形，消除缺陷。例如，在模锻中增大金属流向分型面的阻力，或减小流向型腔某一部分的阻力，可以保证锻件充满型腔。在模锻制坯时，可以采用闭式滚挤和闭式拔长模腔来提高滚挤和拔长的效率。

（2）体积不变规律

体积不变规律是指金属材料在塑性变形前、后体积保持不变。金属塑性变形过程实际上是通过金属流动而使坯料体积进行再分配的过程。但实际上，由于钢锭再锻造时可消除内部的微裂纹、疏松等缺陷，使金属的密度提高，因此体积总会有一些减小，只不过这种体积变化量极其微小，可忽略不计。

3.1.2　常用锻造方法

锻造是毛坯成形的重要手段，尤其在工作条件复杂、力学性能要求高的重要结构零件的制造中，具有重要的地位。锻造是使加热好的金属坯料，在外力作用下发生塑性变形，通过控制金属的流动，使其成形为所需形状、尺寸和组织的方法。根据变形时金属流动的特点不同，可以分为自由锻和模锻两大类。

1）自由锻

自由锻锻造过程中，金属坯料在上、下砧铁间受压变形时，可朝各个方向自由流动，不受限制,其形状和尺寸主要由操作者的技术来控制。

自由锻分为手工锻造和机器锻造两种,手工锻造只适合单件生产小型锻件,机器锻造则是自由锻的主要生产方法。

自由锻所用设备根据它对坯料施加外力的性质不同,分为锻锤和液压机两大类。锻锤是依靠产生的冲击力使金属坯料变形,但由于能力有限,故只用来锻造中、小型锻件。液压机是依靠产生的压力使金属坯料变形。其中,水压机可产生很大的作用力,能锻造质量达300 t的锻件,是重型机械厂锻造生产的主要设备。

(1) 自由锻的特点及应用

① 自由锻工艺灵活,工具简单,设备和工具的通用性强,成本低。

② 应用范围较为广泛,可锻造的锻件质量由不及1 kg到300 t。在重型机械中,自由锻是生产大型和特大型锻件的唯一成形方法。

③ 锻件精度较低,加工余量较大,生产率低,故一般只适合于单件小批量生产。自由锻也是锻制大型锻件的唯一方法。

(2) 自由锻的工序

自由锻的工序可分为基本工序、辅助工序和精整工序三大类。

① 基本工序

它是使金属坯料实现变形的主要工序。主要有以下几个工序:

a. 镦粗,是使坯料高度减小、横截面积增大的工序。

b. 拔长,是使坯料横截面积减小、长度增大的工序。

c. 冲孔,是使坯料具有通孔或盲孔的工序。

d. 弯曲,是使坯料轴线产生一定曲率的工序。

e. 扭转,是使坯料的一部分相对于另一部分绕其轴线旋转一定角度的工序。

f. 错移,是使坯料的一部分相对于另一部分平移错开的工序。

g. 切割,是分割坯料或去除锻件余量的工序。

② 辅助工序

是指进行基本工序之前的预变形工序。如压钳口、倒棱、压肩等。

③ 精整工序

修整锻件的最后形状与尺寸,消除表面的不平整,使锻件达到要求的工序。主要有修整、校直、平整端面等。

(3) 自由锻的工艺规程

工艺规程是组织生产过程、控制和检查产品质量的依据。自由锻工艺规程包括:

① 锻件图

锻件图是工艺规程的核心部分,它是以零件图为基础,结合自由锻造工艺特点绘制而成。绘制自由锻件图应考虑如下几个内容:

a. 增加敷料。为了简化零件的形状和结构、便于锻造而增加的一部分金属,称为敷料。如消除零件上的锭槽、窄环形沟槽、齿谷或尺寸相差不大的台阶。

b. 考虑加工余量和公差。在零件的加工表面上为切削加工而增加的尺寸称为余量,锻件公差是锻件名义尺寸的允许变动值,它们的数值应根据锻件的形状、尺寸、锻造方法等因素查相关手册确定。

如图 3-8 所示为自由锻锻件图,图中双点画线为零件轮廓。

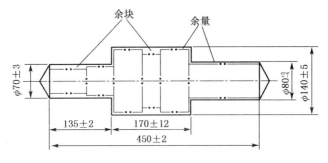

图 3-8　自由锻锻件图

② 确定变形工序

确定变形工序的依据是锻件的形状、尺寸、技术要求、生产批量和生产条件等。一般自由锻锻件大致可分为六类,其形状特征及主要变形工序如表 3-1 所示。

表 3-1　自由锻锻件分类及基本工序方案

类别	图　　例	工序方案	实　　例
盘类		镦粗或局部镦粗	圆盘、齿轮、叶轮、轴头等
轴类		拔长或镦粗再拔长(或局部镦粗再拔长)	传动轴、齿轮轴、连杆、立柱等
环类		镦粗、冲孔、在心轴上扩孔	圆环、齿圈、法兰等
筒类		镦粗、冲孔、在心轴上拔长	圆筒、空心轴等
曲轴类		拔长、错移、镦台阶、扭转	各种曲轴、偏心轴
弯曲类		拔长、弯曲	弯杆、吊钩、轴瓦等

③ 计算坯料重量及尺寸

锻件的重量可按下式计算:

$$G_{坯料} = G_{锻件} + G_{烧损} + G_{料头}$$

式中:$G_{坯料}$——坯料质量;

$G_{锻件}$——锻件质量;

$G_{烧损}$——加热中坯料表面因氧化而烧损的质量(第一次加热取被加热金属质量的 2%~ 3%,以后各次加热的烧损量取 1.5%~2%);

$G_{料头}$——在锻造过程中冲掉或被切掉的那部分金属的质量。

坯料的尺寸根据坯料重量和几何形状确定,还应考虑坯料在锻造中所必需的变形程度,即锻造比的问题。对于以钢锭作为坯料并采用拔长方法锻制的锻件,锻造比一般不小于 2.5~ 3;如果采用轧材作坯料,则锻造比可取 1.3~1.5。

除上述内容外,任何锻造方法都还应确定始锻温度、终锻温度、加热规范、冷却规范、选定相应的设备及确定锻后所必需的辅助工序等。

(4) 自由锻件的结构工艺性

设计自由锻造零件时,除应满足使用性能要求外,还必须考虑锻造工艺的特点,一般情况力求简单和规则,这样可使自由锻成形方便,节约金属,保证质量和提高生产率。具体要求见表 3-2。

表 3-2 自由锻锻件结构工艺性

结构要求	不合理的结构	合理的结构
尽量避免锥体或斜面	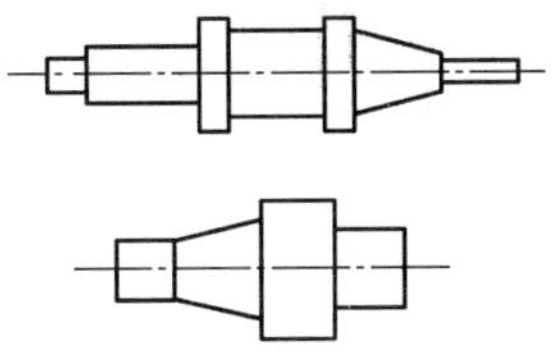	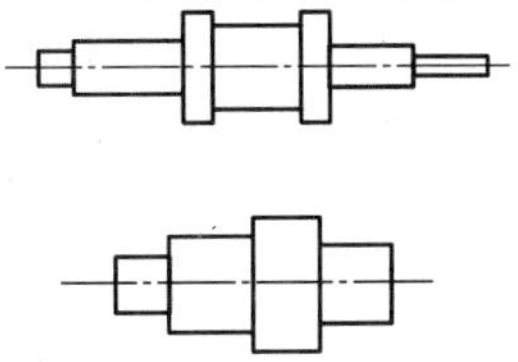
避免几何体的交接处形成空间曲线(圆柱面与圆柱面相交或非规则外形)	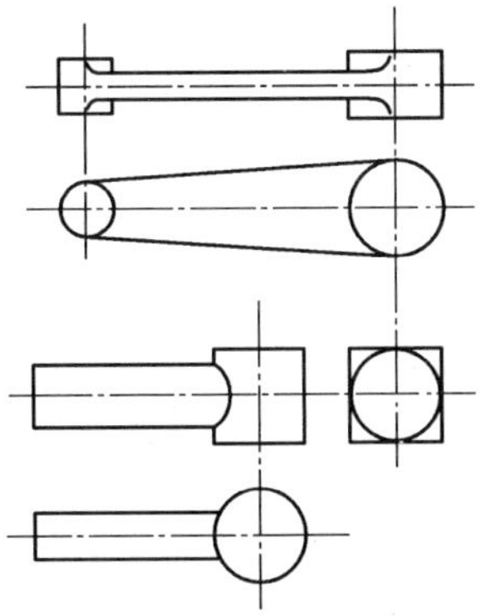	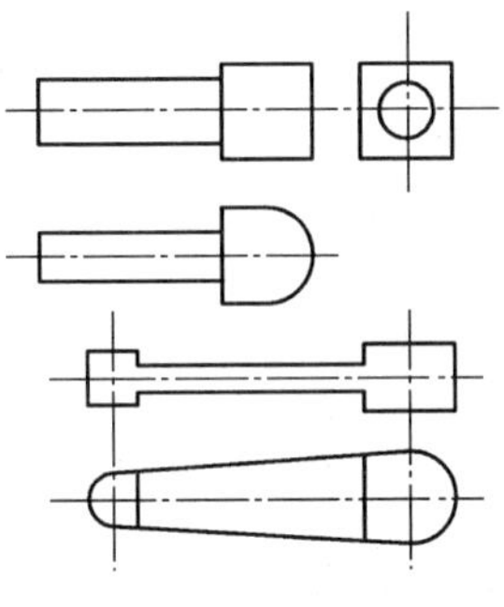
避免筋肋和凸台	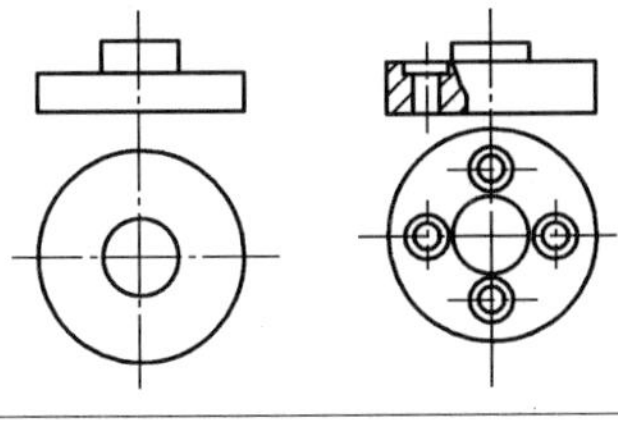	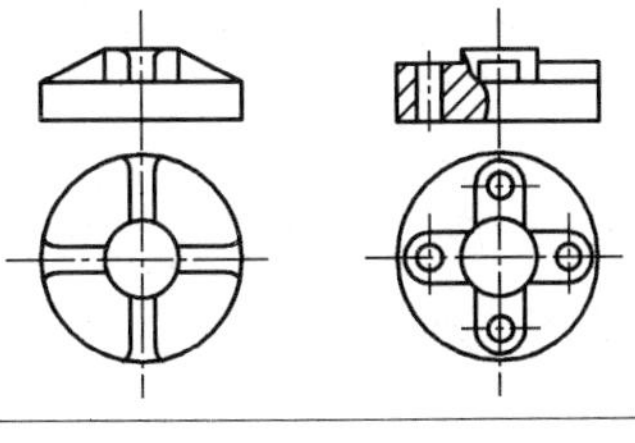

续表 3-2

结构要求	不合理的结构	合理的结构
截面有急剧变化或形状较复杂时,采用几个简单件锻焊结合方式		焊缝

2）模锻

模锻是将加热后的金属坯料,在冲击力或压力作用下,迫使其在锻模模腔内变形,从而获得锻件的工艺方法。

模锻按使用的设备不同分为锤上模锻、曲柄压力机上模锻、摩擦压力机上模锻、胎模锻等。

（1）与自由锻相比模锻的特点及应用

① 锻件形状可以比较复杂,用模腔控制金属的流动,可生产较复杂锻件(图 3-9)。

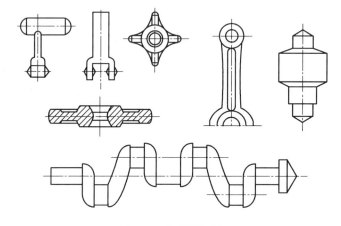

图 3-9 典型模锻件

② 力学性能高,模锻使锻件内部的锻造流线比较完整。

③ 锻件质量较高,表面光洁,尺寸精度高,节约材料与机加工工时。

④ 生产率较高,操作简单,易于实现机械化,批量越大成本越低。

⑤ 设备及模具费用高,设备吨位大,锻模加工工艺复杂,制造周期长。

⑥ 模锻件不能太大,一般不超过 150 kg。

因此,模锻只适合中、小型锻件批量或大批量生产。

（2）锤上模锻

锤上模锻所用设备为模锻锤,由它产生的冲击力使金属变形。图 3-10 所示为一般常用的蒸汽—空气模锻锤,它的砧座 3 比相同吨位自由锻锤的砧座增大约 1 倍,并与锤身 2 连成一个刚性整体,锤头 7 与导轨之间的配合也比自由锻精密,因锤头的运动精度较高,使上模 6 与下模 5 在锤击时对位准确。

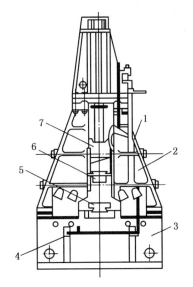

图 3-10　蒸汽—空气模锻锤
1—操纵机构；2—锤身；3—砧座；4—踏杆；
5—下模；6—上模；7—锤头

① 锻模结构

锤上模锻生产所用的锻模如图 3-11 所示。带有燕尾的上模 2 和下模 4 分别用楔铁 10 和 7 固定在锤头 1 和模垫 5 上，模垫用楔铁 6 固定在砧座上。上模随锤头做上下往复运动。

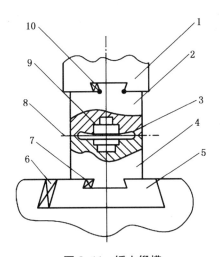

图 3-11　锤上锻模
1—锤头；2—上模；3—飞边槽；4—下模；5—模垫；
6、7、10—楔铁；8—分模面；9—模腔

② 模腔的类型

根据模腔作用的不同，可分为制坯模腔和模锻模腔两种。

a. 制坯膜腔。对于形状复杂的模锻件，为了使坯料形状基本接近模锻件形状，使金属能合理分布和很好地充满模锻模腔，就必须预先在制坯模腔内制坯。制坯模腔（图 3-12）有以下几种：

拔长模膛,用来减小坯料某部分的横截面积,以增加该部分的长度。

滚压模膛,在坯料长度基本不变的前提下,用它来减小坯料某部分的横截面积,以增大另一部分的横截面积。

弯曲模膛,对于弯曲的杆类模锻件,需采用弯曲模膛来弯曲坯料。

（a）拔长模膛　　　　　（b）滚压模膛　　　　　（c）弯曲模膛

图 3-12　常见的制坯模膛

切断模膛,它是在上模与下模的角部组成的一对刀口,用来切断金属,如图 3-13 所示。

b. 模锻模膛。由于金属在此种模膛中发生整体变形,故作用在锻模上的抗力较大。

模锻模膛又分为终锻模膛和预锻模膛两种。

终锻模膛,其作用是使坯料最后变形到锻件所要求的形状和尺寸,因此它的形状应和锻件的形状相同。考虑到收缩,终锻模膛的尺寸应比锻件尺寸放大一个收缩量,钢件收缩率取1.5%。另外,模膛四周有飞边槽,用以增加金属从模膛中流出的阻力,使金属更好地充满模膛,同时容纳多余的金属。对于具有通孔的锻件,由于不可能靠上、下模的突起部分把金属完全挤压到旁边去,故终锻后在孔内留有一薄层金属,称为冲孔连皮(图 3-14)。因此,把冲孔连皮和飞边冲掉后,才能得到具有通孔的模锻件。

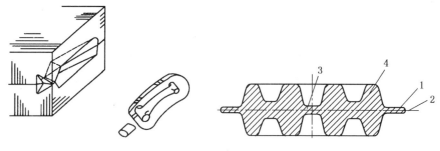

图 3-13　切断模膛

图 3-14　带有飞边槽和冲孔连皮的模锻件
1—飞边;2—分模面;3—冲孔连皮;4—锻件

预锻模膛,其作用是使坯料变形到接近于锻件的形状和尺寸,然后进入终锻模膛。预锻模膛与终锻模膛的主要区别是,前者的圆角和斜度较大,没有飞边槽。对于形状简单或批量不够大的模锻件也可以不设预锻模膛。

根据模锻件的复杂程度不同,所需变形的模膛数量不等,可将锻模设计成单腔锻模或多腔锻模。多腔锻模是在一副锻模上具有两个以上模膛的锻模。如弯曲连杆模锻件的锻模即为多腔锻模,如图 3-15 所示。

③ 模锻锻件图的制定

模锻件的锻件图是以零件图为基础,考虑余块、加工余量、锻造公差、分模面位置、模锻斜

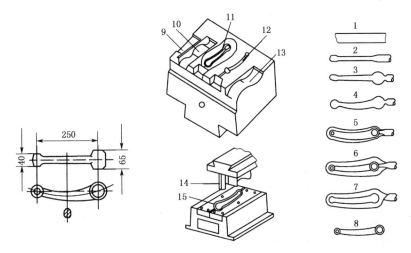

图 3-15　弯曲连杆模锻过程

1—原始坯料；2—延伸；3—滚压；4—弯曲；5—预锻；6—终锻；7—飞边；8—锻件；9—延伸模堂；
10—滚压模堂；11—终锻模堂；12—预锻模堂；13—弯曲模堂；14—切边凸模；15—切边凹模

度和圆角半径等因素绘制的。

a. 确定分模面。分模面是上、下锻模在模锻件上的分界面,确定它的基本原则见表 3-3。

表 3-3　分模面的确定原则

分模面的确定原则	主要理由
尽量选择最大截面[图 3-16(a)不合理]	便于锻件从模膛中取出
模膛尽量浅[图 3-16(b)不合理]	金属易于充满型腔
尽量采用平面	便于模具的生产
使上、下模沿分模面的模膛轮廓一致[图 3-16(c)不合理]	便于及时发现错模现象
使敷料尽量少[图 3-16(b)不合理]	节省金属

按照上述原则,图 3-16 中 $d-d$ 面是最合理的分模面。

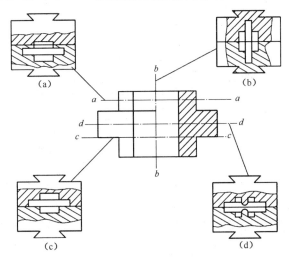

图 3-16　分模面的选择比较示意图

b. 确定加工余量和锻造公差。锻件上凡需切削加工的表面均应有机械加工余量，所有尺寸均应给出锻造公差。单边余量一般为 1～4 mm，偏差值一般为±(1～3 mm)，锻锤吨位小时取较小值。

c. 模锻斜度。为了使锻件易于从模腔中取出，锻件上与分模面垂直的部分需带一定斜度，称为模锻斜度或拔模斜度。外壁斜度通常为 7°，特殊情况下用 5°和 10°；内壁斜度应较外壁斜度大 2°～3°，如图 3-17。

d. 模锻圆角半径。锻件上的转角处须采用圆角，以利于金属充满模腔和提高锻模寿命。模腔内圆角（凸圆角）半径 r 为单面加工余量与成品零件的圆角半径之和，外圆角（凹圆角）半径 R 为 r 的 2～3 倍，如图 3-18。

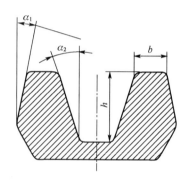

图 3-17　拔模斜度图

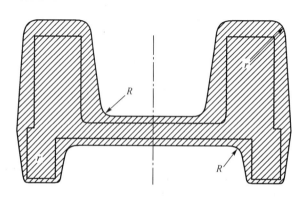

图 3-18　模锻件的圆角半径图

e. 冲孔连皮。需要锻出的孔内须留连皮（即一层较薄的金属），以减少模腔凸出部位的磨损，连皮厚度通常为 4～8 mm，孔径大时取值较大。

上述参数确定后，便可以绘制模锻件图。图 3-19 为一个齿轮坯的模锻件图例。

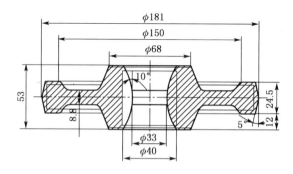

图 3-19　齿轮坯的模锻件图

④ 模锻工序的确定

模锻工序主要根据模锻件结构形状和尺寸确定。常见的锤上模锻件可以分为以下两大类：

　　a. 长轴类零件,如曲轴、连杆、台阶轴等,如图 3-20。锻件的长度与宽度之比较大,此类锻件在锻造过程中,锤击方向垂直于锻件的轴线,终锻时,金属沿高度与宽度方向流动,而沿长度方向没有显著的流动,常选用拔长、滚压、弯曲、预锻和终锻等工序。

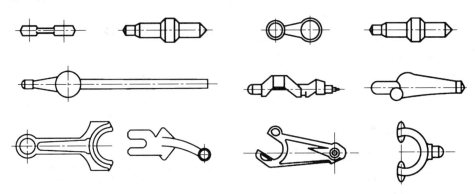

图 3-20　长轴类模锻件

　　b. 盘类零件,如齿轮、法兰盘等,如图 3-21 所示。此类模锻件在锻造过程中,锤击方向与坯料轴线相同,终锻时金属沿高度、宽度及长度方向均产生流动,因此常选用镦粗、预锻、终锻等工序。

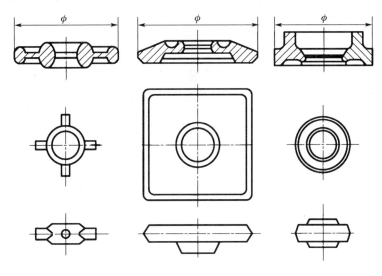

图 3-21　盘类模锻件图

　　⑤ 模锻件的精整
　　为了提高模锻件成形后精度和表面质量的工序称精整,包括切边、冲连皮、校正等。图3-22 所示为切边模和冲孔模。

　　⑥ 模锻件的结构工艺性
　　设计模锻零件时,应使结构符合以下原则:
　　a. 必须具有一个合理的分模面,以保证模锻成形后容易从锻模中取出,并且使敷料最少,锻模容易制造。

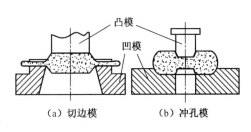

（a）切边模　　（b）冲孔模

图 3-22　切边模和冲孔模

b. 考虑斜度和圆角，模锻件上与分模面垂直的非加工表面，应设计出模锻斜度。两个非加工表面形成的角(包括外角和内角)都应按模锻圆角设计。

c. 只有与其他机件配合的表面才需进行机械加工，由于模锻件尺寸精度较高和表面粗糙度值低，因此在零件上，其他表面均应设计为非加工表面。

d. 外形应力求简单、平直和对称，为了使金属容易充满模腔而减少工序，尽量避免模锻件截面间差别过大，或具有薄壁、高筋、高台等结构。图 3-23(a)所示零件有一个高而薄的凸缘，金属难以充满模腔，且使锻模制造和成形后取出锻件较为困难；图 3-23(b)所示模锻件扁而薄，模锻时，薄部金属冷却快，变形抗力剧增，易损坏锻模。

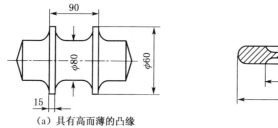

(a) 具有高而薄的凸缘　　　　　　　　(b) 锻件扁而薄

图 3-23　结构不合理的模锻件

e. 应避免深孔或多孔结构，以便于模具制造和延长模具使用寿命。

(3) 其他设备模锻

锤上模锻具有工艺适应性广的特点，目前依然在锻造生产中得到广泛应用。但是，它的振动和噪音大、劳动条件差、效率低、能耗大等不足难以克服，因此，近年来大吨位模锻锤逐渐被压力机取代。

① 曲柄压力机模锻

曲柄压力机是一种机械式压力机，其传动系统如图 3-24 所示。当离合器 7 在结合状态

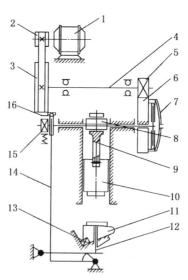

图 3-24　曲柄压力机传动图
1—电动机；2、3—带轮；4—传动轴；5、6—齿轮；7—离合器；
8—曲柄；9—连杆；10—滑块；11—工作台；12—顶杆；
13—楔铁；14—顶件机构；15—制动器；16—凸轮

时,电动机 1 的转动通过带轮 2、3,传动轴 4 和齿轮 5、6 传给曲柄 8,再经曲柄连杆机构使滑块 10 做上下往复直线运动。离合器处在脱开状态时,带轮 3(飞轮)空转,制动器 15 使滑块停在确定的位置上。锻模分别安装在滑块 10 和工作台 11 上。顶杆 12 用来从模膛中推出锻件,实现自动取件。曲柄压力机的吨位一般是 2 000～120 000 kN。

曲柄压力机上模锻的特点如下:

a. 工作时无振动,噪声小。曲柄压力机作用于金属上的变形力是静压力,且变形抗力由机架本身承受,不传给地基。

b. 滑块行程固定。每个变形工序在滑块的一次行程中即可完成。

c. 精度高,生产率高。曲柄压力机具有良好的导向装置和自动顶件机构,锻件的余量、公差和模锻斜度都比锤上模锻的小,且生产率高。

d. 使用镶块式模具。这类模具制造简单,更换容易,节省贵重的模具材料。如图 3-25 所示,模膛由镶块 3、8 构成,镶块用螺栓 4 和压板 7 固定在模板 1、5 上,导柱 9 用来保证上下模之间的最大合模精度,顶杆 2、6 的端面形成模膛的一部分。

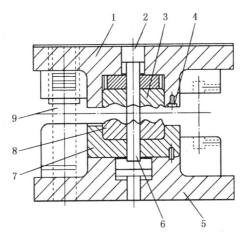

图 3-25　曲柄压力机所用锻模
1、5—模板;2、6—顶杆;3、8—镶块;4—螺栓;7—压板;9—导柱

e. 曲柄压力机价格高,因而这种模锻方法只适合于大批量生产条件下锻制中、小型锻件。

② 摩擦压力机模锻

摩擦压力机的工作原理如图 3-26 所示。锻模分别安装在滑块 7 和机座 9 上,电动机 5 经皮带 6 使摩擦盘 4 旋转,改变操作杆位置可以使摩擦盘沿轴向左右移动,于是飞轮 3 可先后分别与两侧的摩擦盘接触而获得不同方向的旋转,并带动螺杆 1 转动,在螺母 2 的约束下,螺杆的转动变为滑块的上下滑动,实现模锻生产。

摩擦压力机工作过程中,滑块运动速度为 0.5～1.0 m/s,具有一定的冲击作用,且滑块行程可控,这与锻锤相似,坯料变形中抗力由机架承受,形成封闭力系,这又是压力机的特点。所以摩擦压力机具有锻锤和压力机的双重工作特性,吨位为 3 500 kN 的摩擦压力机使用较多,最大吨位可达 10 000 kN。

摩擦压力机上模锻的特点:

a. 工艺适应性好,压力机滑块行程不固定,可进行镦粗、弯曲、预锻、终锻等工序,还可进行校正、切边和冲孔等操作。

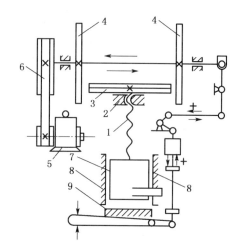

图 3-26　摩擦压力机传动图
1—螺杆;2—螺母;3—飞轮;4—摩擦盘;5—电动机;
6—皮带;7—滑块;8—导轨;9—机座

b. 摩擦压力机承受偏心载荷的能力差,通常只适用于单腔锻模进行模锻。对于形状复杂的锻件,需要在自由锻设备或其他设备上制坯。

c. 模具设计和制造简化,由于滑块打击速度不高,设备本身具有顶料装置,故既可以采用整体式锻模,也可以采用组合式模具。

d. 生产率较低。由于滑块运动速度低,因此生产效率低,但因此特别适合于锻造低塑性合金钢和非铁金属(如铜合金)等。

摩擦压力机模锻适合于中小型锻件的小批或中批量生产,如铆钉、螺钉阀、齿轮、三通阀等,如图 3-27 所示。

综上所述,摩擦压力机具有结构简单、造价低、投资少、使用及维修方便、工艺用途广泛等优点,所以我国中小型锻造车间大多拥有这类设备。

图 3-27　摩擦压力机上锻造的锻件图

(4) 胎模锻

胎模锻是用自由锻的设备,并使用简单的非固定模具(胎模)生产模锻件的一种工艺方法。

与自由锻相比,胎模锻具有生产率高、粗糙度值低、节约金属等优点;与模锻相比,它又节约了设备投资,大大简化了模具制造。但是胎模锻生产率和锻件质量都比模锻差,劳动强度大、安全性差、模具寿命低。因此,这种锻造方法只适合于小型锻件的中、小批量生产。

3.1.3　现代塑性加工与发展趋势

随着工业的不断发展,对塑性加工生产提出了越来越高的要求,不仅要能生产各种毛坯,更需要直接生产更多的零件。近年来,在压力加工生产方面出现了许多特种工艺方法,并得到迅速发展,如精密模锻、零件挤压、零件轧制及超塑性成形等。现代塑性加工正向着高科技、自动化和精密成形的方向发展。

1）精密模锻

精密模锻是在模锻设备上锻造出形状复杂、高精度锻件的锻造工艺。如精密锻造锥齿轮,其齿形部分可直接锻出而不必再切削加工。精密模锻件尺寸精度可达 IT12～IT15,表面粗糙度值 R_a 为 $3.2～1.6\ \mu m$。保证精密模锻的主要措施:

(1) 精确计算原始坯料的尺寸,否则会增大锻件尺寸公差,降低精度。

(2) 精密制造模具,精锻模腔的精度必须比锻件精度高两级,精锻模应有导向结构,以保证合模准确。

(3) 采用无氧化或少氧化加热法,尽量减少坯料表面形成的氧化皮。

(4) 精细清理坯料表面,除净坯料表面的氧化皮、脱碳层及其他缺陷等。

(5) 模锻过程中要很好地冷却锻模和进行润滑。

精密模锻一般都在刚度大、运动精度高的设备(如曲柄压力机、摩擦压力机、高速锤等)上进行,它具有精度高、生产率高、成本低等优点。但由于模具制造复杂、对坯料尺寸和加热等要求高,故只适合于大批量生产中采用。

2）挤压

挤压是使坯料在挤压模内受压被挤出模孔而变形的加工方法。

按金属的流动方向与凸模运动方向的不同,挤压可分为如下四种:

(1) 正挤压,金属的流动方向与凸模运动方向相同,如图 3-28(a)所示。

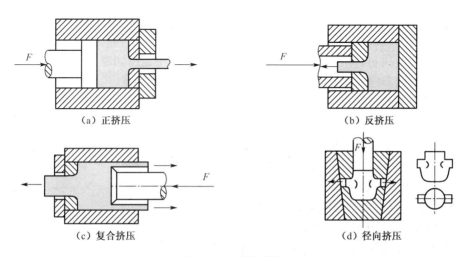

（a）正挤压　　　　　　　　　　　　（b）反挤压

（c）复合挤压　　　　　　　　　　　（d）径向挤压

图 3-28　挤压成形

（2）反挤压,金属的流动方向与凸模运动方向相反,如图 3-28(b)所示。

（3）复合挤压,在挤压过程中,一部分金属的流动方向与凸模运动方向相同,另一部分金属的流动方向与凸模运动方向相反,如图 3-28(c)所示。

（4）径向挤压,金属的流动方向与凸模运动方向呈 $90°$,如图 3-28(d)所示。

根据金属坯料变形温度不同,挤压成形还可分为冷挤压、热挤压和温挤压。

（1）冷挤压,挤压通常是在室温下进行。冷挤压零件表面粗糙度值低(R_a 为 1.6～0.2 μm),精度高(达到 IT 6～IT 7);变形后的金属组织为冷变形强化组织,故产品的强度高;但金属的变形抗力较大,故变形程度不宜过大;冷挤压时可以通过对坯料进行热处理和润滑处理等方法提高其冷挤压的性能。

（2）热挤压时,坯料变形的温度与锻造温度基本相同。热挤压中,金属的变形抗力小,允许的变形程度较大,生产率高;但产品表面粗糙度较高,精度较低;热挤压广泛地应用于冶金部门生产铝、铜、镁及其合金的型材和管材等。目前也越来越多地用于机器零件和毛坯的生产。

（3）温挤压时,金属坯料变形的温度介于室温和再结晶温度之间(100～800℃)。与冷挤压相比,变形抗力低,变形程度增大,提高了模具的寿命;与热挤压相比,坯料氧化脱碳少,表面粗糙度值低(R_a 为 6.3～3.2 μm),产品尺寸精度较高。故适合于挤压中碳钢和合金钢件。

挤压成形的工艺特点:

（1）挤压时金属坯料处于三向受压状态,可提高金属坯料的塑性,扩大了金属材料的塑性加工范围。

（2）可制出形状复杂、深孔、薄壁和异型断面的零件。

（3）挤压零件的精度高,表面粗糙度值低,尤其是冷挤压成形。

（4）挤压变形后,零件内部的纤维组织基本上是沿零件外形分布而不被切断,从而提高了零件的力学性能。

（5）其材料利用率可达 70%,生产率比其他锻造方法提高几倍。

（6）挤压是在专用挤压机(有液压式、曲轴式、肘杆式等)上进行的,也可在适当改造后的通用曲柄压力机或摩擦压力机上进行。

3）轧制成形

轧制工艺是生产型材、板材和管材的主要加工方法,因为它具有生产率高、质量好、成本低,并可大量减少金属材料消耗等优点,近年来在零件生产中也得到越来越广泛的应用。

根据轧辊轴线与坯料轴线方向的不同,轧制分为纵轧、横轧、斜轧、楔横轧等。

（1）纵轧

纵轧是轧辊轴线与坯料轴线互相垂直的轧制方法。包括型材轧制和辊锻轧制等。图 3-29 所示为辊锻轧制过程。坯料通过装有弧形模块的一对做相反旋转运动的轧辊变形的生产方法称辊锻。辊锻轧制既可作为模锻前的制坯工序,也可直接辊锻工件。

目前,成形辊锻适用于生产以下三种类型的锻件:

① 扁断面的长杆件:如扳手、活动扳手、链环等。

② 带有头部、沿长度方向横截面递减的锻件:如叶片等。

③ 连杆件:用辊锻工艺锻制连杆生产率高,工艺过程得以简化,

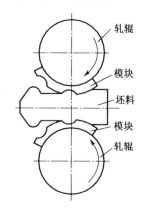

图 3-29　辊锻成形过程

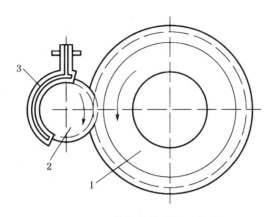

图 3-30　热轧齿轮过程示意图
1—主轧轮；2—毛坯；3—感应加热器

但需进行后续的精整工艺。

（2）横轧

横轧是轧辊轴线与坯料轴线互相平行，坯料在两轧辊摩擦力带动下做反向旋转的轧制方法。利用横轧工艺轧制齿轮是一种少切削加工齿轮的新工艺。图 3-30 所示为热轧齿轮示意图。在轧制前将毛坯外缘用感应加热器 3 加热，然后将带齿形的主轧轮 1 做径向进给，迫使轧轮与毛坯 2 对辗。在对辗过程中，轧轮 1 继续径向送进到一定的距离，使坯料金属流动而形成轮齿。采用横轧工艺可轧制直齿轮，也可轧制斜齿轮。由于被轧制的锻件内部流线与齿形轮廓一致，故可提高齿轮的力学性能和工作寿命。

（3）斜轧

轧辊轴线与坯料轴线相交一定角度的轧制方法称斜轧，也称螺旋斜轧。两个同向旋转的轧辊交叉成一定角度，轧辊上带有所需的螺旋形槽，使坯料以螺旋式前进，因而轧制出形状呈周期性变化的毛坯或各种零件。图 3-31 所示为螺旋斜轧（轧制钢球和轧制周期性变形的长杆件），可连续生产，效率高，且节约材料。

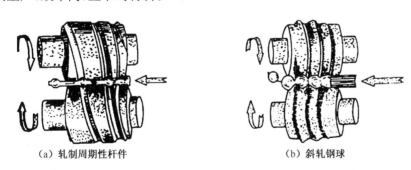

（a）轧制周期性杆件　　　　　　　　（b）斜轧钢球

图 3-31　螺旋斜轧示意图

（4）楔横轧

带有楔形模具的两个（或三个）轧辊向相同的方向旋转，棒料在它的作用下反向旋转的轧制方法，如图 3-32 所示。其变形过程主要是靠两个楔形凸块压缩坯料，使坯料径向尺寸减小，长度增加。楔横轧主要用于加工阶梯轴、锥形轴等各种对称的零件或毛坯。

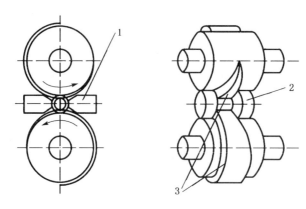

图 3-32　楔横轧示意图
1—导板；2—轧件；3—带楔形凸块的轧辊

4）超塑性变形

延伸率是表示金属塑性的指标之一。通常,室温下黑色金属延伸率不大于 40%,铝、铜等有色金属也只有 50%～60%。而在特定的组织结构和变形条件下,金属可呈现极高的塑性,其延伸率可达百分之百,甚至百分之一千到几千,而不发生破坏的能力,称为超塑性。

（1）超塑性变形的特点

材料处于超塑性状态下,其变形应力只有常态下金属变形应力的几分之一至几十分之一,进入稳定阶段后,不呈现加工硬化现象,因此极易成形。它可采用板料冲压、挤压、模锻等方法制出形状复杂的零件。随着超塑性材料的日益发展,超塑性成形工艺的应用也将随之扩大。

（2）超塑性的分类

超塑性主要可分为结构超塑性和相变超塑性。

① 结构超塑性。具有直径小于 10 m 的微细晶粒的金属材料,在一定的恒温和一定低变形速率下进行拉伸变形时获得的超塑性称为结构超塑性,又称为恒温塑性或微细晶粒超塑性。晶粒尺寸是影响结构超塑性的最主要因素,晶粒细化程度决定了金属材料获得超塑性可能性的大小。在一定温度下（约为熔点的一半）,微晶超塑性变形发生在一定的变形速率范围内（10^{-2}～10^{-4}/s）。

② 相变超塑性。具有固态相变的金属在相变温度附近进行加热与冷却循环,反复发生相变或同素异构转变,同时在低应力下进行变形,可产生极大伸延性的现象,称为相变超塑性或动态超塑性。动态超塑性的特点是变形中伴随相变所表现出来的超塑性。

（3）超塑性成形工艺的应用

① 超塑性气压成形。超塑性气压成形是以压缩气体为动力,使处于超塑性状态下的金属材料等温热胀,以产生大变形量来生产零件的一种工艺。

② 超塑性拉伸成形。利用辅助压力模具对室温下呈现超塑性的材料进行薄板超塑性拉伸成形。超塑性拉伸成形时,单次拉伸的最大杯深与杯的直径比大于 11,是常规拉伸时的15 倍。

③ 超塑性挤压成形。超塑性挤压成形是将坯料直接放入模具内一起加热到最佳超塑性的恒定温度后,并恒定慢速加载,保持压力,在封闭的模具中进行压缩成形的工艺。在变形过程中模具也保持与变形金属相同的恒温,改善金属流动性,降低挤压力。

④ 超塑性无模拉拔成形。基于超塑性材料对温度及变形速率的敏感特性,对工件局部进行感应加热,在控制加热温度的条件下控制速度进行拉拔,实现超塑性变形,制出截面为矩形、圆形等简单形状的管状、棒状零件,这一成形方法称为无模拉拔成形。

5)塑性加工发展趋势

金属塑性成形工艺的发展有着悠久的历史,近年来在计算机的应用、先进技术和设备的开发和应用等方面均已取得显著进展,并正向着高科技、自动化和精密成形的方向发展。

(1)先进成形技术的开发和应用

① 发展省力成形工艺。塑性加工工艺相对于铸造、焊接工艺有产品内部组织致密、力学性能好且稳定的优点。但是传统的塑性加工工艺往往需要大吨位的压力机,相应的设备重量及初期投资非常大。可以采用超塑成形、液态模锻、旋压、辊锻、楔横轧、摆动辗压等方法降低变形力。

② 提高成形精度。"少无余量成形"可以减少材料消耗,节约后续加工,成本低。提高产品精度一方面要使金属能充填模腔中很精细的部位,另一方面又要有很小的模具变形。等温锻造由于模具与工件的温度一致,工件流动性好,变形力小,模具弹性变形小,是实现精锻的好方法。粉末锻造由于容易得到最终成形所需要的精确的预制坯,所以既节省材料又节省能源。

③ 复合工艺和组合工艺。粉末锻造(粉末冶金+锻造)、液态模锻(铸造+模锻)等复合工艺有利于简化模具结构,提高坯料的塑性成形性能,应用越来越广泛。采用热锻—温整形、温锻—冷整形、热锻—冷整形等组合工艺,有利于大批量生产高强度、形状较复杂的锻件。

(2)计算机技术的应用

① 塑性成形过程的数值模拟。计算机技术已应用于模拟和计算工件塑性变形区的应力场、应变场和温度场;预测金属充填模腔情况、锻造流线的分布和缺陷产生情况;可分析变形过程的热效应及其对组织结构和晶粒度的影响。

② CAD/CAE/CAM 的应用。在锻造生产中,利用 CAD/CAM 技术可进行锻件、锻模设计,材料选择、坯料计算,制坯工序、模锻工序及辅助工序设计,确定锻造设备及锻模加工等一系列工作。在板料冲压成形中,随着数控冲压设备的出现,CAD/CAE/CAM 技术得到了充分的应用,尤其是冲裁件 CAD/CAE/CAM 系统应用已经比较成熟。

③ 增强成形柔度。柔性加工是指应变能力很强的加工方法,它适于产品多变的场合。在市场经济条件下,柔度高的加工方法显然也有较强的竞争力。计算机控制和检测技术已广泛应用于自动生产线,塑性成形柔性加工系统(FMS)在发达国家已应用于生产。

(3)实现产品—工艺—材料的一体化

以前,塑性成形往往是"来料加工",近来由于机械合金化的出现,可以不通过熔炼得到各种性能的粉末,塑性加工时可以自配材料经热等静压(HIP)再经等温锻得到产品。

(4)配套技术的发展

① 模具生产技术发展高精度、高寿命模具和简易模具(柔件模、低熔点合金模等)的制造技术以及开发通用组合模具、成组模具、快速换模装置等。

② 坯料加热方法,火焰加热方式较经济,工艺适应性强,仍是国内外主要的坯料加热方法。生产效率高、加热质量和劳动条件好的电加热方式的应用正在逐年扩大。各类少、无氧化加热方法和相应设备将得到进一步开发和扩大应用。

检查评估

1. 选择题

(1) 材料的锻造比总是( )。

A. 介于 0 与 1 之间　　B. >1　　　　　　C. =1

(2) 自由锻件的加工余量比模锻件( )。

A. 稍小　　　　　B. 小很多　　　　　C. 大　　　　　D. 相等

(3) 铅在室温下变形( )〔铅熔点 327℃〕。

A. 产生加工硬化　　B. 是冷变形　　　C. 是热变形

(4) 锻造时出现( )缺陷即为废品。

A. 过热　　　　　B. 过烧　　　　　C. 氧化　　　　　D. 变形

(5) 提高锻件锻造性能,可以通过( )。

A. 长时间锻打　　B. 长时间加热　　C. 使用大锻锤　　D. 使用高速锤

(6) 模锻件质量一般( )。

A. <10 kg　　　　B. >100 kg　　　　C. <150 kg　　　　D. >1 000 kg

2. 名词解释

(1) 锻造性能;(2) 锻造比;(3) 模锻斜度。

3. 填空题

(1) 衡量金属锻造性能的指标是_____、_____。

(2) 锻造中对坯料加热时,加热温度过高,会产生_____、_____等加热缺陷。

(3) 画自由锻件图,应考虑_____、_____及_____三因素。

4. 简答题

(1) 影响金属锻造性能的因素有哪些?有哪些提高金属锻造性能的途径?

(2) 影响金属锻造性能的主要因素是什么?

(3) 重要的轴类锻件在锻造过程中常安排有镦粗工序,为什么?

(4) 试从生产率、锻件精度、锻件复杂程度、锻件成本几个方面比较自由锻、胎模锻和锤上模锻三种锻造方法的特点。

(5) 现代塑性加工有哪些新技术?

任务二　板料的冲压

任务导入

1. 掌握板料冲压的特点。

2. 掌握板料冲压的基本工序。

3. 掌握板料冲压件的结构工艺性。

板料冲压是金属塑性加工的基本方法之一,它是通过装在压力机上的模具对板料施压使之产生分离或变形,从而获得一定形状、尺寸和性能的零件或毛坯的加工方法。这种加工通常是在常温或低于板料再结晶温度的条件下进行的,因此又称为冷冲压。只有当板料厚度超过8 mm或材料塑性较差时才采用热冲压。

3.2.1　板料冲压特点及应用

板料冲压与其他加工方法相比具有以下特点:

(1)板料冲压所用原材料必须有足够的塑性,如低碳钢、高塑性的合金钢、不锈钢、铜、铝、镁及其合金等。

(2)冲压件尺寸精度高,表面光洁,质量稳定,互换性好,一般不需进行机械加工,可直接装配使用。

(3)可加工形状复杂的薄壁零件。

(4)生产率高,操作简便,成本低,工艺过程易实现机械化和自动化。

(5)可利用塑性变形的加工硬化提高零件的力学性能,在材料消耗少的情况下获得强度高、刚度大、质量好的零件。

(6)冲压模具结构复杂,加工精度要求高,制造费用大,因此板料冲压只适合于大批量生产。板料冲压广泛用于汽车、拖拉机、家用电器、仪器仪表、飞机、导弹、兵器以及日用品的生产中。板料冲压的基本工序可分为冲裁、拉伸、弯曲和成形等。

3.2.2　冲裁

冲裁是使坯料沿封闭轮廓分离的工序,包括落料和冲孔。落料时,冲落的部分为成品,而余料为废料;冲孔是为了获得带孔的冲裁件,而冲落部分是废料。

1)变形与断裂过程

冲裁使板料变形与分离的过程如图3-33所示。包括以下三个阶段:

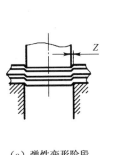 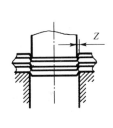 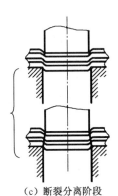

(a)弹性变形阶段　　　　(b)塑性变形阶段　　　　(c)断裂分离阶段

图3-33　冲裁变形过程

（1）弹性变形阶段，冲头（凸模）接触板料继续向下运动的初始阶段，将使板料产生弹性压缩、拉伸与弯曲等变形。

（2）塑性变形阶段，冲头继续向下运动，板料中的应力达到屈服极限，板料金属产生塑性变形。变形达到一定程度时，在凸凹模刃口处出现微裂纹。

（3）断裂分离阶段，冲头继续向下运动，已形成的微裂纹逐渐扩展，上下裂纹相遇重合后，板料被剪断分离。

2）凸凹模间隙

凸凹模间隙不仅严重影响冲裁件的断面质量，也影响着模具使用寿命等。当冲裁间隙合理时上下剪裂纹会基本重合，获得的工件断面较光洁，毛刺最小，如图 3-34（a）所示；间隙过小，上下剪裂纹较正常间隙时向外错开一段距离，在冲裁件断面会形成毛刺和夹层，如图 3-34（b）所示；间隙过大，材料中拉应力增大，塑性变形阶段过早结束，裂纹向里错开，不仅光亮带小，而且毛刺和剪裂带均较大，如图 3-34（c）所示。

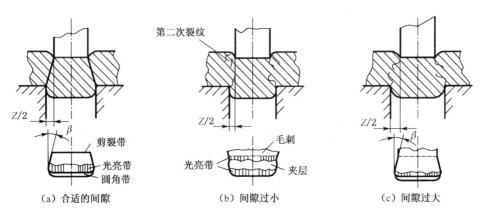

图 3-34　冲裁间隙对断面质量的影响

一般情况下，冲裁模单面间隙的大小为 3‰～8‰ 板料的厚度。因此，选择合理的间隙值对冲裁生产是至关重要的。当冲裁件断面质量要求较高时，应选取较小的间隙值。对冲裁件断面质量无严格要求时，应尽可能加大间隙，以利于提高冲模使用寿命。

3）刃口尺寸的确定

凸模和凹模刃口的尺寸取决于冲裁件尺寸和冲模间隙。

（1）设计落料模时，以凹模尺寸（落料件尺寸）为设计基准，然后根据间隙确定凸模尺寸，即用缩小凸模刃口尺寸来保证间隙值；设计冲孔模时，取凸模尺寸（冲孔件尺寸）为设计基准，然后根据间隙确定凹模尺寸，即用扩大凹模刃口尺寸来保证间隙值。

（2）考虑冲模的磨损，落料件外形尺寸会随凹模刃口的磨损而增大，而冲孔件内孔尺寸则随凸模的磨损而减小。为了保证零件的尺寸精度，并提高模具的使用寿命，落料凹模的基本尺寸应取工件最小工艺极限尺寸；冲孔时，凸模基本尺寸应取工件最大工艺极限尺寸。

4）修整

修整是利用修整模沿冲裁件外缘或内孔刮削一薄层金属，以切掉冲裁件上的剪裂带和毛刺。分为外缘修整和内孔修整，如图 3-35 所示。修整的机理与切削加工相似。对于大间隙冲裁件,单边修整量一般为板料厚度的 10%;对于小间隙冲裁件,单边修整量在板料厚度的 8% 以下。

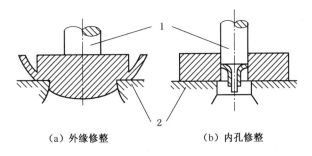

（a）外缘修整　　　　　（b）内孔修整

图 3-35　修整工序

1—凸模;2—凹模

3.2.3　拉伸

拉伸是利用模具冲压坯料,使平板冲裁坯料变形成开口空心零件的工序,也称拉延(见图 3-36)。

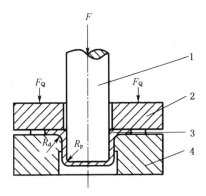

图 3-36　拉伸过程示意图

1—凸模;2—压边圈;3—坯料;4—凹模

1）变形过程

将直径为 D 的平板坯料放在凹模上,在凸模作用下,坯料被拉入凸模和凹模的间隙中,变成内径为 d、高为 h 的杯形零件,其拉伸过程变形分析如图 3-37 所示。

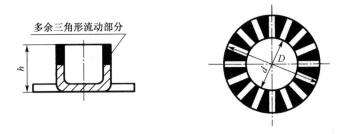

图 3-37　拉伸过程变形分析

（1）筒底区，金属基本不变形，只传递拉力，受径向和切向拉应力作用。

（2）筒壁部分，是由凸缘部分经塑性变形后转化而成，受轴向拉应力作用；形成拉伸件的直壁，厚度减小，直壁与筒底过渡圆角部被拉薄得最为严重。

（3）凸缘区，是拉伸变形区，这部分金属在径向拉应力和切向压应力作用下，凸缘不断收缩，逐渐转化为筒壁，顶部厚度增加。

2）拉伸系数

拉伸件直径 d 与坯料直径 D 的比值称为拉伸系数，用 m 表示。它是衡量拉伸变形程度的指标。m 越小，表明拉伸件直径越小，变形程度越大，坯料被拉入凹模越困难，易产生拉穿废品。一般情况下，拉伸系数 m 不小于 0.5～0.8。

如果拉伸系数过小，不能一次拉伸成形时，则可采用多次拉伸工艺（见图 3-38）。但多次拉伸过程中，加工硬化现象严重。为保证坯料具有足够的塑性，在一两次拉伸后，应安排工序间的退火工序；其次，在多次拉伸中，拉伸系数应一次比一次略大一些，总拉伸系数值等于每次拉伸系数的乘积。

3）拉伸缺陷及预防措施

拉伸过程中最常见的问题是起皱和拉裂，如图 3-39 所示。由于凸缘受切向压应力作用，厚度的增加使其容易产生折皱。在筒形件底部圆角附近拉应力最大，壁厚减薄最严重，易产生破裂而被拉穿，防止拉伸时出现起皱和拉裂，主要采取以下措施：

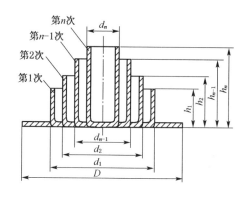

图 3-38　多次拉伸的变化

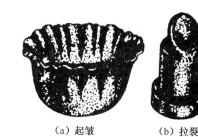

（a）起皱　　　（b）拉裂

图 3-39　拉伸件废品

（1）限制拉伸系数 m，m 值不能太小，拉伸系数 m 不小于 0.5～0.8。

（2）拉伸模具的工作部分必须加工成圆角，凹模圆角半径 $R_d = (5 \sim 10)t$（t 为板料厚度），凸模圆角半径 $R_p < R_d$，如图 3-36 所示。

（3）控制凸模和凹模之间的间隙，间隙 $Z = (1.1 \sim 1.5)t$。

（4）使用压边圈，进行拉伸时使用压边圈，可有效防止起皱，如图 3-36 所示。

（5）涂润滑剂，减少摩擦，降低内应力，提高模具的使用寿命。

3.2.4　弯曲

弯曲是利用模具或其他工具将坯料一部分相对另一部分弯曲成一定的角度和圆弧的变形工序。弯曲过程及典型弯曲件如图 3-40 所示。

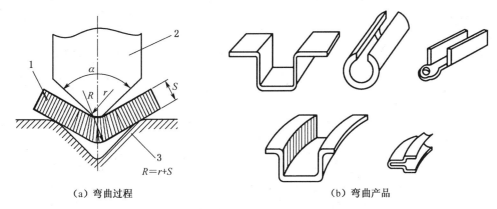

（a）弯曲过程　　　　　　　　　　　（b）弯曲产品

图 3-40　弯曲过程及典型弯曲件

1—工件；2—凸模；3—凹模

坯料弯曲时,其变形区仅限于曲率发生变化的部分,且变形区内侧受压缩,外侧受拉伸,位于板料的中心部位有一层材料不产生应力和应变,称其为中性层。弯曲变形区最外层金属受切向拉应力和切向伸长变形最大。当最大拉应力超过材料强度极限时,则会造成弯裂,内侧金属也会因受压应力过大而使弯曲角内侧失稳起皱。弯曲过程中要注意以下几个问题:

（1）考虑弯曲的最小半径 r_{min},弯曲半径越小,其变形程度越大。为防止材料弯裂,应使 r_{min} 不小于 0.25～1.0 倍的板料厚度,材料塑性好,相对弯曲半径可小些。

（2）考虑材料的纤维方向,弯曲时应尽可能使弯曲线与坯料纤维方向垂直,使弯曲时的拉应力方向与纤维方向一致,如图 3-41 所示。

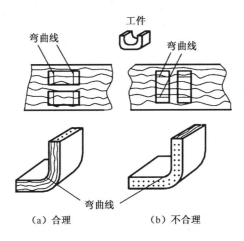

（a）合理　　　　　　　　　　（b）不合理

图 3-41　弯曲线方向

（3）考虑回弹现象,弯曲变形与任何方式的塑性变形一样,在总变形中总存在一部分弹性变形,外力去掉后,塑性变形保留下来,而弹性变形部分则恢复,从而使坯料产生与弯曲变形方向相反的变形,这种现象称为弹复或回弹。回弹现象会影响弯曲件的尺寸精度。一般在设计弯曲模时,使模具角度与工件角度差一个回弹角(回弹角一般小于 10°),这样在弯曲回弹后能得到较准确的弯曲角度。

3.2.5 成形

使板料毛坯或制件产生局部拉伸或压缩变形来改变其形状的冲压工艺统称为成形工艺。成形工艺应用广泛,既可以与冲裁、弯曲、拉伸等工艺相结合,制成形状复杂、强度高、刚性好的制件,又可以被单独采用,制成形状特异的制件。主要包括翻边、胀形、起伏等。

1）翻边

翻边是将内孔或外缘翻成竖直边缘的冲压工序。内孔翻边在生产中应用广泛,翻边过程如图 3-42 所示。翻边前坯料孔径是 d_0,翻边的变形区是外径为 d_1、内径为 d_p 的圆环区。在凸模压力作用下,变形区金属内部产生切向和径向拉应力,且切向拉应力远大于径向拉应力,在孔缘处切向拉应力达到最大值,随着凸模下压,圆环内各部分的直径不断增大,直至翻边结束,形成内径为凸模直径的竖起边缘,如图 3-43(a)所示。

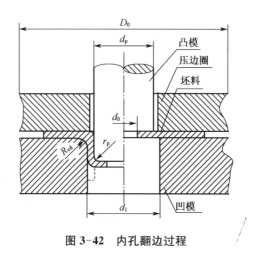

图 3-42 内孔翻边过程

内孔翻边的主要缺陷是裂纹的产生,因此,一般内孔翻边高度不宜过大。当零件所需凸缘的高度较大,可采用先拉伸、后冲孔、再翻边的工艺来实现,如图 3-43(b)所示。

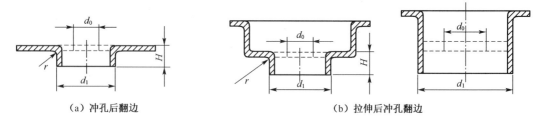

（a）冲孔后翻边　　　　　　　　　　（b）拉伸后冲孔翻边

图 3-43 内孔翻边举例

2）胀形

胀形是利用局部变形使半成品部分内径胀大的冲压成形工艺,分为橡胶胀形、机械胀形、气体胀形或液压胀形等。

图 3-44 所示为球体胀形。其主要过程是先焊接成球形多面体,然后向其内部用液体或气体打压变成球体。图 3-45 所示为管坯胀形。在凸模的作用下,管坯内的橡胶变形,将管坯直

径胀大,靠向凹模。胀形结束后,凸模抽回,橡胶恢复原状,从胀形件中取出。凹模采用分瓣式,使工件很容易取出。

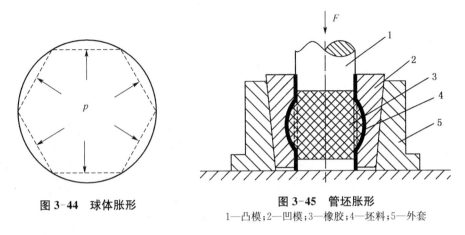

图 3-44　球体胀形

图 3-45　管坯胀形
1—凸模;2—凹模;3—橡胶;4—坯料;5—外套

3) 起伏

起伏是利用局部变形使坯料压制出各种形状的凸起或凹陷的冲压工艺。起伏主要应用于薄板零件上制出筋条、文字、花纹等。图 3-46 所示为采用橡胶凸模压筋,从而获得与钢制凹模相同的筋条。图 3-47 是刚性模压坑。

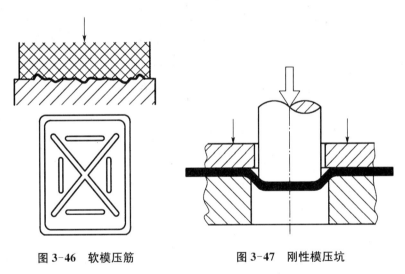

图 3-46　软模压筋

图 3-47　刚性模压坑

成形工序通常使冲压工件具有更好的刚度,并获得所需要的空间形状。

3.2.6　板料冲压件的结构工艺性

在设计板料冲压件时,不仅应使其具有良好的使用性能,而且必须考虑冲压加工的工艺特点。影响冲压件工艺性的主要因素有冲压件的几何形状、尺寸以及精度要求等。

1) 冲压件的形状

(1) 冲压件的形状应力求简单、对称,尽可能采用圆形、矩形等规则形状,以便于冲压模具的制造、坯料受力和变形的均匀。

（2）冲压件的形状应便于排样，用以提高材料的利用率（见图 3-48），其中图（d）所示为采用无搭边排样（即用落料件的一个边作为另一个落料件的边缘）的材料利用率最高，但是，毛刺不在同一个平面上，而且尺寸不容易准确，因此，只有对冲裁件质量要求不高时才采用。有搭边排样（即各个落料件之间均留有一定尺寸的搭边）的优点是毛刺小，冲裁件尺寸精度高，但材料消耗多，如图 3-48（a）、（b）、（c）所示。

（3）用加强筋提高刚度，以实现薄板材料代替厚板材料，节省金属（见图 3-49）。

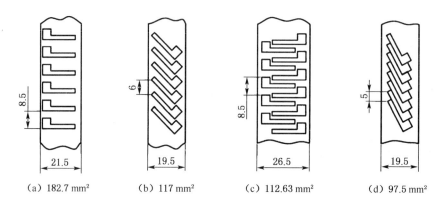

（a）182.7 mm²　　（b）117 mm²　　（c）112.63 mm²　　（d）97.5 mm²

图 3-48　冲压件排样方式

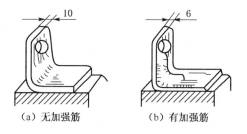

（a）无加强筋　　　　（b）有加强筋

图 3-49　加强筋的应用

（4）采用冲压—焊接结构，对于形状复杂的冲压件，先分别冲制若干简单件，然后焊接成复杂件，以简化冲压工艺，降低成本（见图 3-50）。

（5）采用冲口工艺，以减少组合件数量（见图 3-51）。

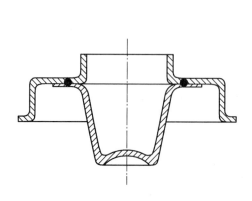

图 3-50　冲压—焊接结构件

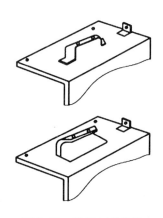

图 3-51　冲口工艺结构

2）冲压件的尺寸

（1）冲裁件上的转角应采用圆角,避免工件的应力集中和模具的破坏。

（2）冲裁件应避免过长的槽和悬臂结构,避免凸模过细以防冲裁时折断,孔与孔之间距离或孔与零件边缘间的距离不能太小,如图 3-52 所示。

（3）弯曲件的弯曲半径应大于材料许用的最小弯曲半径,弯曲件上孔的位置应位于弯曲变形区之外,如图 3-53 所示,$L > 1.5t$;弯曲件的直边长度 $H > 2t$,如图 3-54 所示。

（4）拉伸件的最小允许半径,如图 3-55 所示。

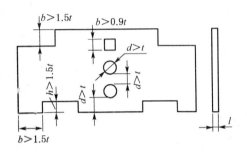

图 3-52　冲裁件结构

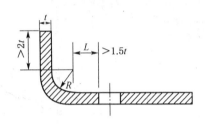

图 3-53　弯曲件孔的位置

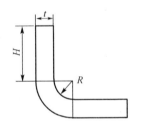

图 3-54　弯曲件直边长度

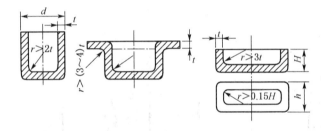

图 3-55　拉伸件最小允许半径

3）冲压件的精度和表面质量

对冲压件的精度要求,不应超过工艺所能达到的一般精度。冲压工艺的一般精度如下:落料不超过 IT10;冲孔不超过 IT9;弯曲不超过 IT9～IT10;拉伸件的高度尺寸精度为 IT8～IT10,经整形工序后精度可达 IT6～IT7。

一般对冲压件表面质量的要求不应高于原材料的表面质量,否则要增加切削加工等工序,使产品成本大幅提高。

➡检查评估

1. 选择题

（1）冲压拉伸时,拉伸系数总是（　　　）。

A. $=0$ 　　　　　　　B. <1 　　　　　　　C. $=1$ 　　　　　　　D. >1

（2）$\phi 100$ mm 钢板拉伸成 $\phi 75$ mm 的杯子,拉伸系数是（　　　）。

A. 0.75 　　　　　　　B. 0.25 　　　　　　　C. 1.33 　　　　　　　D. 0.33

（3）零件所受的最大切应力方向应与其纤维组织的方向呈（　　　）。

A. $0°$　　　　　　B. $45°$　　　　　　C. $90°$　　　　　　D. $180°$

2. 名词解释

（1）拉伸；（2）回弹角；（3）冲孔连皮。

3. 填空题

（1）冲孔时，工件尺寸为＿＿＿＿＿模尺寸；落料时，工件尺寸为＿＿＿＿＿模尺寸。

（2）板料弯曲时，弯曲部分的拉伸和压缩应力应与纤维组织方向＿＿＿＿＿。

（3）拉伸时，容易产生＿＿＿＿＿、＿＿＿＿＿等缺陷。

（4）弯曲变形时，弯曲模角度等于工件角度（＋／－）＿＿＿＿＿回弹角，弯曲圆角半径过小时，工件易产生＿＿＿＿＿＿＿＿＿。

（5）拉伸系数越大工件变形量越＿＿＿＿＿，"中间退火"适用于拉伸系数较＿＿＿＿＿时。

4. 简答题

（1）什么是纤维组织？纤维组织的存在有何意义？

（2）热加工对金属的组织和性能有何影响？

（3）模锻件为何要有斜度、圆角及冲孔连皮？

（4）比较拉伸、平板坯料胀形和翻边，说明三种成形方法的异同。

（5）落料模与拉伸模的凸凹模间隙和刃口结构有何不同？为什么？

项目四

焊　　接

焊接是利用加热或加压,借助于金属原子的结合与扩散,使分离的两部分金属牢固地、永久地结合起来的工艺。焊接的种类很多,通常按照焊接过程的特点分为熔化焊、压力焊和钎焊三大类。焊接方法可以化大为小、化复杂为简单、拼小成大,还可以与铸、锻、冲压结合成复合工艺生产大型复杂件。主要用于制造金属构件,如锅炉、压力容器、管道、车辆、船舶、桥梁、飞机、火箭、起重机、海洋设备、冶金设备等。

任务一　焊条电弧焊

▶任务导入

1. 理解焊接工程的基本理论。
2. 掌握常用焊接方法的特点与应用。
3. 认识常用金属材料的焊接性能及焊接特点。
4. 了解焊接件的结构工艺性及焊接技术的发展趋势。
5. 会合理设计和选择焊接成形方法。

▶应知应会

4.1.1　焊接工程理论基础

熔化焊的焊接过程是利用热源(如电弧热、气体火焰热、高能粒子束等)先将工件局部加热到熔化状态,形成熔池,然后,随着热源向前移动,熔池液体金属冷却结晶,形成焊缝。熔化焊的过程包含有加热、冶金和结晶过程,在这些过程中,会产生一系列变化,对焊接质量有较大的影响,如焊缝成分变化、焊接接头组织和性能变化以及焊接应力与变形的产生等。

1) 熔焊冶金过程

(1) 焊接熔池的冶金特点

熔焊过程中,一些有害杂质元素(如氧、氮、氢、硫、磷等)会因各种原因溶入液态金属,影响焊缝金属的化学成分和性能。

用光焊条在大气中对低碳钢进行无保护的电弧焊时,在电弧高温的作用下,焊接区周围空气中的氧气和氮气会发生强烈的分解反应,形成氧原子和氮原子。

氧原子与熔化的金属接触,氧化反应使焊缝金属中的 C、Mn、Si 等元素明显烧损,而含氧量则大幅度提高,导致金属的强度、塑性和韧性都急剧下降,尤其会引起冷脆等质量问题。此外,一些金属氧化物会溶解到熔池金属中,与碳发生反应,产生不溶于金属的 CO,在熔池金属结晶时 CO 气体来不及逸出就会形成气孔。

氮能以原子的形式溶于大多数金属中,氮在液态铁中的溶解度随温度的升高而增大,当液态铁结晶时,氮的溶解度急剧下降,这时过饱和的氮以气泡形式从熔池向外逸出,若来不及逸出熔池表面,便在焊缝中形成气孔。氮原子还能与铁化合形成 Fe_4N 等化合物,以针状夹杂物形态分布在晶界和晶内,使焊缝金属的强度、硬度提高,而塑性、韧性下降,特别是低温韧性急剧降低。

除了氧和氮以外,氢的溶入和对焊缝金属的有害作用也是值得注意的。当液态铁吸收了大量氢以后,在熔池冷却结晶时会引起气孔,当焊缝金属中含氢量高时,会导致金属的脆化(称氢脆)和冷裂纹等问题。

焊缝金属中的硫和磷主要来自焊条药皮和焊剂中,含硫量高时,会导致热脆性和热裂纹,并能降低金属的塑性和韧性。磷的有害作用主要是严重地降低金属的低温韧性。

因此,焊接熔池的冶金与一般的钢铁冶金过程相比,其主要特点是:

① 熔池温度高,接电弧和熔池的温度比一般冶金炉的温度高,所以气体含量高,溶入的有害元素多,金属元素发生强烈的蒸发和烧损。

② 熔池凝固快,焊接熔池的体积小(约 2~3 cm^3),从熔化到凝固时间很短(约 10 s),熔池中气体无法充分排出,易产生气孔,各种化学反应难以充分进行。

(2) 对熔池的保护和冶金处理

为了保证焊缝金属的质量,降低焊缝中各种有害杂质的含量,熔焊时必须从以下两方面采取措施:

① 对焊接区采取机械保护,防止空气污染熔化金属,如采用焊条药皮、焊剂或保护气体等,使焊接区的熔化金属被熔渣或气体保护,与空气隔绝。

② 对熔池进行冶金处理,清除已经进入熔池中的有害杂质,增加合金元素,以保证和调整焊缝金属的化学成分。通过在焊条药皮或焊剂中加入铁合金等,对熔化金属进行脱氧、脱硫、脱磷、去氢和渗合金等。

2) 焊接接头组织和性能

熔焊是焊件局部经历加热和冷却的热过程。在焊接热源的作用下,焊接接头上某点的温度随时间变化的过程称为焊接热循环。焊缝及附近的母材所经历的焊接热循环是不相同的,因此,引起的组织和性能的变化也不相同。

熔焊的焊接接头由焊缝和热影响区组成。

(1) 焊缝的组织与性能

焊缝是由熔池金属结晶而成的,结晶首先从熔池底壁开始,沿垂直于熔池和母材的交界线向熔池中心长大,形成柱状晶,如图 4-1 所示。熔池结晶过程中,由于冷却速度很快,已凝固的焊缝金属中的化学元素来不及扩散,造成合金元素偏析。

焊缝组织是由液态金属结晶的铸态组织,其具有晶粒粗大、成分偏析、组织不致密等缺点,但是,由于焊接熔池小,冷却快,且碳、硫、磷含量都较低,还可以通过焊接材料(焊条、焊丝和焊剂等)向熔池金属中渗入某些细化晶粒的合金元素,调整焊缝的化学成分,因此可以保证焊缝金属的性能满足使用要求。

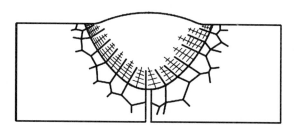

图 4-1 焊缝的柱状结晶示意图

（2）热影响区的组织与性能

热影响区是指在焊接热循环的作用下,焊缝两侧因焊接热而发生金相组织和力学性能变化的区域。低碳钢的焊接热影响区组织变化,如图 4-2 所示。由于各点温度不同,组织和性能变化特征也不同,其热影响区一般包括半熔化区、过热区、正火区和部分相变区。

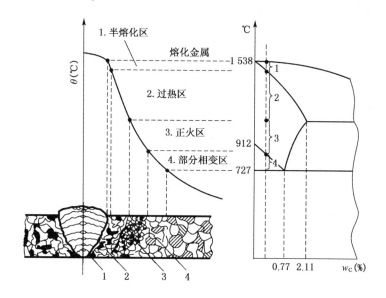

图 4-2 低碳钢焊接热影响区组织变化示意图

① 半熔化区,是焊缝与基体金属的交界区,也称为熔合区。焊接加热时,该区的温度处于固相线和液相线之间,金属处于半熔化状态。对低碳钢而言,由于固相线和液相线的温度区间小,且温度梯度又大,所以熔合区的范围很窄(0.1～1 mm)。熔合区的化学成分和组织性能都有很大的不均匀性,其组织中包含未熔化而受热长大的粗大晶粒和铸造组织,力学性能下降较多,是焊接接头中的薄弱区域。

② 过热区。焊接加热时此区域处于 1 100℃ 至固相线的高温范围,奥氏体晶粒发生严重的长大现象,焊后快速冷却的条件下,形成粗大的魏氏组织。魏氏组织是一种典型的过热组织,其组织特征是铁素体一部分沿奥氏体晶界分布,另一部分以平行状态伸向奥氏体晶粒内部。此区的塑性和韧性严重降低,尤其是冲击韧度降低更为显著,脆性大,也是焊接接头中的薄弱区域。

③ 正火区。焊接时母材金属被加热到 $A_{c3}\sim1\,100℃$ 的范围,铁素体和珠光体全部转变为奥氏体。冷却后得到均匀细小的铁素体和珠光体组织,其力学性能优于母材。

④ 部分相变区。焊接时被加热到 $A_{c1}\sim A_{c3}$ 之间的区域属于部分相变区。该区域中只有一部分母材金属发生奥氏体相变,冷却后成为晶粒细小的铁素体和珠光体;而另一部分是始终未能溶入奥氏体的铁素体,它不发生转变,但随温度升高,晶粒略有长大。所以冷却后此区晶枝大小不一,组织不均匀,其力学性能稍差。

（3）影响焊接接头性能的主要因素

焊接热影响区中的半熔化区和过热区对焊接接头不利,应尽量减小。影响焊接接头组织和性能的因素有焊接材料、焊接方法、焊接工艺参数、焊接接头形式和坡口等。实际生产中,应结合母材本身的特点合理地考虑各种因素,对焊接接头的组织和性能进行控制。对重要的焊接结构,若焊接接头的组织和性能不能满足要求时,则可以采用焊后热处理来改善。

3）焊接应力与变形

构件焊接以后,内部会产生残余应力,同时产生焊接变形。焊接应力与外加载荷叠加,造成局部应力过高,则构件产生新的变形或开裂,甚至导致构件失效。因此,在设计和制造焊接结构时,必须设法减小焊接应力,防止过量变形。

（1）应力与变形的形成

① 形成原因。金属材料在受均匀加热和冷却作用的情况,能完全自由膨胀和收缩,那么在加热过程中产生变形,而不产生应力;在冷却之后,恢复到原来的尺寸,没有残余变形及残余应力,如图 4-3(a)所示。

当金属杆件在加热和冷却时,完全不能膨胀和收缩,如图 4-3(b)所示,加热时,杆件不能像自由膨胀时那样伸长到位置 2,依然处于位置 1,因此,承受压应力,产生塑性压缩变形;冷却时,又不能从位置 1 自由收缩到位置 3,依然处于位置 1,于是承受拉应力。这个过程有焊接残余应力,但是没有残余变形。

熔焊过程中,焊接接头区域受不均匀的加热和冷却,加热的金属受周围冷金属的约束,不能自由膨胀,但可以膨胀一些,如图 4-3(c)所示,在加热时只能从位置 1 膨胀到位置 4,此时产生压应力;冷却后只能从位置 4 收缩到位置 5,因此,这部分金属受拉应力并残留下来,即焊接残余应力。从位置 1 到位置 5 的变化,就是焊接残余变形。

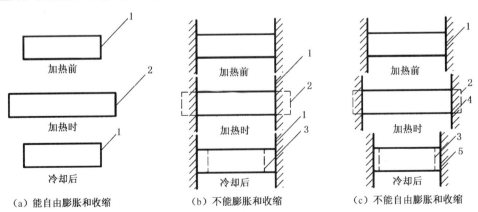

(a) 能自由膨胀和收缩　　　(b) 不能膨胀和收缩　　　(c) 不能自由膨胀和收缩

图 4-3　焊接变形与残余应力产生原因示意图

② 应力的大致分布。对接接头焊缝的应力分布,如图 4-4 所示,可见,焊缝往往受拉应力。

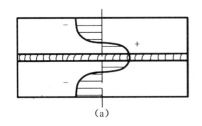 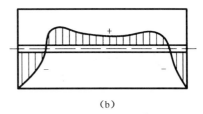

图 4-4 对接焊缝的焊接应力分布

③ 变形的基本形式。常见的焊接残余变形的基本形式有尺寸收缩、角变形、弯曲变形、扭曲变形和翘曲变形五种,如图 4-5 所示。但在实际的焊接结构中,这些变形并不是孤立存在的,而是多种变形共存,并且相互影响。

纵向和横向收缩变形　　角变形　　弯曲变形　　扭曲变形　　翘曲变形

图 4-5 焊接变形的基本形式

(2) 减少或消除应力的措施

可以从设计和工艺两方面综合考虑来降低焊接应力。在设计焊接结构时,应采用刚性较小的接头形式,尽量减少焊缝数量和截面尺寸,避免焊缝集中等。在工艺措施上可以采取以下方法:

① 合理选择焊接顺序,应尽量使焊缝能较自由地收缩,减少应力,如图 4-6 所示。

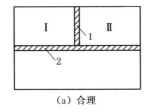 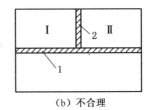

(a) 合理　　　　　　　　　　　(b) 不合理

图 4-6 焊接顺序对焊接应力的影响
1—焊接顺序 1;2—焊接顺序 2

② 锤击法,是用一定形状的小锤均匀迅速地敲击焊缝金属,使其伸长,抵消部分收缩,从而减小焊接残余应力。

③ 预热法,是指焊前对待焊构件进行加热,焊前预热可以减小焊接区金属与周围金属的温差,使焊接加热和冷却时的不均匀膨胀和收缩减小,从而使不均匀塑性变形尽可能减小,是最有效的减少焊接应力的方法之一。

④ 热处理法,为了消除焊接结构中的焊接残余应力,生产中通常采用去应力退火。对于碳钢和低、中合金钢结构,焊后可以把构件整体或焊接接头局部区域加热到 600～650℃,保温

一定时间后缓慢冷却。一般可以消除 $80\%\sim90\%$ 的焊接残余应力。

（3）变形的预防与矫正

焊接变形对结构生产的影响一般比焊接应力要大些。在实际焊接结构中,要尽量减少变形。

① 预防焊接变形的方法

为了控制焊接变形,在设计焊接结构时,应合理地选用焊缝的尺寸和形状,尽可能减少焊缝的数量,焊缝的布置应力求对称。在焊接结构的生产中,通常可采用以下工艺措施:

a. 反变形法。根据经验或测定,在焊接结构组焊时,先使工件反向变形,以抵消焊接变形,如图 4-7 所示。

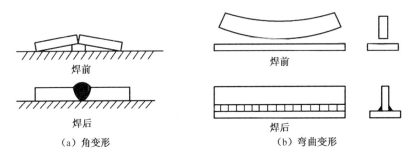

（a）角变形　　　　　　　　　　（b）弯曲变形

图 4-7　反变形法预防焊接变形示意图

b. 刚性固定法。刚性大的结构焊后变形一般较小;当构件的刚性较小时,利用外加刚性约束以减小焊接变形的方法称为刚性固定法,如图 4-8 所示。

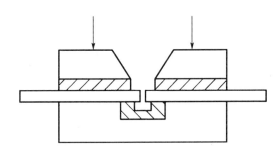

图 4-8　刚性固定法预防焊接变形示意图

c. 选择合理的焊接方法和焊接工艺参数,选用能量比较集中的焊接方法,如采用 CO_2 焊、等离子弧焊代替气焊和手工电弧焊,以减小薄板焊接变形。

d. 选择合理的装配焊接顺序,焊接结构的刚性通常是在装配、焊接过程中逐渐增大的,结构整体的刚性要比其部件的刚性大。因此,对于截面对称、焊缝布置也对称的简单结构,采用先装配成整体,然后按合理的焊接顺序进行生产,可以减小焊接变形,如图 4-9 所示,图中的阿拉伯数字为焊接顺序。最好能同时对称施焊。

② 矫正焊接变形的措施

矫正焊接变形的方法主要有机械矫正和火焰矫正两种。

机械矫正是利用外力使构件产生与焊接变形方向相反的塑性变形,使二者互相抵消,可采用辊床、压力机、矫直机等设备（图 4-10）,也可手工锤击矫正。

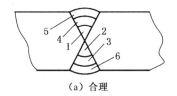
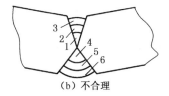

(a) 合理　　　　　　　　　　　(b) 不合理

图 4-9　预防焊接变形的焊接顺序

火焰矫正是利用局部加热时(一般采用三角形加热法)产生压缩塑性变形,在冷却过程中,局部加热部位的收缩将使构件产生挠曲,从而达到矫正焊接变形的目的,如图 4-11 所示。

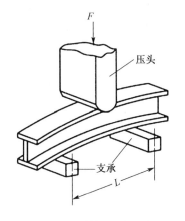

图 4-10　机械矫正法示意图　　　　图 4-11　火焰矫正法示意图

4.1.2　常用焊接方法

焊接的方法种类很多,按照焊接过程的特点可分为三大类:

(1) 熔化焊。它是利用局部加热的方法,将工件的焊接处加热到熔化态,形成熔池,然后冷却结晶,形成焊缝。熔化焊是应用最广泛的焊接方法,如气焊(气体火焰为热源)、电弧焊(电弧为热源)、电渣焊(熔渣电阻热为热源)、激光焊(激光束为热源)、电子束焊(电子束为热源)、等离子弧焊(压缩电弧为热源)等。

(2) 压力焊。在焊接过程中需要对焊件施加压力(加热或不加热)的一类焊接方法,如电阻焊、摩擦焊、扩散焊以及爆炸焊等。

(3) 钎焊。利用熔点比母材低的填充金属熔化后,填充接头间隙并与固态的母材相互扩散,实现连接的焊接方法,如软钎焊和硬钎焊。

本节介绍常用的焊接方法。

1) 手工电弧焊

利用电弧作为热源,用手工操纵焊条进行焊接的方法,称为手工电弧焊(也称焊条电弧焊)。由于手工电弧焊设备简单,维修容易,焊钳小,使用灵活,可以在室内、室外、高空和各种方位进行焊接,因此,它是焊接生产中应用最广泛的方法。

手工电弧焊操作过程包括引燃电弧、送进焊条和沿焊缝移动焊条。手工电弧焊焊接过程如图 4-12 所示。电弧在焊条与工件(母材)之间燃烧,电弧热使母材熔化形成熔池,焊条金属芯熔化并以熔滴形式借助重力和电弧吹力进入熔池,燃烧、熔化的药皮进入熔池成为熔渣浮在熔池表面,保护熔池不受空气侵害。药皮分解产生的气体环绕在电弧周围,隔绝空气,保护电弧、熔滴和熔池金属。当焊条向前移动,新的母材熔化时,原熔池和熔渣凝固,形成焊缝和渣壳。

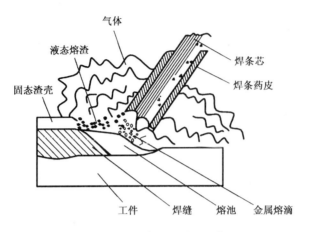

气体　液态熔渣　焊条芯　焊条药皮　固态渣壳　工件　焊缝　熔池　金属熔滴

图 4-12　手工电弧焊过程示意图

(1) 焊接电弧

① 电弧的产生。电弧是在焊条(电极)和工件(电极)之间产生强烈、稳定而持久的气体放电现象。先将焊条与工件相接触,瞬间有强大的电流流经焊条与焊件接触点,产生强烈的电阻热,并将焊条与工件表面加热到熔化,甚至蒸发、气化。电弧引燃后,弧柱中充满了高温电离气体,放出大量的热和光。

② 焊接电弧的结构。电弧由阴极区、阳极区和弧柱区三部分组成,其结构如图 4-13 所示。阴极是电子供应区,温度约 2 400 K;阳极为电子轰击区,温度约 2 600 K;弧柱区位于阴阳两极之间的区域。对于直流电焊机,工件接阳极,焊条接阴极,称正接;而工件接阴极,焊条接阳极,称反接。

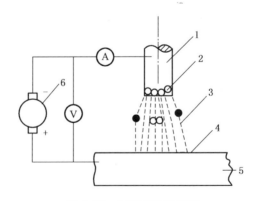

图 4-13　焊接电弧示意图
1—焊条;2—阴极区;3—弧柱区;4—阳极区;5—工件;6—电焊机

为保证顺利引弧,焊接电源的空载电压(引弧电压)应是电弧电压的 1.8～2.25 倍,电弧稳定燃烧时所需的电弧电压(工作电压)为 29～45 V。

（2）焊条

① 焊条的组成与作用

焊条是由焊芯和药皮两部分组成。

a. 焊芯。焊芯采用焊接专用金属丝。结构钢焊条一般含碳量低,有害杂质少,含有一定合金元素,如 H08A 等。不锈钢焊条的焊芯采用不锈钢焊丝。

焊芯的作用,一是作为电极传导电流,再者其熔化后成为填充金属,与熔化的母材共同组成焊缝金属。因此,可以通过焊芯调整焊缝金属的化学成分。

b. 药皮。是压涂在焊芯表面上的涂料层。原材料有矿石、铁合金、有机物和化工产品等。表 4-1 为结构钢焊条药皮配方示例。

表 4-1　结构钢焊条药皮配方示例　　　　　　　　　　　（单位:%）

焊条牌号	人造金红石	钛白粉	大理石	萤石	长石	菱苦土	白泥	钛铁	45 硅铁	硅锰合金	纯碱	云母
J422	30	8	12.4		8.6	7	14	12				7
J507	5		45	25				13	3	7.5	1	2

药皮主要有以下作用:

a. 改善焊接工艺性,如药皮中含有稳弧剂,使电弧易于引燃和保持燃烧稳定。

b. 对焊接区起保护作用,药皮中含有造渣剂、造气剂等,产生气体和熔渣,对焊缝金属起双重保护作用。

c. 起冶金处理作用,药皮中含有脱氧剂、合金剂、稀渣剂等,使熔化金属顺利进行脱氧、脱硫、去氢等冶金化学反应,并补充被烧损的合金元素。

② 焊条的种类、型号与牌号

a. 焊条分类。焊条按用途不同分为十大类:结构钢焊条、钼和铬钼耐热钢焊条、低温钢焊条、不锈钢焊条、堆焊焊条、铸铁焊条、镍及镍合金焊条、铜及铜合金焊条、铝及铝合金焊条和特殊用途焊条等。其中结构钢焊条分为碳钢焊条和低合金钢焊条。结构钢焊条按药皮性质不同可分为酸性焊条和碱性焊条两种,酸性焊条的药皮中含有大量酸性氧化物(SiO_2、MnO_2 等),碱性焊条药皮中含大量碱性氧化物(如 CaO 等)和萤石(CaF_2)。由于碱性焊条药皮中不含有机物,药皮产生的保护气氛中氢含量极少,所以又称为低氢焊条。

b. 焊条型号与牌号。焊条型号是国家标准中规定的焊条代号。焊接结构件生产中应用最广的碳钢焊条和低合金钢焊条,型号标准见 GB/T 5117—2012 和 GB/T 5118—2012。国家标准规定,碳钢焊条型号由字母 E 和四位数字组成,如 E4303、E5016、E5017 等,其含义如下:

"E"表示焊条。前两位数字表示熔敷金属的最小抗拉强度,单位为MPa。

第三位数字表示焊条的焊接位置,"0"及"1"表示焊条适于全位置焊接(平、立、仰、横);"2"表示只适于平焊和平角焊;"4"表示向下立焊。

第三位和第四位数字组合时表示焊接电流种类及药皮类型,如"03"为钛钙型药皮,交流或直流正、反接;"15"为低氢钠型药皮,直流反接;"16"为低氢钾型药皮,交流或直流反接。

焊条牌号是焊条生产行业统一的焊条代号。焊条牌号用一个大写汉语拼音字母和三个数字表示,如 J422、J507 等。拼音表示焊条的大类,如"J"表示结构钢焊条,"Z"表示铸铁焊条;前两位数字代表焊缝金属抗拉强度等级,单位为 MPa;末尾数字表示焊条的药皮类型和焊接电流种类,1~5为酸性焊条,6、7为碱性焊条,见表4-2。

表4-2　焊条药皮类型与电源种类

编号	1	2	3	4	5	6	7	8
药皮类型和电源种类	钛型,直流或交流	钛钙型,交、直流	钛铁型,交、直流	氧化铁型,交、直流	纤维素型,交、直流	低氢钾型,交、直流	低氢钠型,直流	石墨型,交、直流

③ 酸性焊条与碱性焊条的对比

酸性焊条与碱性焊条在焊接工艺性和焊接性能方面有许多不同,使用时要注意区别,不可以随便用酸性焊条替代碱性焊条。二者对比,有以下特点:

a. 从焊缝金属力学性能考虑,碱性焊条焊缝金属力学性能好,酸性焊条焊缝金属的塑性、韧性较低,抗裂性较差。这是因为碱性焊条的药皮含有较多的合金元素,且有害元素(硫、磷、氢、氮、氧)比酸性焊条含量少,故焊缝金属力学性能好,尤其是冲击韧度较好,抗裂性好,适于焊接承受交变冲击载荷的重要结构钢件和几何形状复杂、刚度大、易裂钢件;酸性焊条的药皮熔渣氧化性强,合金元素易烧损,焊缝中氢、硫等含量较高,故只适于普通结构钢件焊接。

b. 从焊接工艺性考虑,酸性焊条稳弧性好,飞溅小,易脱渣,对油污、水锈的敏感性小,可采用交、直流电流,焊接工艺性好;碱性焊条稳弧性差,飞溅大,对油污、水锈敏感,焊接电源多要求直流,焊接烟雾有毒,要求现场通风和防护,焊接工艺性较差。

c. 从经济性考虑,碱性焊条价格高于酸性焊条。

④ 焊条的选用原则

选用是否恰当的焊条将直接影响焊接质量、劳动生产率和产品成本。通常遵循以下基本原则:

a. 等强度原则,应使焊缝金属与母材具有相同的使用性能。焊接低、中碳钢或低合金钢的结构件,按照"等强"原则,选择强度级别相同的结构钢焊条。

b. 若无等强要求,选强度级别较低、焊接工艺性好的焊条。

c. 焊接特殊性能钢(不锈钢、耐热钢等)和非铁金属,按照"同成分""等强度"原则,选择与母材化学成分、强度级别相同或相近的各类焊条。焊补灰铸铁时,应选相适应的铸铁焊条。

2)埋弧自动焊

手工电弧焊的生产率低,对工人操作技术要求高,工作条件差,焊接质量不易保证,而且质量不稳定。埋弧自动焊(简称埋弧焊)是电弧在焊剂层内燃烧进行焊接的方法,电弧的引燃、焊丝的送进和电弧沿焊缝的移动,是由设备自动完成的。

(1)埋弧自动焊设备与焊接材料的选用

① 设备。埋弧自动焊的动作程序和焊接过程弧长的调节,都是由电器控制系统来完成的。埋弧焊设备由焊车、控制箱和焊接电源三部分组成。埋弧焊电源有交流和直流两种。

② 焊接材料。埋弧焊的焊接材料有焊丝和焊剂。焊丝和焊剂选配的总原则是:根据母材金属的化学成分和力学性能选择焊丝,再根据焊丝选配相应的焊剂。例如,焊接普通结构低碳钢,选用焊丝 H08A,配合 HJ431 焊剂;焊接较重要低合金结构钢,选用焊丝 H08MnA 或 H10Mn2,配合 HJ431 焊剂。焊接不锈钢,选用与母材成分相同的焊丝配合低锰焊剂。

（2）埋弧自动焊焊接过程及工艺

埋弧焊焊接过程如图 4-14 所示，焊剂均匀地堆覆在焊件上，形成厚度 40～60 mm 的焊剂层，焊丝连续地进入焊剂层下的电弧区，维持电弧平稳燃烧。随着焊车的匀速行走，完成电弧焊缝自行移动的操作。

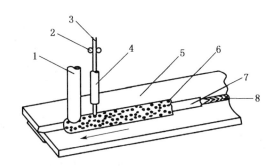

图 4-14 埋弧自动焊焊接过程示意图
1—焊剂漏斗；2—送丝滚轮；3—焊丝；4—导电嘴；5—焊件；
6—焊剂；7—渣壳；8—焊缝

埋弧焊焊缝形成过程如图 4-15 所示，在颗粒状焊剂层下燃烧的电弧使焊丝、焊件熔化形成熔池，焊剂熔化形成熔渣，蒸发的气体使液态熔渣形成封闭的熔渣泡，有效阻止空气侵入熔池和熔滴，使熔化金属得到焊剂层和熔渣泡的双重保护，同时阻止熔滴向外飞溅，既避免弧光四射，又使热量损失少，加大熔深。随着焊丝沿焊缝前行，熔池凝固成焊缝，比重轻的熔渣结成覆盖焊缝的渣壳。没有熔化的大部分焊剂回收后可重新使用。

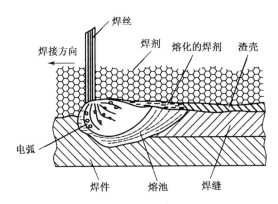

图 4-15 埋弧焊焊缝形成过程示意图

埋弧焊焊丝从导电嘴伸出的长度较短，所以可大幅度提高焊接电流，使熔深明显加大。一般埋弧焊电流强度比焊条电弧焊高四倍左右。当板厚在 24 mm 以下对接焊时，不需要开坡口。

（3）埋弧自动焊的特点及应用：

埋弧自动焊与手工电弧焊相比，具有以下特点：

① 生产率高，成本低。由于埋弧焊时电流大，电弧在焊剂层下稳定燃烧，无熔滴飞溅，热量集中，焊丝熔敷速度快，比手工电弧焊效率提高 5～10 倍；焊件熔深大，较厚的焊件不开坡口也能焊透，节省加工坡口的工时和费用，减少焊丝填充量，没有焊条头，焊剂可重用，节约焊接

材料。

② 焊接质量好,稳定性高,埋弧焊时,熔滴、熔池金属得到焊剂和熔渣泡的双重保护,有害气体浸入减少;焊接操作自动化程度高,工艺参数稳定,焊缝成形美观,内部组织均匀。

③ 劳动条件好,没有弧光和飞溅,操作过程自动化,使劳动强度降低。

④ 埋弧焊适应性较差,通常只适于焊接长直的平焊缝或较大直径的环焊缝,不能焊空间位置焊缝及不规则焊缝。

⑤ 设备费用一次性投资较大。

因此,埋弧自动焊适用于成批生产的中、厚板结构件的长直缝及大直径环焊缝的平焊。

3) 气体保护焊

气体保护电弧焊是用外加气体作为电弧介质并保护电弧和焊接区的电弧焊。按照保护气体的不同,气体保护焊分为两类:使用惰性气体作为保护的称惰性气体保护焊,包括氩弧焊、氦弧焊、混合气体保护焊等;使用 CO_2 气体作为保护的气体保护焊,简称 CO_2 焊。

(1) 氩弧焊

氩弧焊是以氩气作为保护气体的电弧焊。氩气是惰性气体,可保护电极和熔化金属不受空气的有害作用,在高温条件下,氩气与金属既不发生反应,也不溶入金属中。

① 氩弧焊的种类

根据所用电极的不同,氩弧焊可分为非熔化极氩弧焊和熔化极氩弧焊两种(图 4-16)。

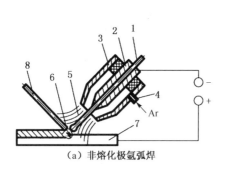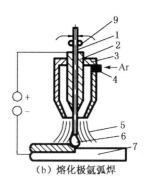

图 4-16　氩弧焊示意图
1—电极或焊丝;2—导电嘴;3—喷嘴;4—进气管;5—氩气流;6—电弧;7—工件;
8—填充焊丝;9—送丝辊轮

a. 钨极氩弧焊,常以高熔点的铈钨棒作电极,焊接时,铈钨极不熔化(也称非熔化极氩弧焊),只起导电和产生电弧的作用。焊接钢材时,多用直流电源正接,以减少钨极的烧损;焊接铝、镁及其合金时采用反接,此时,铝工件作阴极,有"阴极破碎"作用,能消除氧化膜,焊缝成形美观。

钨极氩弧焊需要加填充金属,它可以是焊丝,也可以在焊接接头中填充金属条或采用卷边接头。

为防止钨合金熔化,钨极氩弧焊焊接电流不能太大,所以一般适于焊接小于 4 mm 的薄板件。

b. 熔化极氩弧焊,用焊丝作电极,焊接电流比较大,母材熔深大,生产率高,适于焊接中厚板,比如 8 mm 以上的铝容器。为了使焊接电弧稳定,通常采用直流反接,这对于焊铝工件正好有"阴极破碎"作用。

② 氩弧焊的特点

a. 用氩气保护可焊接化学性质活泼的非铁金属及其合金或特殊性能钢,如不锈钢等。

b. 电弧燃烧稳定,飞溅小,表面无熔渣,焊缝成形美观,焊接质量好。

c. 电弧在气流压缩下燃烧,热量集中,焊缝周围气流冷却,热影响区小,焊后变形小,适宜薄板焊接。

d. 明弧可见,操作方便,易于自动控制,可实现各种位置焊接。

e. 氩气价格较贵,焊件成本高。

综上所述,氩弧焊主要适于焊接铝、镁、钛及其合金、稀有金属、不锈钢、耐热钢等。脉冲钨极氩弧焊还适于焊接 0.8 mm 以下的薄板。

(2) CO_2 气体保护焊

CO_2 焊是利用廉价的 CO_2 作为保护气体,既可降低焊接成本,又能充分利用气体保护焊的优势。CO_2 焊的焊接过程如图 4-17 所示。

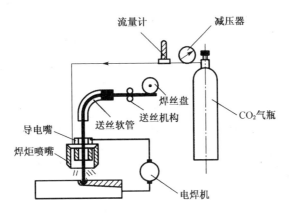

图 4-17 CO_2 气体保护焊示意图

CO_2 气体经焊枪的喷嘴沿焊丝周围喷射,形成保护层,使电弧、熔滴和熔池与空气隔绝。由于 CO_2 气体是氧化性气体,在高温下能使金属氧化,烧损合金元素,所以不能焊接易氧化的非铁金属和不锈钢。因 CO_2 气体冷却能力强,熔池凝固快,焊缝中易产生气孔。若焊丝中含碳量高,飞溅较大。因此要使用冶金中能产生脱氧和渗合金的特殊焊丝来完成 CO_2 焊。常用的 CO_2 焊焊丝是 H08Mn2SiA,适于焊接抗拉强度小于 600 MPa 的低碳钢和普通低合金结构钢。为了稳定电弧,减少飞溅,CO_2 焊采用直流反接。

CO_2 气体保护焊的特点如下:

① 生产率高。CO_2 焊电流大,焊丝熔敷速度快,焊件熔深大,易于自动化,生产率比手工电弧焊提高 1～4 倍。

② 成本低。CO_2 气体价廉,焊接时不需要涂料焊条和焊剂,总成本仅为手工电弧焊和埋弧焊的 45% 左右。

③ 焊缝质量较好。CO_2 焊电弧热量集中,加上 CO_2 气流强冷却,焊接热影响区小,焊后变形小,采用合金焊丝,焊缝中氢含量低,焊接接头抗裂性好,焊接质量较好。

④ 适应性强。焊缝操作位置不受限制,能全位置焊接,易于实现自动化。

⑤ 由于是氧化性保护气体,不宜焊接非铁金属和不锈钢。

⑥ 焊缝成形稍差,飞溅较大。

⑦ 焊接设备较复杂,使用和维修不方便。CO_2 焊主要适用于焊接低碳钢和强度级别不高的普通低合金结构钢焊件,焊件厚度最厚可达 50 mm(对接形式)。

4)压焊与钎焊

压焊与钎焊也是应用比较广的焊接方法。压力焊是在焊接过程中需要加压的一类焊接方法,简称压焊。主要包括电阻焊、摩擦焊、爆炸焊、扩散焊和冷压焊等,这里主要介绍电阻焊和摩擦焊。钎焊是利用熔点比母材低的填充金属熔化后,填充接头间隙并与固态的母材相互扩散,实现连接的焊接方法。

(1)电阻焊

电阻焊是将焊件组合后通过电极施加压力,利用电流通过焊件及其接触处所产生的电阻热,将焊件局部加热到塑性或熔化状态,然后在压力下形成焊接接头的焊接方法。

由于工件的总电阻很小,为使工件在极短时间内迅速加热,必须采用很大的焊接电流(几千到几万安培)。与其他焊接方法相比,电阻焊具有生产率高、焊接变形小、不需另加焊接材料、劳动条件好、操作简便、易实现机械化等优点;但其设备较一般熔焊复杂,耗电量大,可焊工件厚度(或断面尺寸)及接头形式受到限制。按工件接头形式和电极形状不同,电阻焊分为点焊、缝焊和对焊三种形式。

① 点焊

点焊是利用柱状电极加压通电,在搭接工件接触面之间产生电阻热,将焊件加热并局部熔化,形成一个熔核(周围为塑性态),然后,在压力下熔核结晶成焊点,如图 4-18 所示。图 4-19 为几种典型的点焊接头形式。

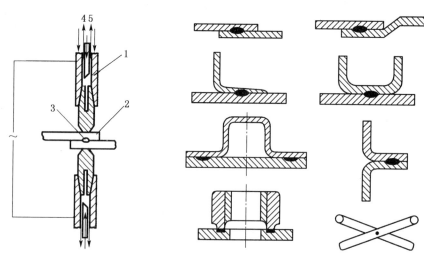

图 4-18　点焊示意图
1—电极;2—焊件;3—熔核;
4—冷却水;5—压力

图 4-19　典型的点焊接头形式示意图

焊完一个点后,电极将移至另一点进行焊接。当焊接下一个点时,有一部分电流会流经已焊好的焊点,称为分流现象。分流将使焊接处电流减小,影响焊接质量。因此两个相邻焊点之间应有一定距离。工件厚度越大,材料导电性越好,则分流现象越严重,故点距应加大。表 4-3 为不同材料及不同厚度工件焊点之间的最小距离。

表 4-3　点焊焊点之间的最小距离　　　　　　　　　　(单位:mm)

工件厚度	点　距		
	结构钢	耐热钢	铝合金
0.5	10	8	15
1	12	10	18
2	16	14	25
3	20	18	30

影响点焊质量的主要因素有焊接电流、通电时间、电极压力及工件表面清理情况等。点焊焊件都采用搭接接头。

点焊主要适用于厚度为 0.05~6 mm 的薄板、冲压结构及线材的焊接,目前,点焊已广泛用于制造汽车、飞机、车厢等薄壁结构以及罩壳和轻工、生活用品等。

② 缝焊

缝焊过程与点焊相似,只是用旋转的圆盘状滚动电极代替柱状电极,焊接时,盘状电极压紧焊件并转动(也带动焊件向前移动),配合断续通电,即形成连续重叠的焊点,因此称为缝焊,如图 4-20 所示。缝焊时,焊点相互重叠 50% 以上,密封性好。主要用于制造要求密封性的薄壁结构,如油箱、小型容器与管道等。但因缝焊过程分流现象严重,焊接相同厚度的工件时,焊接电流约为点焊的 1.5~2 倍,因此要使用大功率电焊机,只适用于厚度 3 mm 以下的薄板结构。

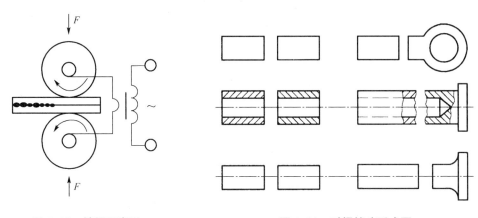

图 4-20　缝焊示意图　　　　　图 4-21　对焊接头形式图

③ 对焊

对焊是利用电阻热使两个工件整个接触面焊接起来的一种方法,可分为电阻对焊和闪光对焊。焊件配成对接接头形式,如图 4-21 所示。对焊主要用于刀具、管子、钢筋、钢轨、锚链、链条等的焊接。

a. 电阻对焊,是将两个工件夹在对焊机的电极钳口中,施加预压力使两个工件端面接触,并被压紧,然后通电,当电流通过工件和接触端面时产生电阻热,将工件接触处迅速加热到塑性状态(碳钢为 1 000～1 250℃),再对工件施加较大的顶锻力并同时断电,使接头在高温下产生一定的塑性变形而焊接起来,如图 4-22(a)所示。电阻对焊操作简单,接头比较光滑。电阻对焊一般只用于焊接截面形状简单、直径(或边长)小于 20 mm 和强度要求不高的杆件。

b. 闪光对焊,是将两工件先不接触,接通电源后使两工件轻微接触,因工件表面不平,首先只是某些点接触,强电流通过时,这些接触点的金属即被迅速加热熔化、蒸发、爆破,高温颗粒以火花形式从接触处飞出而形成"闪光"。此时应保持一定闪光时间,待焊件端面全部被加热熔化时,迅速对焊件施加顶锻力并切断电源,焊件在压力作用下产生塑性变形而焊在一起,如图 4-22(b)所示。

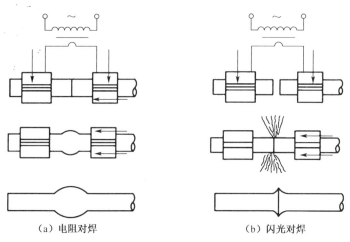

(a) 电阻对焊　　　　　　　　　(b) 闪光对焊

图 4-22　对焊示意图

在闪光对焊的焊接过程中,工件端面的氧化物和杂质在最后加压时随液态金属挤出,因此接头中夹渣少,质量好,强度高。闪光对焊的缺点是金属损耗较大,闪光火花易污染其他设备与环境,接头处有毛刺需要加工清理。

闪光对焊常用于对重要工件的焊接,还可焊接一些异种金属,如铝与铜、铝与钢等的焊接,被焊工件直径可小到 0.01 mm 的金属丝,也可以是断面大到 20 mm² 的金属棒和金属型材。

(2) 摩擦焊

摩擦焊是利用工件间相互摩擦产生的热量,同时加压而进行焊接的方法。图 4-23 是摩擦焊示意图。先将两焊件夹在焊机上,加一定压力使焊件紧密接触。然后一个焊件做旋转运动,另一个焊件向其靠拢,使焊件接触摩擦产生热量,待工件端面被加热到高温塑性状态时立即使焊件停止旋转,同时对端面加大压力使两焊件产生塑性变形而焊接起来。

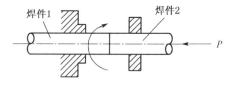

图 4-23　摩擦焊示意图

摩擦焊的特点如下:

① 接头质量好而且稳定。在摩擦焊过程中,焊件接触表面的氧化膜与杂质被清除,因此,接头组织致密,不易产生气孔、夹渣等缺陷。

② 可焊接的金属范围较广,不仅可以焊接同种金属,也可以焊接异种金属。

③ 生产率高、成本低,焊接操作简单,接头不需要特殊处理,不需要焊接材料,容易实现自

动控制,电能消耗少。

④ 设备复杂,一次性投资较大。

摩擦焊主要用于旋转件的压焊,非圆截面焊接比较困难。图4-24示出了摩擦焊可用的接头形式。

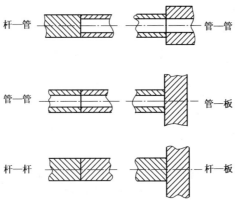

图4-24　摩擦焊接头形式示意图

（3）钎焊

钎焊是利用熔点比焊件低的钎料作为填充金属,加热时钎料熔化而母材不熔化,利用液态钎料浸润母材,填充接头间隙并与母材相互扩散而将焊件连接起来的焊接方法。

钎焊接头的承载能力很大程度上取决于钎料,根据钎料熔点的不同,钎焊可分为硬钎焊与软钎焊两类。

① 硬钎焊

钎料熔点在450℃以上,接头强度在200 MPa以上的钎焊,为硬钎焊。属于这类的钎料有铜基、银基钎料等。钎剂主要有硼砂、硼酸、氟化物和氯化物等。硬钎焊主要用于受力较大的钢铁和铜合金构件的焊接,如自行车架、刀具等。

② 软钎焊

钎料熔点在450℃以下,焊接接头强度较低,一般不超过70 MPa的钎焊,为软钎焊。如锡焊是常见的软钎焊,所用钎料为锡铅,钎剂有松香、氧化锌溶液等。软钎焊广泛用于电子元器件的焊接。钎焊构件的接头形式都采用板料搭接和套件镶接。图4-25所示,是几种常见的形式。

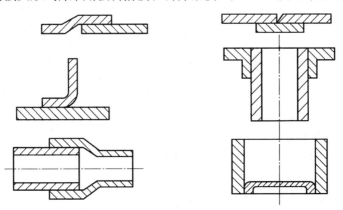

图4-25　钎焊接头形式示意图

③ 钎焊的特点

与一般熔化焊相比,钎焊的特点如下:

a. 工件加热温度较低,组织和力学性能变化很小,变形也小,接头光滑平整。

b. 可焊接性能差异很大的异种金属,对工件厚度的差别也没有严格限制。

c. 生产率高,工件整体加热时可同时钎焊多条接缝。

d. 设备简单,投资费用少。

但钎焊的接头强度较低,尤其是动载强度低,允许的工作温度不高。

4.1.3 常用金属材料的焊接

1) 金属材料的焊接性

(1) 金属焊接性的概念

金属材料的焊接性是指金属材料对焊接加工的适应能力。它主要是指在一定的焊接工艺条件下(包括焊接方法、焊接材料、焊接工艺参数和结构型式等),一定的金属材料获得优质焊接接头的难易程度。焊接性包括两方面的内容:

① 工艺焊接性。主要是指某种材料在给定的焊接工艺条件下,形成完整而无缺陷的焊接接头的能力。对于熔焊而言,焊接过程一般都要经历热过程和冶金过程,焊接热过程主要影响焊接热影响区的组织性能,而冶金过程则影响焊缝的性能。

② 使用焊接性。是指在给定的焊接工艺条件下,焊接接头或整体结构满足使用要求的能力。其中包括焊接接头的常规力学性能、低温韧性、高温蠕变、抗疲劳性能,以及耐热、耐蚀、耐磨等特殊性能。

金属的焊接性是材料的一种加工性能,它取决于金属材料本身的性质和加工条件。因此,随着焊接技术的发展,金属焊接性也会改变。例如,化学活泼性极强的钛,焊接是比较困难的,以前认为钛的焊接性很不好,但自氩弧焊的应用比较成熟以后,钛及其合金的焊接结构已在航空业等部门广泛应用。由于新能源的发展,等离子弧焊接、真空电子束焊接、激光焊接等新的焊接方法相继出现,使得钨、铌、钼、钽等高熔点金属及其合金的焊接成为可能。

(2) 金属焊接性评价方法

① 碳当量法

碳当量法是根据钢材的化学成分粗略地估计其焊接性好坏的一种间接评估法。将钢中的合金元素(包括碳)的含量按其对焊接性影响程度换算成碳的影响,其总和称为碳当量,用符号 C_E 表示。国际焊接学会推荐的碳钢和低合金高强钢碳当量计算公式为

$$C_E = (W_C + W_{Mn})/6 + (W_{Cr} + W_{Mo} + W_V)/5 + (W_{Ni} + W_{Cu})/15 \quad (\%)$$

式中:化学元素符号表示该元素在钢材中含量的百分数。碳当量 C_E 值越高,钢材的淬硬倾向越大,冷裂敏感性也越大,焊接性越差。

a. 当 $C_E < 0.4\%$ 时,钢材的淬硬倾向和冷裂敏感性不大,焊接性良好,焊接时一般可不预热。

b. $C_E = 0.4\% \sim 0.6\%$ 时,钢材的淬硬倾向和冷裂敏感性增大,焊接性较差,焊接时需要采取预热、控制焊接工艺参数、焊后缓冷等工艺措施。

c. 当 $C_E > 0.6\%$ 时，钢材的淬硬倾向大，容易产生冷裂纹，焊接性差，焊接时需要采用较高的预热温度、采取减少焊接应力和防止开裂的工艺措施、焊后适当的热处理等措施来保证焊缝质量。

由于碳当量计算公式是在某种试验情况下得到的，对钢材的适用范围有限，它只考虑了化学成分对焊接性的影响，没有考虑冷却速度、结构刚性等重要因素对焊接性的影响，所以利用碳当量只能在一定范围内粗略地评估焊接性。

② 冷裂纹敏感系数法

碳当量只考虑了钢材的化学成分对焊接性的影响，而没有考虑钢板厚度、焊缝含氢量等重要因素的影响。而冷裂纹敏感系数法是先通过化学成分、钢板厚度(h)、熔敷金属中扩散氢含量(H)计算冷裂敏感系数 P_C，然后利用 P_C 确定所需预热温度 θ_P，计算公式如下：

$$P_C = [W_C + W_{Si}/30 + W_{Mn}/20 + W_{Cu}/20 + W_{Ni}/60 + W_{Cr}/20 + W_{Mo}/15 + W_V/10 + 5B + h/600 + H/60](\%)$$

$$\theta_P = 1\ 400P_C - 392(℃)$$

冷裂纹敏感系数法只适用于低碳(C 的质量分数为 $0.07\% \sim 0.22\%$)，且含多种微量合金元素的低合金高强度钢。

2) 碳钢及低合金结构钢的焊接

(1) 低碳钢的焊接

低碳钢的含碳量小于 0.25%，碳当量数值小于 0.40%，所以这类钢的焊接性能良好，焊接时一般不需要采取特殊的工艺措施，用各种焊接方法都能获得优质焊接接头。只有厚大结构件在低温下焊接时，才应考虑焊前预热，如板厚大于 50 mm、温度低于 0℃ 时，应预热到 $100 \sim 150℃$。

低碳钢结构件手工电弧焊时，根据母材强度等级一般选用酸性焊条 E4303(J422)、E4320(J424)等；承受动载荷、结构复杂的厚大焊件，选用抗裂性好的碱性焊条 E4351(J427)、E4316(J426)等。埋弧焊时，一般选用焊丝 H08A 或 H08MnA 配合焊剂 HJ431。

沸腾钢脱氧不完全，含氧量较高，S、P 等杂质分布不均匀，焊接时裂纹倾向大，不宜作为焊接结构件，重要的结构件选用镇静钢。

(2) 中、高碳钢的焊接

由于中碳钢含碳量增加(C 的质量分数为 $0.25\% \sim 0.6\%$)，碳当量数值大于 0.40%，中碳钢焊接时，热影响区组织淬硬倾向增大，较易出现裂纹和气孔，为此要采取一定的工艺措施。如 35、45 钢焊接时，焊前应预热到 $150 \sim 250℃$。根据母材强度级别，选用碱性焊条 E5015(J507)、E5016(J506)等。为避免母材过量熔入焊缝，导致碳含量增高，要开坡口并采用细焊条、小电流、多层焊等工艺。焊后缓冷，并进行 $600 \sim 650℃$ 回火，以消除应力。

高碳钢碳当量数值在 0.60% 以上，淬硬倾向更大，易出现各种裂纹和气孔，焊接性差，一般不用来制作焊接结构，只用于破损工件的焊补。焊补时通常采用手工电弧焊或气焊，预热温度 $250 \sim 350℃$，焊后缓冷，并立即进行 650℃ 以上高温回火，以消除应力。

(3) 低合金结构钢的焊接

焊接结构中，用得最多的是低合金结构钢，又称低合金高强钢。主要用于建筑结构和工程结构，如压力容器、锅炉、桥梁、船舶、车辆和起重机械等。

① 焊接特点如下：

a. 热影响区有淬硬倾向，低合金结构钢焊接时，热影响区可能产生淬硬组织，淬硬程度与钢材的化学成分和强度级别有关。钢中含碳及合金元素越多，钢材强度级别越高，则焊后热影响区的淬硬倾向越大。如 300 MPa 强度级的 09Mn2、09Mn2Si 等钢材的淬硬倾向很小，其焊接性与一般低碳钢基本一样。350 MPa 级的 Q345 即（16Mn）钢淬硬倾向也不大，但当实际含碳量接近允许上限或焊接工艺参数不当时，过热区也完全可能出现马氏体等淬硬组织。强度级别较大的低合金钢，淬硬倾向增加。热影响区容易产生马氏体组织，硬度明显增高，塑性和韧度则下降。

b. 焊接接头的裂纹倾向，随着钢材强度级别的提高，产生冷裂纹的倾向也加剧。影响冷裂纹的因素主要有三个方面：一是焊缝及热影响区的含氢量；二是热影响区的淬硬程度；三是焊接接头的应力大小。

② 根据低合金结构钢的焊接特点，生产中可分别采取以下工艺措施：

a. 对于强度级别较低的钢材，在常温下焊接时与低碳钢基本一样。在低温或在大刚度、大厚度构件上进行小焊脚、短焊缝焊接时，应防止出现淬硬组织，要适当增大焊接电流、减慢焊接速度、选用抗裂性强的低氢型焊条，必要时需采用预热措施，预热温度可参考表 4-4。

b. 对锅炉、压力容器等重要构件，当厚度大于 20 mm 时，焊后必须进行退火处理，以消除应力。

c. 对于强度级别高的低合金结构钢件，焊前一般均需预热，焊接时，应调整焊接参数，以控制热影响区的冷却速度不宜过快。焊后还应进行热处理以消除内应力。

表 4-4　不同环境温度下焊接 16Mn 钢的预热温度

板厚（mm）	不同温度下的预热温度（℃）
16 以下	≥−10 不预热，<10 以下预热 100～150
16～24	≥−5 不预热，<5 以下预热 100～150
25～40	≥0 不预热，<0 以下预热 100～150
40 以上	均预热 100～150

3）不锈钢的焊接

奥氏体型不锈钢如 0Cr18Ni9 等。虽然 Cr、Ni 元素含量较高，但 C 含量低，焊接性良好，焊接时一般不需要采取特殊的工艺措施，因此它在不锈钢焊接中应用最广。焊条电弧焊、埋弧焊、钨极氩弧焊时，焊条、焊丝和焊剂的选用应保证焊缝金属与母材成分类型相同。焊接时采用小电流、快速不摆动焊，焊后加大冷速，接触腐蚀介质的表面应最后施焊。铁素体型不锈钢如 1Cr17 等，焊接时热影响区中的铁素体晶粒易过热粗化，使焊接接头性能下降。一般采取低温预热（不超过 150℃），缩短在高温停留时间。此外，采用小电流、快速焊等工艺可以减小晶粒长大倾向。马氏体型不锈钢焊接时，因空冷条件下焊缝就能转变为马氏体组织，所以焊后淬硬倾向大，易出现冷裂纹。如果碳含量较高，淬硬倾向和冷裂纹现象更严重，因此，焊前预热温度（200～400℃），焊后要进行热处理。如果不能实施预热或热处理，应用奥氏体不锈钢焊条。

铁素体型不锈钢和马氏体型不锈钢焊接的常用方法是手工电弧焊和氩弧焊。

4）铸铁的焊补

铸铁中 C、Si、Mn、S、P 含量比碳钢高，组织不均匀，塑性很低，属于焊接性很差的材料，因此不能用铸铁设计和制造焊接构件。但铸铁件常出现铸造缺陷，铸铁零件在使用过程中有时会发生局部损坏或断裂，用焊接手段将其修复有很大的经济效益。所以，铸铁的焊接主要是焊补工作。

（1）铸铁的焊接特点

① 熔合区易产生白口组织。由于焊接时为局部加热，焊后铸铁件上的焊补区冷却速度远比铸造成形时快得多，因此很容易形成白口组织，焊后很难进行机械加工。

② 铸铁强度低，塑性差，当焊接应力较大时就会产生裂纹。此外，铸铁因碳及硫、磷杂质含量高，基体材料过多熔入焊缝中，易产生裂纹。

③ 铸铁含碳量高，焊接时易生成 CO_2 和 CO 气体，产生气孔。

此外，铸铁的流动性好，立焊时熔池金属容易流失，所以一般只应进行平焊。

（2）铸铁补焊方法

按焊前预热温度，铸铁的补焊可分为热焊法和冷焊法两大类。

① 热焊法，焊前将工件整体或局部预热到 $600 \sim 700 \, ℃$，焊补后缓慢冷却。热焊法能防止工件产生白口组织和裂纹，焊补质量较好，焊后可进行机械加工，但热焊法成本较高，生产率低，焊工劳动条件差。热焊采用手工电弧焊或气焊进行焊补较为适宜，一般选用铁基铸铁焊条（丝）或低碳钢芯铸铁焊条，应用于焊补形状复杂、焊后需进行加工的重要铸件，如床头箱、汽缸体等。

② 冷焊法，焊补前工件不预热或只进行 400℃ 以下的低温预热。焊补时主要依靠焊条来调整焊缝的化学成分以防止或减少白口组织，焊后及时锤击焊缝以松弛应力，防止焊后开裂。冷焊法方便、灵活、生产率高、成本低、劳动条件好，但焊接处切削加工性能较差。生产中多用于焊补要求不高的铸件以及不允许高温预热引起变形的铸件。

冷焊法一般采用手工电弧焊进行焊补。根据铸铁性能、焊后对切削加工的要求及铸件的重要性等来选定焊条。常用的有：钢芯或铸铁芯铸铁焊条，适用于一般非加工面的焊补；镍基铸铁焊条，适用于重要铸件的加工面的焊补；铜基铸铁焊条，用于焊后需要加工的灰铸铁件的焊补。

5）非铁金属的焊接

常用的非铁金属有铝、铜、钛及其合金等。由于非铁金属具有许多特殊性能，在工业中应用越来越广，其焊接技术也越来越受到重视。

（1）铝及铝合金的焊接

工业中主要对纯铝、铝锰合金、铝镁合金和铸铝件进行焊接。其焊接特点有：

① 极易氧化。铝与氧的亲和力很大，形成致密的氧化铝薄膜（熔点高达 2 050℃），覆盖在金属表面，能阻碍母材金属熔合。此外，氧化铝的密度较大，进入焊缝易形成夹杂缺陷。

② 易变形、开裂。铝的导热系数较大，焊接中要使用大功率或能量集中的热源。焊件厚度较大时应考虑预热，铝的膨胀系数也较大，易产生焊接应力与变形，并可能导致裂纹的产生。

③ 易生成气孔。液态铝及其合金能吸收大量氢气，而固态铝却几乎不能溶解氢，因此在熔池凝固中易产生气孔。

④ 熔融状态难控制。铝及其合金固态向液态转变时无明显的颜色变化,不易控制,容易焊穿,此外,铝在高温时强度和塑性很低,焊接中经常由于不能支持熔池金属而形成焊缝塌陷,因此常需采用垫板进行焊接。

目前焊接铝及铝合金的常用方法有氩弧焊、气焊、点焊、缝焊和钎焊。其中氩弧焊是焊接铝及铝合金较好的方法。气焊常用于要求不高的铝及铝合金工件的焊接。

(2)铜及铜合金的焊接

铜及铜合金的焊接比低碳钢困难得多。其特点如下:

① 焊缝难熔合、易变形。铜的导热性很高(紫铜为低碳钢的 6~8 倍),焊接时热量非常容易散失,容易造成焊不透的缺陷;铜的线胀系数及收缩率都很大,结果焊接应力大,易变形。

② 热裂倾向大。液态铜易氧化,生成的 Cu_2O,与硫生成 Cu_2S,它们与铜可组成低熔点共晶体,分布在晶界上形成薄弱环节,焊接过程中极易引起开裂。

③ 易产生气孔。铜在液态时吸气性强,特别容易吸收氢气,凝固时来不及逸出,就会在工件中形成气孔。

④ 不适于电阻焊。铜的电阻极小,不能采用电阻焊。某些铜合金比纯铜更容易氧化,使焊接的困难增大。例如,黄铜(铜锌合金)中的锌沸点很低,极易蒸发并生成氧化锌(ZnO),锌的烧损不但改变了接头的化学成分、降低接头性能,而且所形成的氧化锌烟雾易引起焊工中毒。铝青铜中的铝,在焊接中易生成难熔的氧化铝,增大熔渣黏度,易生成气孔和夹渣。铜及铜合金可用氩弧焊、气焊、埋弧焊、钎焊等方法进行焊接。其中氩弧焊主要用于焊接紫铜和青铜件,气焊主要用于焊接黄铜件。

(3)钛及钛合金的焊接

钛的熔点 1 725℃,密度为 4.5 g/cm³,钛合金具有高强度、低密度、强抗腐蚀性和优良的低温韧性,是航天工业的理想材料,因此焊接该种材料成为在尖端技术领域中必然要遇到的问题。由于钛及钛合金的化学性质非常活泼,极易出现多种焊接缺陷,焊接性差,因此,主要采用氩弧焊,此外还可采用等离子弧焊、真空电子束焊和钎焊等。钛及钛合金极易吸收各种气体,使焊缝出现气孔。过热区晶粒粗化或形成马氏体以及氢、氧、氮与母材金属的激烈反应,都使焊接接头脆化,产生裂纹。氢是使钛及钛合金焊接出现延迟裂纹的主要原因。3 mm 以下薄板钛合金的钨极氩弧焊焊接工艺比较成熟,但焊前的清理工作、焊接中工艺参数的选定和焊后热处理工艺都要严格控制。

4.1.4 焊接结构工艺性

设计焊接结构时,既要根据该结构的使用要求,包括一定的形状、工作条件和技术要求等,也要考虑结构的焊接工艺要求,力求焊接质量良好,焊接工艺简单,生产率高,成本低。焊接结构工艺性,一般包括焊接件材料的选择、焊接方法的选择、焊缝的布置和焊接接头及坡口形式设计等。

1)焊接结构的材料选择

焊接结构在满足使用性能要求的前提下,首先要考虑选择焊接性能较好的材料来制造。在选择焊接件的材料时,要注意以下几个问题:

（1）尽量选择低碳钢和碳当量小于 0.4% 的低合金结构钢。

（2）应优先选用强度等级低的低合金结构钢,这类钢的焊接性与低碳钢基本相同,钢材价格也不贵,而强度却能显著提高。

（3）强度等级较高的低合金结构钢,焊接性能虽然差些,但只要采取合适的焊接材料与工艺,也能获得满意的焊接接头。设计强度要求高的重要结构可以选用。

（4）镇静钢比沸腾钢脱氧完全,组织致密,质量较高,可选作重要的焊接结构。

（5）异种金属的焊接,必须特别注意它们的焊接性及其差异,对不能用熔焊方法获得满意接头的异种金属应尽量不选用。

2）焊接方法的选择

各种焊接方法都有其各自特点及适用范围,选择焊接方法时要根据焊件的结构形状、材质、焊接质量要求、生产批量和现场设备等,确定最适宜的焊接方法,以保证获得优良质量的焊接接头,并具有较高的生产效率。

选择焊接方法时应遵循以下原则:

（1）焊接接头使用性能及质量要符合要求,如点焊、缝焊都适于薄板结构焊接,缝焊才能焊出有密封要求的焊缝;又如氩弧焊和气焊都能焊接铝合金,但氩弧焊的接头质量高。

（2）提高生产率,降低成本,若板材为中等厚度时,选择手工电弧焊、埋弧焊和气体保护焊均可。如果是平焊长直焊缝或大直径环焊缝,批量生产,应选用埋弧焊;如果是不同空间位置的短曲焊缝,单件或小批量生产,采用手工电弧焊为好。

（3）可行性,要考虑现场是否具有相应的焊接设备,野外施工有否电源等。

3）焊接接头的工艺设计

焊接接头的工艺设计包括焊缝的布置、接头的形式和坡口的形式等。

（1）焊缝的布置

合理的焊缝位置是焊接结构设计的关键,与产品质量、生产率、成本及劳动条件密切相关。其一般工艺设计原则如下:

① 焊缝的布置尽可能的分散。焊缝密集或交叉,会造成金属过热,热影响区增大,使组织恶化;同时焊接应力增大,甚至引起裂纹,如图 4-26 所示。

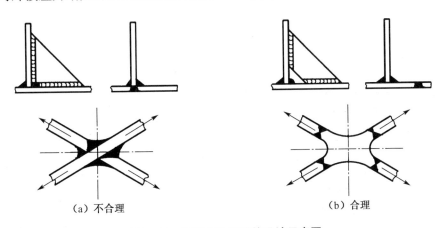

（a）不合理　　　　　　　　　　　（b）合理

图 4-26　焊缝分散布置的设计示意图

② 焊缝的布置尽可能的对称。为了减小变形,最好是能同时施焊,如图 4-27 所示。

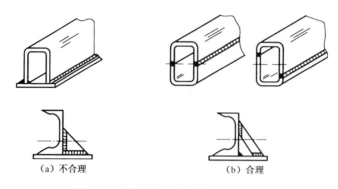

图 4-27　焊缝对称布置的设计示意图

③ 便于焊接操作。手工电弧焊时,至少焊条能够进入待焊的位置,如图 4-28 所示;点焊和缝焊时,电极能够进入待焊的位置,如图 4-29 所示。

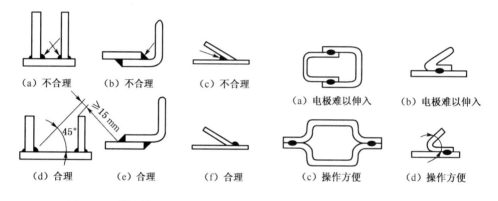

图 4-28　搭接缝焊的布置　　　　　**图 4-29　点焊或缝焊焊缝的布置**

④ 焊缝要避开应力较大和应力集中部位。对于受力较大、结构较复杂的焊接构件,在最大应力断面和应力集中位置不应布置焊缝。如大跨度的焊接钢梁,焊缝应避免在梁的中间,如图 4-30(a)所示;压力容器的封头应有一直壁段,不可采用如图 4-30(b)所示的无折边封头结构;在构件截面有急剧变化的位置,不应如图 4-30(c)所示布置焊缝。

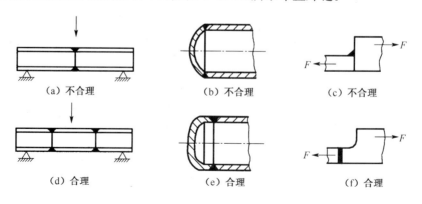

图 4-30　焊缝避开最大应力及应力集中位置布置的设计示意图

⑤ 焊缝应尽量避开机械加工表面。需要进行机械加工,如焊接轮毂、管配件等,其焊缝位置的设计应尽可能距离已加工表面远一些,如图 4-31 所示。

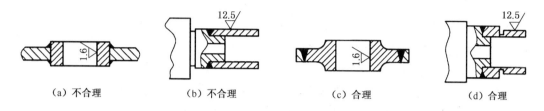

（a）不合理　　　　（b）不合理　　　　（c）合理　　　　（d）合理

图 4-31　焊缝远离机械加工表面的设计示意图

（2）接头的设计

焊接接头设计应根据焊件的结构形状、强度要求、工件厚度、焊后变形大小、焊条消耗量、坡口加工难易程度、焊接方法等因素综合考虑决定。主要包括接头形式和坡口形式等,如图 4-32 所示。

① 焊接接头形式

焊接碳钢和低合金钢常用的接头形式可分为对接、角接、T 形接和搭接等。对接接头受力比较均匀,是最常用的接头形式,重要的受力焊缝应尽量选用。搭接接头因两工件不在同一平面,受力时将产生附加弯矩,金属消耗量也大,一般应避免采用。但搭接接头不需开坡口,装配时尺寸要求不高,对某些受力不大的平面连接与空间构架,采用搭接接头可节省工时。角接接头与 T 形接头受力情况都较对接接头复杂,但接头成直角或一定角度连接时,必须采用这种接头形式。

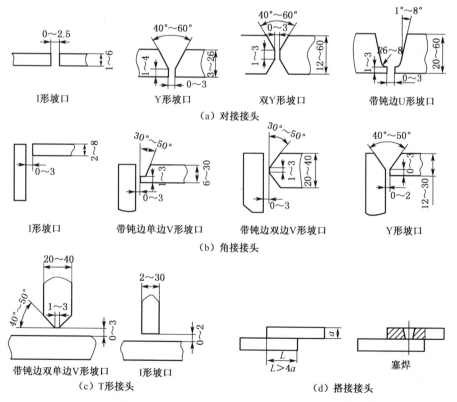

（a）对接接头

（b）角接接头

（c）T 形接头　　　　　　　　（d）搭接接头

图 4-32　手工电弧焊焊接接头及坡口形式

② 焊接坡口形式

开坡口的目的是使焊件接头根部焊透,同时焊缝美观,此外,通过控制坡口的大小,来调节焊缝中母材金属与填充金属的比例,以保证焊缝的化学成分。手工电弧焊坡口的基本形式是I形坡口(或称不开坡口)、Y形坡口、双Y形坡口、U形坡口四种,不同的接头形式有各种形式的坡口,其选择主要根据焊件的厚度(见图4-32)。

③ 接头过渡形式

两个焊接件的厚度相同时,双Y形坡口比Y形坡口节省填充金属,而且双Y形坡口焊后角变形较小,但是,这种坡口需要双面施焊。U形坡口也比Y形坡口节省填充金属,但其坡口需要机械加工。坡口形式的选择既取决于板材厚度,也要考虑加工方法和焊接工艺性。如要求焊透的受力焊缝,尽量采用双面焊,以保证接头焊透,且变形小,但生产率低。若不能双面焊时才开单面坡口焊接。

对于不同厚度的板材,为保证焊接接头两侧加热均匀,接头两侧板厚截面应尽量相同或相近,如图4-33所示。不同厚度钢板对接时允许厚度差见表4-5。

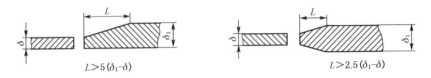

图 4-33　不同厚度对接图

表 4-5　不同厚度钢板对接时允许厚度差　　　　　　　　　　(单位:mm)

较薄板的厚度	2~5	6~8	9~11	>12
允许厚度差	1	2	3	4

→检查评估

1. 选择题

(1) 汽车油箱生产时常采用的焊接方法是(　　)。

A. CO_2 保护焊 　　　　　　　　　　B. 手工电弧焊

C. 缝焊 　　　　　　　　　　　　　　D. 埋弧焊

(2) 车刀刀头一般采用的焊接方法是(　　)。

A. 手工电弧焊 　　　　　　　　　　　B. 埋弧焊

C. 氩弧焊 　　　　　　　　　　　　　D. 铜钎焊

(3) 焊接时刚性夹持可以减少工件的(　　)。

A. 应力 　　　　　　　　　　　　　　B. 变形

C. A 和 B 都可以 　　　　　　　　　　D. 气孔

(4) 结构钢件选用焊条时,不必考虑的是(　　)。

A. 钢板厚度 　　　　　　　　　　　　B. 母材强度

C. 工件工作环境 　　　　　　　　　　D. 工人技术水平

(5) 铝合金板最佳焊接方法是(　　)。

A. 手工电弧焊　　　　B. 氩弧焊　　　　C. 埋弧焊　　　　D. 钎焊

(6) 结构钢焊条的选择原则是(　　)。

A. 焊缝强度不低于母材强度　　　　　　B. 焊缝塑性不低于母材塑性

C. 焊缝耐腐蚀性不低于母材　　　　　　D. 焊缝刚度不低于母材

2. 名词解释

(1)焊接热影响区;(2)酸性焊条;(3)碱性焊条;(4)电阻焊;(5)钎焊;(6)焊接性能;(7)碳当量。

3. 填空题

(1) J422 焊条可焊接的母材是_____,数字表示_____。

(2) 焊接熔池的冶金特点是_____,_____。

(3) 直流反接指焊条接_____极,工件接_____极。

(4) 按药皮类型可将电焊条分为_____、_____两类。

(5) 常用的电阻焊方法除点焊外,还有_____、_____。

(6) 20 钢、40 钢、T8 钢三种材料中,焊接性能最好的是_____,最差的是_____。

(7) 改善合金结构钢的焊接性能可用_____、_____等工艺措施。

(8) 酸性焊条的稳弧性比碱性焊条_____、焊接工艺性比碱性焊条_____、焊缝的塑韧性比碱性焊条焊缝的塑韧性_____。

4. 简答题

(1) 低碳钢焊缝热影响区包括哪几个部分? 简述其组织和性能。

(2) 简述酸性焊条、碱性焊条在成分、工艺性能、焊缝性能的主要区别。

(3) 电焊条的组织成分及其作用是什么?

(4) 简述手工电弧焊的原理及过程。

(5) 试从焊接质量、生产率、焊接材料、成本和应用范围等方面比较下列焊接方法:

① 手工电弧焊;② 埋弧焊;③ 氩弧焊;④ CO_2 保护焊。

(6) 试比较电阻焊和摩擦焊的焊接过程有何异同? 电阻对焊与闪光对焊有何区别?

(7) 说明下列制品采用什么焊接方法比较合适:①自行车车架;②钢窗;③汽车油箱;④电子线路板;⑤锅炉壳体;⑥汽车覆盖件;⑦铝合金板。

任务二　其他焊接方法

●●●●●●●●●●●

➙任务导入

1. 了解等离子弧焊、电子束焊接、激光焊接、扩散焊接方法的基本常识。

2. 了解焊接技术的发展趋势。

●●●●●●●●●●●

➙应知应会

随着现代工业技术的发展,如原子能、航空、航天等技术的发展,需要焊接一些新的材料和结构,对焊接技术提出更高的要求,于是出现了一些新的焊接工艺,如等离子弧焊、真空电子束焊、激光焊、真空扩散焊等,此处仅对一些焊接新工艺及焊接技术发展趋势作简单介绍。

4.2.1 等离子弧焊接与切割

普通电弧焊中的电弧,不受外界约束,称为自由电弧,电弧区内的气体尚未完全电离,能量也未高度集中起来。等离子弧是经过压缩的高能量密度的电弧,它具有高温(可达 24 000 ～50 000 K)、高速(可数倍于声速)、高能量密度(可达 $10^5 \sim 10^6$ W/cm^2)的特点。

1) 等离子弧的产生

等离子电弧发生装置如图 4-34 所示,在钨极和工件之间加一较高电压,经高频振荡使气体电离形成电弧,此电弧被强迫通过具有细孔道的喷嘴时,弧柱截面缩小,此作用称为机械压缩效应。

当通入一定压力和流量的氮气或氩气时,冷气流均匀地包围着电弧,形成了一层环绕弧柱的低温气流层,弧柱被进一步压缩,这种压缩作用称为热压缩作用。

同时,电弧周围存在磁场,电弧中定向运动的电子、离子流在自身磁场作用下,使弧柱被进一步压缩,此压缩称电磁压缩。

在机械压缩、热压缩和电磁压缩的共同作用下,弧柱直径被压缩到很细的范围内,弧柱内的气体电离度很高,便成为稳定的等离子弧。

2) 等离子弧焊接

等离子弧焊是利用等离子弧作为热源进行焊接的一种熔焊方法。它采用氩气作为等离子气,另外还应同时通入氩气作为保护气体。等离子弧焊接使用专用的焊接设备和焊炬,焊炬的构造保证在等离子弧周围通以均匀的氩气流,以保护熔池和焊缝不受空气的有害作用。因此,等离子弧焊接实质上是一种有压缩效应的钨极氩弧焊。等离子弧焊除具有氩弧焊的优点外,还有以下特点:

(1) 等离子弧能量密度大,弧柱温度高,穿透能力强,因此焊接厚度为 12 mm 以下的焊件可不开坡口,能一次焊透,实现单面焊双面成形。

(2) 等离子弧焊的焊接速度高,生产率高,焊接热影响区小,焊缝宽度和高度较均匀一致,焊缝表面光洁。

(3) 当电流小到 0.1 A 时,电弧仍能稳定燃烧,并保持良好的直线和方向性,故等离子弧焊可以焊接很薄的箔材。

但是等离子弧焊接设备比较复杂,气体消耗量大,只宜于在室内焊接。另外,小孔形等离子弧焊不适于手工操作,灵活性比钨极氩弧焊差。

等离子弧焊接已在生产中广泛应用于焊接铜合金、合金钢、钨、钼、钴、钛等金属焊件。如钛合金导弹壳体、波纹管及膜盒、微型继电器、电容器的外壳等。

3) 等离子弧切割

等离子弧切割原理如图 4-35 所示,它是利用高温、高速、高能量密度的等离子焰流冲力大的特点,将被切割材料局部加热熔化并随即吹除,从而形成较整齐的割口。其割口窄,切割面的质量较好,切割速度快,切割厚度可达 150～200 mm。等离子弧可以切割不锈钢、铸铁、铝、铜、钛、镍、钨及其合金等。

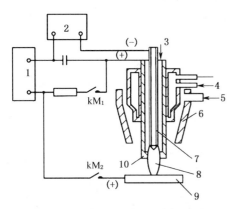

图 4-34　等离子弧发生装置示意图
1—焊接电源;2—高频振荡器;3—离子气;
4—冷却水;5—保护气体;6—保护气罩;
7—钨极;8—等离子弧;9—焊件;10—喷嘴

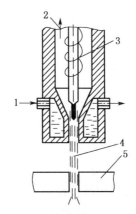

图 4-35　等离子弧切割示意图
1—冷却水;2—离子气;3—钍钨极;
4—等离子弧;5—工件

4.2.2　电子束焊接

电子束焊是利用高速、集中的电子束轰击焊件表面所产生的热量进行焊接的一种熔焊方法。电子束焊可分为高真空型、低真空型和非真空型等。真空电子束焊接如图 4-36 所示。

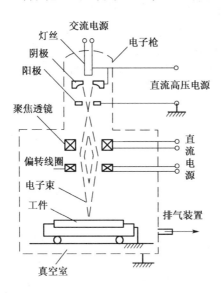

图 4-36　真空电子束焊示意图

电子枪、工件及夹具全部装在真空室内。电子枪由加热灯丝、阴极、阳极及聚焦装置等组成。当阴极被灯丝加热到 2 600 K 时,能发出大量电子。这些电子在阴极与阳极(焊件)间的高压作用下,经电磁透镜聚集成电子流束,以极高速度(可达到 160 000 km/s)射向焊件表面,使电子的动能转变为热能,其能量密度($10^6 \sim 10^8$ W/cm^2)比普通电弧大1 000 倍,故使焊件金属迅速熔化,甚至气化。根据焊件的熔化程度,适当移动焊件,即能得到要求的焊接接头。

电子束焊具有以下优点:

（1）效率高，成本低，电子束的能量密度很高（约为手工电弧焊的 5 000～10 000 倍），穿透能力强，焊接速度快，焊缝深宽比大，在大批量或厚板焊件生产中，焊接成本仅为手工电弧焊的 50% 左右。

（2）电子束可控性好、适应性强，焊接工艺参数范围宽且稳定，单道焊熔深 0.03～300 mm；既可以焊接低合金钢、不锈钢、铜、铝、钛及其合金，又可以焊接稀有金属、难熔金属、异种金属和非金属陶瓷等。

（3）焊接质量很好。由于在高真空下进行焊接，无有害气体和金属电极污染，保证了焊缝金属的高纯度；焊接热影响区小，焊件变形也很小。

（4）厚件也不用开坡口，焊接时一般不需另加填充金属。电子束焊的主要缺点是焊接设备复杂，价格高，使用维护技术要求高，焊件尺寸受真空室限制，对接头装配质量要求严格。电子束焊已在航空航天、核能、汽车等部门获得广泛应用，如焊接航空发动机喷管、起落架、各种压缩机转子、叶轮组件、反应堆壳体、齿轮组合件等。

4.2.3 激光焊接

激光是一种亮度高、方向性强、单色性好的光束。激光束经聚焦后能量密度可达 $10^6 \sim 10^{12}\,\mathrm{W/cm^2}$，可用作焊接热源。在焊接中应用的激光器有固体及气体介质两种。固体激光器常用的激光材料是红宝石、钕玻璃或掺钕钇铝石榴石。气体激光器则使用二氧化碳。激光焊接的示意图，如图 4-37 所示。其基本原理是：利用激光器受激产生的激光束，通过聚焦系统可聚焦到十分微小的焦点（光斑）上，其能量密度很高。当调焦到焊件接缝时，光能转换为热能，使金属熔化形成焊接接头。

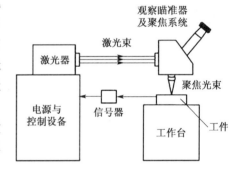

图 4-37 激光焊接示意图

根据激光器的工作方式，激光焊接可分为脉冲激光点焊和连续激光焊接两种。目前脉冲激光点焊已得到广泛应用。

激光焊接的特点是：

（1）激光辐射的能量释放极其迅速，点焊过程只几毫秒，不仅提高了生产率，而且被焊材料不易氧化。因此可在大气中进行焊接，不需要气体保护或真空环境。

（2）激光焊接的能量密度很高，热量集中，作用时间很短，所以焊接热影响区极小，焊件不变形，特别适用于热敏感材料的焊接。

（3）激光束可用反射镜、偏转棱镜或光导纤维将其在任何方向上弯曲、聚焦或引导到难以接近的部位。

（4）激光可对绝缘材料直接焊接，易焊接异种金属材料。但激光焊接的设备复杂，投资大，功率较小，可焊接的厚度受到一定限制，而且操作与维护的技术要求较高。

脉冲激光点焊特别适合焊接微型、精密、排列非常密集和热敏感材料的焊件，已广泛应用于微电子元件的焊接，如集成电路内外引线焊接和微型继电器、电容器等的焊接。连续激光焊可实现从薄板到 50 mm 厚板的焊接，如焊接传感器、波纹管、小型电机定子及变速箱齿轮组件等。

4.2.4 扩散焊接

扩散焊是在真空或保护性气氛下,使焊接表面在一定温度和压力下相互接触,通过微观塑性变形或连接表面产生微量液相而扩大物理接触,经较长时间的原子扩散,使焊接区的成分、组织均匀化,实现完全冶金结合的一种压焊方法。扩散焊的加热方法常采用感应加热或电阻辐射加热,加压系统常采用液压,小型扩散焊机也可采用机械加压方式。

扩散焊的优点:

(1) 焊接时母材不过热或熔化,焊缝成分、组织、性能与母材接近或相同,不出现有过热组织的热影响区、裂纹和气孔等缺陷,焊接质量好且稳定。

(2) 可进行结构复杂以及厚度相差很大的焊件焊接。

(3) 可以焊接不同类型的材料,包括异种金属、金属与陶瓷等。

(4) 劳动条件好,容易实现焊接过程的程序化。

扩散焊的主要缺点是焊接时间长,生产率低,焊前对焊件加工和装配要求高,设备投资大,焊件尺寸受焊机真空室的限制。

扩散焊在核能、航空航天、电子和机械制造等工业部门中应用广泛,如焊接水冷反应堆燃料元件、发动机的喷管和蜂窝壁板、电真空器件、镍基高温合金泵轮等。

4.2.5 焊接技术的发展趋势

近年来,焊接技术已取得了巨大进步,发展步伐加快,力争在以下方面不断取得新的进展:

(1) 计算机技术的应用。近年来,多种类型和用途的焊接数据库和焊接专家系统已开发出来,并将不断完善和商品化。各种类型的微型化、智能化设备大量涌现,如数控焊接电源、智能焊机、焊接机器人等,计算机控制技术正向自适应控制和智能控制方向发展。焊接生产中已实际应用了计算机辅助焊接结构设计(CAD)、计算机辅助焊接工艺设计(CAPP)、计算机辅助执行与控制焊接生产过程(CAM)及计算机辅助焊接材料配方设计(MCDD)等。目前,更高级的自动化生产系统,如柔性制造系统(FMS)和计算机集成制造系统(CIMS)也正在得到开发和应用。

(2) 扩大焊接结构的应用。焊接作为一种高柔性的制造工艺,可充分体现结构设计中的先进构思,制造出不同使用要求的产品,包括改进原焊接结构和把非焊接结构合理地改变为焊接结构,以减轻重量、提高功能和经济性。随着焊接技术的发展,具有高参数、长寿命、大型化或微型化等特征的焊接制品将会不断涌现,焊接结构的应用范围将不断扩大。

(3) 焊接工艺的改进。优质、高效的焊接技术将不断完善和迅速推广,如高效焊条电弧焊、药芯焊丝 CO_2 焊、混合气体保护焊、高效堆焊等。新型焊接技术将进一步开发和应用,如等离子弧焊、电子束焊、激光焊、扩散焊、线性摩擦焊、搅拌摩擦焊和真空钎焊等,以适应新材料、新结构和特殊工作环境的需要。

(4) 焊接热源的开发及应用。现有的热源尤其是电子束和激光束将得到改善,使其更方便、有效和经济适用。新的更有效的热源正在开发中,如等离子弧和激光、电弧和激光、电子束和激光等叠加热源,以期获得能量密度更大、利用效率更高的焊接热源。

(5) 焊接材料的开发及应用。与优质、高效的焊接技术相匹配的焊接材料将得到相应发展。高效焊条如铁粉焊条、重力焊条、埋弧焊高速焊剂、药芯焊丝等将发展为多品种、多规格，以扩大其应用范围，二元、三元等混合保护气体将得到进一步开发和扩大应用，以提高气体保护焊的焊接质量和效率。

检查评估

1. 名词解释

(1)等离子弧焊；(2)电子束焊接；(3)激光焊接；(4)扩散焊接。

2. 填空题

(1) 等离子弧焊是利用_____作为热源进行焊接的一种熔焊方法。

(2) 电子束焊可分为：_____、_____和_____等。

(3) 根据激光器的工作方式，激光焊接可分为_____和_____两种。目前_____已得到广泛应用。

3. 简答题

(1) 近年来，焊接技术已取得了巨大进步，发展步伐加快，力争在哪几个方面不断取得新的进展？

(2) 扩散焊有哪几方面的优点？

项目五

胶接与塑料制品成形

胶接成形技术在工程中的应用越来越广泛,已成为与铆接、焊接并列的三种主要不可拆连接工艺之一,在各种同种和(或)异种材料之间的连接中被广泛运用。

塑料制品是现代生活和生产中被大量使用的产品,这类产品的成形方法很多,目前生产上广泛采用注射、挤出、压制、浇铸等方法成形。

任务一　胶　　接

▶任务导入

1. 掌握胶接的优缺点及应用。
2. 掌握不同类型的胶接工艺。

▶应知应会

5.1.1　胶接的特点与应用

1)胶接的特点

胶接工艺有很多优点:

(1)能连接同类或不同类的、软的或硬的、脆性的或韧性的各种材料,特别是异种材料连接,如金属与玻璃、陶瓷、橡胶、织物、塑料之间的连接。

(2)应力分布均匀,延长结构寿命。由于胶接使应力分布在被胶接物的整个接合面上,结构受力均匀,可以避免铆钉孔和焊点周围应力集中所引起的疲劳龟裂。胶接多层板结构能避免或延缓裂纹的扩展。

(3)减轻结构重量。用胶接可以得到刚性好、强度大、重量轻的结构,例如一架重型轰炸机用胶接代替铆接,重量可下降34%。

(4)制造成本低。复杂的结构部件采用胶接可以一次完成,简化设计结构、工模具,不需复杂的设备和装备,生产效率高,使生产成本大幅度降低。

(5)胶接件表面光滑,并防腐蚀。对于高速飞行的飞行器和曲面要求严格的雷达反射面等具有重要意义。

(6)胶接可以获得某些特殊性能,如密封、防腐、导电、绝缘、导热、隔热、减振和其他性能。

同时胶接这种工艺也存在不少缺点：

（1）大多数胶接件在湿热、冷热交变、冲击或复杂环境下的工作寿命不够高。

（2）有机胶黏剂构成的胶接接头耐热性较差，老化是一个较大的问题。

（3）胶接件有较高的剪切强度、拉伸强度，但剥离强度很低。

（4）胶接质量目前尚无可靠的无损检测方法。

（5）使用有机胶黏剂尤其是溶剂型胶黏剂，存在易燃、有毒等安全问题。

2）胶接的应用

近30年来，国内外胶黏剂和胶接技术发展十分惊人，合成胶黏剂的品种和产量急剧增加。

在极薄材料、极硬材料、特种复合材料和夹层结构材料等连接加工中，胶接技术发挥了无法替代的作用。

航空工业使用胶黏剂最早，用于金属结构、金属与橡胶、塑料、蜂窝夹层结构与壁板的胶接，代替铆、螺钉连接、焊接，减轻结构重量。还用于座舱、油箱等处的密封，起到耐油、防水的作用。

在汽车工业上主要用于顶篷、壁板、挡板、衬垫等合成材料的胶接以及油水箱、气缸、门窗、管路螺栓的密封。

胶接在机械工业和电子工业上作用很大，从产品制造到设备维修都可以采用胶接技术。以胶接代替其他连接方法，以导电胶代替锡焊，各种管路密封，铸件浸渗修补，机件磨损修复，标牌粘贴，变压器电机线圈的绝缘固定，电器仪表的装配，工具、量具、模具、夹具的胶接，甚至大型设备机身裂纹修复。

胶接技术在兵器工业、石油化工、建筑、医疗、纺织服装、印刷、文化教育、生活日用品等各个领域得到广泛应用。管道、阀门和容器发生油、气和其他介质的跑、冒、滴、漏是化工、石油、煤气和发电等行业比较普遍存在的问题，近年推广的不停车带压粘堵修复技术较好地解决了这一难题，对确保生产的正常进行发挥了十分显著的作用。

5.1.2　胶接工艺

胶接工艺除接头设计外，主要包括表面处理、配胶、涂胶、晾置、叠合、固化、检查等，这些工艺环节的操作对胶接质量有显著影响。

1）胶接材料的表面处理

由于胶接主要借助于胶黏剂对胶接材料表面的粘附作用，因此胶接材料的表面处理就可能成为决定胶接接头的强度和耐久性的主要因素。表面处理主要目的有两方面：一是净化表面，除去材料表面妨碍胶接的油污、锈迹、吸附物、灰尘和水分等；二是改变材料表面的物理化学性质，如获得活性的易于胶接的特殊表面或造成特定的粗糙度等。一般塑料、橡胶、玻璃等材料往往采用打磨的方法进行表面处理后才能进行胶接，所以很多工程材料在胶接前应进行更为严格的特殊表面活性处理，以提高胶接的强度及耐久度。

2）配胶

胶黏剂可有多种不同的状态，其中胶棒、胶条、胶膜、胶带等热熔胶和压敏胶及单液型液体胶可直接使用。

对于双组分或多组分的液态胶，使用前应按规定比例现用现配，根据运用期长短和需用量确定配胶量。配胶要充分搅拌。

3）涂胶和晾置

胶黏剂按其形态不同可用机械设备或手工喷洒、涂刷、浸渍等涂布方法。涂胶量、涂胶遍数及涂刷操作手法对胶接强度有影响。被粘物双方表面要均匀涂布，全部胶接面要充分湿润。有的胶黏剂在涂胶后需要晾置一定时间，使溶剂部分挥发，达到一定稠度后迭合；而 502 胶等晾置的目的是吸收微量水分，引发聚合，实现固化。

4）叠合

涂胶后经过适当晾置，被胶接物表面要紧密粘合在一起。橡胶型胶黏剂叠合应一次对准位置，不可错动，用木锤敲打、压平、排除空气；而液体无溶剂胶黏剂叠合后最好来回错动几次，以增加接触，排除空气，调匀胶层。

5）固化

固化即胶黏剂通过溶剂挥发、熔体冷却、乳液凝聚等物理作用或缩聚、加聚等化学反应，使其变为固态。固化的主要控制因素是温度、压力、时间。不同的胶黏剂，固化条件不同。温度是最重要的参数，适当提高温度，固化时间可以缩短；温度过低，不能实现固化；温度过高，胶层变脆。固化常用的加热方法为电烘箱和红外线加热；采用高频、超声波、微波及射线辐射等方法，能加速固化；还有紫外光固化工艺，常用的加压方法有重锤、气囊、真空以及压力机等。

5.1.3　特种胶黏剂

在胶接新技术领域新近发展起来一些特种胶黏剂，主要有以下几种：

1）光学胶黏剂

胶黏剂在光学行业中的应用极其广泛。光学胶黏剂用于光学仪器结构与光学零件的胶接，如金属与光学零件、塑料与光学零件、金属与金属、塑料与塑料零件之间的胶接等。光学胶黏剂对胶的折射率、透明度、膨胀系数、力学性能、耐高温和低温性、化学稳定性等均有很严格的要求。常见的光学胶黏剂有天然冷杉树脂胶黏剂、甲醇胶黏剂、光学环氧胶黏剂和光学光敏胶黏剂等。

2）应变胶

应变测量技术是通过粘贴在试件上的电阻应变片将非电学的力学量转变成电信号，间接测得物体应变的一种测量技术。所谓应变胶是指制作应变片基底用的基底胶和粘贴应变片用的贴片胶，即指用于粘贴电阻应变片起承受作用并传递应变作用的胶黏剂。按使用温度分超低温、室温、中温、高温应变胶；按使用环境分水下、地下、地面、真空、高空、高压、高能辐射等应变胶。

3）导电胶

导电胶是一种固化或干燥后具有一定导电性的胶黏剂。它可以将各种导电材料连接在一起，使被连接材料间形成导电回路。自 1949 年美国开发出一种商品名叫 Markita 的导电材料后，导电胶在电子仪器设备上使用越来越广。随着电子设备零件的微型化，及使用一些难以焊接的材料和不耐热的高分子材料，采用一般的焊接方法往往发生连接接头不牢、零件变形、性能下降、零件破坏或不能焊接等一系列问题。在这种情况下，用导电胶连接便可有效避免上述问题的发生。导电胶品种繁多，按用途分为一般型导电胶和特种导电胶；按固化工艺分为固化反应型、热熔型、高温烧结型、溶剂型和压敏型导电胶;按导电粒子的种类分为银系、金系、铜系和碳系导电胶。导电胶可用于大型集成电路、检波器、传感器、光敏元件等许多电气元件和部件的同种或异种材料的导电连接。

4)医用胶

在医疗领域里,从胶接医疗器械、包装材料到胶接人体组织,都广泛使用胶黏剂。理想的医用胶对性能的要求是:在有水和组织液的条件下应能进行胶接;常温常压下能与组织快速胶接;在固化的同时能与组织产生较好的结合强度;本身无菌且能抑菌,不显示毒性,不致突变,不致畸胎,不致癌变;不妨碍生物体组织的自身愈合;可被组织吸收,不作为异物存在于组织内;价格不能太昂贵。医用胶大致分两大类:一类是软组织医用胶,用于胶接皮肤、脏器、神经、肌肉、血管、黏膜等,常用的有 α-氰基丙烯酸酯系胶和纤维蛋白生物型胶;另一类是硬组织医用胶,用于胶接牙齿、骨骼、关节等,常用的有甲基丙烯酸甲酯、骨水泥、丙烯酸酯类粘固粉等。

检查评估

1. 胶接工艺有什么优缺点?
2. 了解市场上销售的胶黏剂,将其按基料成分和主要用途分类并说明其主要用途。
3. 胶接有哪些工艺环节?

任务二　塑料制品成形

任务导入

1. 掌握塑料的种类及性能特点。
2. 掌握塑料制品成形工艺方法。

应知应会

5.2.1　塑料分类及其性能

塑料与橡胶一样都属高分子材料。高分子材料分无机高分子材料和有机高分子材料两类;若按来源分,又有天然高分子材料和人工合成高分子材料之分。天然有机高分子材料主要有松香、淀粉、纤维素、蛋白质、天然橡胶等。人工合成的有机高分子材料主要有塑料、合成橡胶、合成纤维等。无机高分子材料的分子组成中没有碳元素,常用的有硅酸盐材料、玻璃、水泥及陶瓷等。

1)塑料的组成

塑料是高分子材料在一定温度区间内以玻璃态状态使用时的总称。因此塑料材料在一定温度下可变为橡胶态而加工成形;而在另外的一些条件下又可变为纤维材料。但工程上所用的塑料,都是以有机合成树脂为主要成分,加入其他添加剂制成的,其大致组成如下:

(1)合成树脂。合成树脂是塑料的主要成分,它决定塑料的主要性能,并起黏结作用,故绝大多数塑料都以相应的树脂来命名。

（2）添加剂。工程塑料中的添加剂都是以改善材料的某种性能而加入的。添加剂的作用和类型主要包括：

① 改善塑料工艺性能。如增塑剂、固化剂、发泡剂和催化剂等。其中增塑剂改善高分子材料可塑性和柔软性，使其易于成形；固化剂则促进塑料受热交联反应，由线型结构变为体型结构，使其尽快达到形状尺寸和性能的最终稳定化（如环氧树脂加入乙二胺即为此类）；催化剂加速成形过程中的材料的结构转变过程；发泡剂则是为了获得比表面积大的泡沫高分子材料而加入的。

② 改善使用性能。如增塑剂、稳定剂、填料、润滑剂、着色剂、阻燃剂、静电剂等，主要用于改善塑料的某些使用性能而加入。如填料起提高强度，改善某些特殊性能并降低成本的作用；稳定剂防止使用过程中的老化；润滑剂是为了防止塑料在成形过程中产生粘模，便于脱模；而着色剂、阻燃剂也都有着各自的使用性能。

2）塑料的分类

（1）按热性能分类

① 热塑性塑料。该类材料加热后软化或熔化，冷却后硬化成形，且这一过程可反复进行，具有可塑性和重复性。常用的材料有聚乙烯、聚丙烯、ABS 塑料等。

② 热固性塑料。材料成形后，受热不变形软化，但当加热至一定温度则会分解，故只可一次成形或使用，如环氧树脂等材料。

（2）按使用性能分

① 工程塑料。可用作工程结构或机械零件的一类塑料，它们一般有较好的稳定的力学性能，耐热耐蚀性较好，且尺寸稳定性好，如 ABS、尼龙、聚甲醛等。

② 通用塑料。是主要用于日常生活用品的塑料，其产量大、成本低、用途广，占塑料总产量的 3/4 以上。

③ 特种塑料。具有某些特殊的物理化学性能的塑料，如耐高温、耐蚀、耐光化学反应等。其产量少、成本高，只用于特殊场合，如聚四氟乙烯（PTFE）具有润滑耐蚀和电绝缘性。

3）常用工程塑料

（1）聚乙烯（PE）。聚乙烯产品相对密度小（$0.91 \sim 0.97 \text{ g/cm}^3$），耐低温、耐腐蚀、电绝缘性好。

高压聚乙烯质软，主要用于制造薄膜；低压聚乙烯质硬，可用于制造一些零件。聚乙烯产品缺点是：强度、刚度、硬度低，蠕变大，耐热性差，且容易老化。但若通过辐射处理，使分子链间适当交联，其性能会得到一定的改善。

（2）聚氯乙烯（PVC）。是最早使用的塑料产品之一，应用十分广泛。它可由乙烯气体和氯化氢合成氯乙烯再聚合而成。较高温度的加工和使用时会有少量的分解，产物为有毒的氯化氢及氯乙烯，因此产品中常加入增塑剂和碱性稳定剂抑制其分解。增塑剂用量不同可将其制成硬质品（板、管）和软质品（薄膜、日用品）。PVC 使用温度一般在 $15 \sim 55$℃。其突出的优点是耐化学腐蚀、不燃烧、成本低、易于加工；缺点是耐热性差，抗冲击强度低，还有一定的毒性。当然，若用共聚和混合法改进，也可制成用于食品和药品包装的无毒聚氯乙烯产品。

（3）聚苯乙烯（PS）。该类塑料的产量仅次于上述两种塑料（PE、PVC）。PS 具有良好的加工性能;其薄膜有优良的电绝缘性,常用于电器零件;其发泡材料相对密度低达 0.33 g/cm³,是良好的隔音、隔热和防震材料,广泛用于仪器包装和隔热。其中还可加入各种颜色的填料制成色彩鲜艳的制品,用于制造玩具及日常用品。聚苯乙烯的缺点是脆性大、耐热性差,但常将聚苯乙烯与丁二烯、丙烯腈、异丁烯、氯乙烯等共聚使用,使材料的抗冲击性能、耐热耐蚀性大大提高,可用于耐油的机械零件、仪表盘、接线盒和开关按钮等。

(4) 聚丙烯(PP)。聚丙烯相对密度小(0.9~0.91 g/cm³),是塑料中最轻的。其力学性能(如强度、刚度、硬度、弹性模量等)优于低压聚乙烯(PE)。它还具有优良的耐热性,在无外力作用时加热至 150℃不变形,因此它是常用塑料中唯一能经受高温消毒的产品。它还有优良的电绝缘性。其主要缺点是:粘合性、染色性和印刷性差,低温易脆化、易燃,且在光热作用下易变质。

PP 具有好的综合力学性能,故常用来制造各种机械零件、化工管道、容器;其无毒及可消毒性,可用于药品的包装。

(5) ABS 塑料。ABS 塑料由丙烯腈(A)、丁二烯(B)和苯乙烯(S)三种组元共聚而成,三组元单体可以任意比例混合。由于 ABS 为三元共聚物,丙烯腈使材料耐蚀性和硬度提高,丁二烯提高其柔顺性,而苯乙烯则使其具有良好的热塑性加工性,因此 ABS 是"坚韧、质硬且刚性"的材料。

ABS 由于其低的成本和良好的综合性能,且易于加工成形和电镀防护,因此在机械、电器和汽车等工业领域有着广泛的应用。

(6) 聚酰胺(PA)。聚酰胺的商品名称是尼龙或绵纶,是目前机械工业中应用比较广泛的一种工程热塑性塑料。聚酰胺的机械强度高、耐磨、自润滑性好,而且耐油、耐蚀、消音、减震,大量用于制造小型零件,代替有色金属及其合金。缺点是耐热性不高,工作温度不超过100℃;蠕变值也较大;导热性差,约为金属的 1‰;吸水性大,导致性能和尺寸的改变。

(7) 聚甲醛(POM)。是高密度、高结晶性的线型聚合物,性能比尼龙好,其按分子链结构特点又分为均聚甲醛和共聚甲醛。聚甲醛性能较好,但热稳定性和耐候性差,大气中易老化,遇火燃烧,目前广泛用于汽车、机床、化工、仪表等工业中。

(8) 聚碳酸酯(PC)。是一种新型热塑性塑料,品种较多。工程上用的是芳香族聚碳酸酯,产量仅次于尼龙。PC 的化学稳定性很好,能抵抗日光、雨水和气温变化的影响;它透明度高,成形收缩小,因此制件尺寸精度高。它广泛用于机械、仪表、电讯、交通、航空、照明和医疗机械等工业。如波音 747 飞机上有 2 500 多个零件要用到聚碳酸酯。

(9) 有机玻璃(PMMA)。有机玻璃的化学名称为聚甲基丙烯酸甲酯,是目前最好的透明有机物,透光率为 92%,超过了普通玻璃,且其力学性能好,冲击韧性高,耐紫外线和防老化性能好,同时密度低(1.18 g/cm³),易于加工成形。缺点是硬度低,耐磨性、耐有机溶剂腐蚀性、耐热性、导热性差,使用温度不能超过 180℃。主要用于制造各种窗体、罩及光学镜片和防弹玻璃等零部件。

5.2.2　塑料分类及其性能

1) 塑料成形加工技术分类

塑料的成形,按各种成形加工技术在生产中所属成形加工阶段的不同,可将其划分为一次成形技术、二次成形技术和二次加工技术三个类别。

2）塑料的一次成形技术

塑料的一次成形是指将粉状、粒状、纤维状和碎屑状固体塑料、树脂溶液或糊状等各种形态的塑料原料制成所需形状和尺寸的制品或半制品的技术。这类成形方法很多，目前生产上广泛采用注射、挤出、压制、浇铸等方法成形。

（1）注射成形

注射成形（图 5-1）是将粒状或粉状塑料置于注射机的料筒内，经加热熔化呈流动状态，然后在注射机的柱塞（或移动螺杆）快速而又连续的压力下，从料筒前端的喷嘴中以很高的压力和很快的速度注入到闭合模具的型腔中，经冷却脱模，即可得到所需形状的塑料制品。

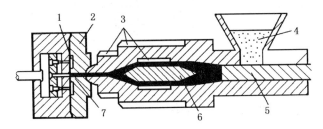

图 5-1　注射成形示意图

1—制品；2—模具；3—加热装置；4—粒状塑料；5—柱塞；
6—分流梳；7—喷嘴

注射成形主要应用于热塑性塑料和流动性较大的热固性塑料，可以成形几何形状复杂、尺寸精确及带各种嵌件的塑料制品，如电视机外壳、日常生活用品等。目前注射制品约占塑料制品总量的 30%。近年来新的注射技术如反应注射、双色注射、发泡注射等的发展和应用，为注射成形提供了更加广阔的应用前景。

注塑机是注塑加工的主要设备，按外形可分为立式、卧式、直角式；按注射方式可分为往复螺杆式、柱塞式，以往复螺杆式用得最多。注塑机除了液压传动系统和自动控制系统外，主要由料斗、料筒、加热器、喷嘴、模具和螺杆构成。

注塑工艺过程包括成形前的准备、注射过程、后处理等。

成形前的准备包括原料检验、原料的染色和造粒、原料的预热及干燥、嵌件的预热和安放、试模、清洗料筒和试车等。

注射过程包括加料、塑化、注射、冷却和脱模等工序。在注射过程中，熔体被柱塞或螺杆推挤至料筒前端并注入模具，当熔体在模具中冷却收缩时，柱塞或螺杆继续保持加压状态，迫使浇口和喷嘴附近的熔体不断补充进入模具中（补塑），使模腔中的塑料能形成形状完整而致密的制品，这一阶段称为"保压"。当模具浇注系统内的熔体冻结浇口闭合时，卸去保压压力，同时通入水、油或空气等冷却介质，进一步冷却模具，这一阶段称为"冷却"。制品冷却到一定温度后，即可用人工或机械脱模。

制品的后处理主要指退火处理和调湿处理。退火处理就是把制品放在恒温的液体介质或热空气循环箱里静置一段时间。退火温度一般高于制品的使用温度 10～20℃，低于塑料热变形温度 10～20℃；退火时间则视制品厚度而定。退火后使制品缓冷至室温。调湿处理是让制品在一定的湿度环境中吸收一定的水分，使其尺寸稳定下来，以免在使用过程中因吸水而发生变形。

（2）挤出成形

挤出成形又称挤塑成形或挤出模塑，其成形过程如图5-2所示。首先将粒状或粉状的塑料加入到挤出机（与注射机相似）料斗中，然后由旋转的挤出机螺杆送到加热区，逐渐熔融呈黏流态，然后在挤压系统作用下，塑料熔体通过具有一定形状的挤出模具（机头）口模而成形为所需断面形状的连续型材。

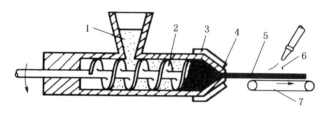

图 5-2　挤出成形示意图
1—塑料粒；2—螺杆；3—加热装置；4—口模；5—制品；
6—空气或水；7—传送装置

挤出成形工艺过程包括物料的干燥与成形、制品的成形与冷却、制品的牵引与卷曲（或切割），有时还包括制品的后处理等。

① 原料干燥

原料中的水分会使制品出现气泡、表面晦暗等缺陷，还会降低制品的物理和力学性能等，因此使用前应对原料进行干燥处理。通常水分的质量分数应控制在0.5%以下。

② 挤出成形

当挤出机加热到预定温度后即可加料。开始挤出的制品外观和质量都很差，应及时调整工艺条件，当制品质量达到要求后即可正常生产。

③ 制品的定形与冷却

定形与冷却往往是同时进行的，在挤出管材和各种型材时需要有定形工艺，挤出薄膜、单丝、线缆包覆物时，则不需此工艺。

④ 牵引（拉伸）和后处理

常用的牵引挤出管材设备有滚轮式和履带式两种。牵引时，要求牵引速度和挤出速度相匹配，均匀稳定。一般应使牵引速度稍大于挤出速度，以消除物料离模膨胀所引起的尺寸变化，并对制品进行适当拉伸。

挤出成形的塑料件内部组织均匀紧密，尺寸比较稳定准确。其几何形状简单、截面形状不变，因此模具结构也较简单，制造维修方便，同时能连续成形、生产率高、成本低，几乎所有热塑性塑料及小部分热固性塑料可采用挤出成形。塑料挤出的制品有管材、板材、棒材、薄膜、各种异型材等。目前约50%的热塑性塑料制品是挤出成形的。此外，挤出成形还可用于塑料的着色、造粒和共混改性等。

（3）压制成形

压制成形是指主要依靠外压的作用，实现成形物料造型的一次成形技术。压制成形是塑料加工中最传统的工艺方法，广泛用于热固性塑料的成形加工。根据成形物料的性状和加工设备及工艺的特点，压制成形可分为模压成形和层压成形。模压成形［图5-3（a）］是将粉状、粒状、碎屑状或纤维状的热固性塑料原料放入模具中，然后闭模加热加压而使其在模具中成形并硬化,最后脱模取出塑料制件,其所用设备为液压机、旋压机等。

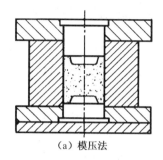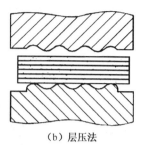

（a）模压法　　　　　　　　　（b）层压法

图 5-3　压制成形示意图

层压成形[图 5-3(b)]是以纸张、棉布、玻璃布等片状材料,在树脂中浸渍,然后一张一张叠放成所需的厚度,放在层压机上加热加压,经一段时间后,树脂固化,相互粘接成形。

压制成形设备简单(主要设备是液压机)、工艺成熟,是最早出现的塑料成形方法。它不需要流道与浇口,物料损失少,制品尺寸范围宽,可压制较大的制品,但其成形周期长,生产效率低,较难实现现代化生产。对形状复杂、加强肋密集、金属嵌件多的制品不易成形。

（4）浇铸成形

浇铸技术包括静态浇铸、离心浇铸以及流延浇铸和滚塑等。

静态浇铸[图 5-4(a)]是在常压下将树脂的液态单体或预聚体注入大口模腔中,经聚合固化定形得到制品的成形方法。静态浇铸可生产各种型材和制品,有机玻璃是典型的浇铸制品。

离心浇注[图 5-4(b)]是将原料加入到高速旋转的模具中,在离心力的作用下,使原料充入模腔,而后使之硬化定形为制品。离心浇铸可生产大直径的管制品、空心制品、齿轮和轴承。

流延浇铸是将热塑性塑料溶于溶剂中配成一定浓度的溶液,然后以一定的速度流布在连续回转的基材上(一般为无接缝的不锈钢带),通过加热使溶剂蒸发而使塑料硬化成膜,从基材上剥离即为制品。流延法常用来生产薄膜。

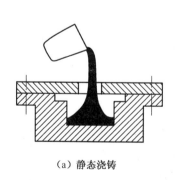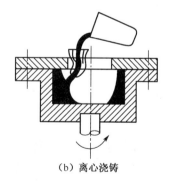

（a）静态浇铸　　　　　　　　　（b）离心浇铸

图 5-4　浇铸成形

滚塑成形是将塑料加入到模具中,然后模具沿两垂直轴不断旋转并使之加热,模内的塑料在重力和热的作用下,逐渐均匀地涂布、熔融并粘附于模腔的整个表面上,成形为所需要的形状,经冷却定形得到制品。滚塑可生产大型的中空制品。

3）塑料的二次成形技术

塑料的二次成形是指在一定条件下将塑料半制品（如型材或坯件等）通过再次成形加工，以获得制品的最终形样的技术。目前生产上采用的有中空吹塑成形、热成形和薄膜的双向拉伸成形等几种二次成形技术。

（1）中空吹塑成形

吹塑成形是制造空心塑料制品的成形方法，是借助气体压力使闭合在模腔内尚处于半熔融态的型坯吹胀成为中空制品的二次成形技术。中空吹塑又分为注射吹塑和挤出吹塑，注射吹塑是用注射成形法先将塑料制成有底型坯，再把型坯移入吹塑模内进行吹塑成形。图5-5所示为注射吹塑成形过程。首先由注射机在高压下将熔融塑料注入型坯模具内并在芯模上形成适宜尺寸、形状和质量的管状有底型坯，所用模芯为一端封闭的管状物，压缩空气可从开口端通入并从管壁上所开的多个小孔逸出。型坯成形后，打开注射模将留在芯模上的热型坯移入吹塑模内，合模后从模芯通道吹入0.2～0.7 MPa的压缩空气，型坯立即被吹胀而脱离模芯并紧贴吹塑模的型腔壁上，在空气压力下进行冷却定形，然后开模取出制品。

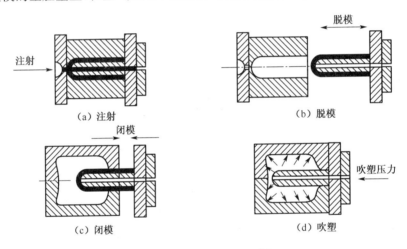

图5-5　注射吹塑成形过程

图5-6为挤出吹塑成形过程，管坯直接由挤出机挤出，并垂挂在安装于机头正下方的预先分开的型腔中；当下垂的型坯达到规定的长度后立即合模，并靠模具的切口将管坯切断；从模具分型面的小孔通入压缩空气，使型坯吹胀紧贴模壁而成形；保压，待制品在型腔中冷却定型后开模取出制品。

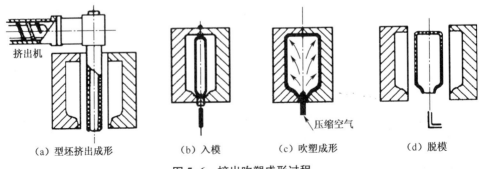

图5-6　挤出吹塑成形过程

用于中空吹塑成形的热塑性塑料品种很多,最常用的原料是聚乙烯、聚丙烯、聚氯乙烯和热塑性聚酯等,常用来成形各种液体的包装容器,如各种瓶、桶、罐等。

（2）热成形

热成形是利用热塑性塑料的片材作为原料来制造塑料制品的一种方法。首先将裁成一定尺寸和形状的片材夹在模具的框架上,将其加热到适宜温度,然后施加压力,使其紧贴模具的型面,从而取得与型面相仿的型样,经冷却定形和修整后即得制品。热成形时,施加的压力主要是靠抽真空和引进压缩空气在片材的两面所形成的压力差,但也有借助于机械压力和液压力的。图 5-7 为真空热成形示意图。

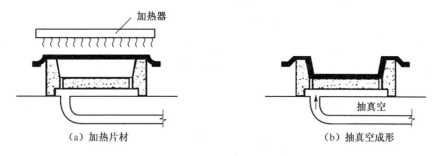

（a）加热片材　　　　　　　　　　（b）抽真空成形

图 5-7　真空热成形

热成形主要用于生产薄壳制品,一般是形状较为简单的杯、盘、盖、仪器和仪表以及收音机等外壳和儿童玩具等。通常用于热成形的塑料品种有聚苯乙烯、聚氯乙烯、ABS、高密度聚乙烯、聚酰胺等。作为原材料用的片材可用挤压、压延和流延的方法制造。

4）塑料的二次加工技术

塑料的二次加工是在一次成形或二次成形产物硬固状态不变的条件下,为改变其形状、尺寸和表面状态使之成为最终产品的技术。生产中已采用的二次加工技术多种多样,但大致可分为机械加工、连接加工和修饰加工三类方法。

（1）机械加工

塑料可采取的机械加工方法很多,如裁切、切削等。

裁切是指对塑料板、棒、管等型材和模塑制品上的多余部分进行切断和割开的机械加工方法。塑料常用的裁切方法是冲切、锯切和剪切,生产中有时也用电热丝、激光、超声波和高压液流裁切塑料。

切削是用刀具对工件进行切削。常用的有车削、铣削、钻削和切螺纹等几项技术。

激光加工。在塑料的二次加工中,激光不仅可用于截断,还可用于打孔、刻花和焊接等,其中以打孔和截断最为常见。用激光加工塑料具有效率高、成本低等优点。绝大多数塑料都可用激光方便地加工,但是酚醛和环氧等热固性塑料却不适于激光加工。

（2）连接加工

连接的目的是将塑料件之间、塑料件与非塑料件之间连接固定,以构成复杂的组件。塑料连接加工按连接所依据的原理,可将常用的塑料连接分为:

① 机械连接

用螺纹连接、铆接、按扣连接、压配连接等机械手段实现连接和固定的方法。适合于一切塑料制件,特别是塑料件与金属件的连接。

② 热熔连接

亦称焊接法。是将两个被连接件接头处局部加热熔化,然后压紧,冷却凝固后即牢固连接的方法。常用的有外热件接触焊接、热风焊接、摩擦焊接、感应焊接、超声波焊接、高频焊接、等离子焊接等。焊接只适用于热塑性塑料。

③ 胶接

借助同种材料间的内聚力或不同材料间的附着力,使被连接件间相对位置固定的方法称为粘接。塑料制品间及塑料制品与其他材料制品间的粘接,需依靠有机溶剂和胶黏剂来实现。有机溶剂粘接,仅适用于有良好溶解能力的同种非晶态塑料制品间的连接,但其接缝区的强度一般都比较低,故在塑料的连接加工中应用有限。绝大多数塑料制品间及塑料制品与其他材料制品的粘接,是通过胶黏剂实现。依靠胶黏剂实现的粘接称为胶接。胶黏剂有天然的和合成的,目前常用的是合成高分子胶黏剂,如聚乙烯醇、环氧树脂等。胶接法既适用于热塑性塑料也适用于热固性塑料。

(3) 表面修饰

表面修饰是指为美化塑料制件或为提高制品表面的耐蚀性、耐磨性及防老化等功能而进行的涂装、印刷、镀膜等表面处理过程。

涂装是指用涂料覆盖物体表面,并在其上形成附着膜。可起美化外观、延长寿命等作用。塑料制品常见的涂装方式有覆盖涂装、美术涂装和填嵌涂装。

印刷是指用油墨和印版使承印物表面记载图形和文字。目前塑料制品印刷采用最多的是照相凹版印刷,其次是橡胶凸版印刷和属于孔版印刷类的丝网版印刷。

镀金属膜是各种使塑料制品表面上加盖金属薄层的装饰加工方法的总称。工业中常用的是电镀、喷雾镀银、真空蒸镀等。

▶检查评估

1. 塑料的类型有哪些? 各自有什么性能特点?
2. 塑料制品成形的工艺方法有哪些?

项目六

快速成形与 3D 打印

快速成形(RP,Rapid Prototyping)技术是运用堆积成形法(不需要模具),由 CAD 模型直接驱动的快速制造任意复杂形状三维实体零件的技术总称。

3D 打印是一种典型的快速成形技术,它以计算机三维设计模型为蓝本,通过软件分层离散和数控成形系统,利用激光束、热熔喷嘴等方式将金属粉末、陶瓷粉末、塑料、细胞组织等特殊材料进行逐层堆积黏结,最终叠加成形,制造出实体产品。与传统制造业通过模具、车铣等机械加工方式对原材料进行定型、切削以最终生产成品不同,3D 打印将三维实体变为若干个二维平面,通过对材料处理并逐层叠加进行生产,大大降低了制造的复杂度。这种数字化制造模式不需要复杂的工艺、不需要庞大的机床、不需要众多的人力,而是直接从计算机图形数据中便可生成任何形状的零件,使生产制造得以向更广的生产人群范围延伸。

任务一　快速成形

任务导入

1. 了解快速成形的概念与种类。
2. 掌握快速成形的原理与应用。

应知应会

快速成形技术的成形原理不同于常规制造的去除法(切削加工厂、电火花加工等)和变形法(铸造、锻造等),而是利用光、电、热等手段,通过固化、烧结、黏结、熔结、聚合作用或化学作用等方式,有选择地固化(或黏结)液体(或固体)材料,实现材料的迁移和堆积,形成所需要的原型零件。因此,RP 制造技术好像燕子衔泥垒窝一样,是一种分层制造的材料累加方法。RP制造技术可直接从 CAD 模型中产生三维物体,它综合了机械工程、自动控制、激光、计算机和材料等学科的技术。

6.1.1　快速成形技术的工作原理

RP 技术是一种基于离散堆积成形思想的数字化成形技术。根据生产需要,先由三维实体 CAD 软件设计出所需要零件的计算机三维曲面或实体模型(亦称电子模型),然后根据工艺要求,将其按一定厚度进行分层,把原来的三维实体模型变成二维平面(截面)信息;再将分层后的数据进行一定的处理,加入工艺参数,产生数控代码;最后在计算机控制下,数控系统以平面加工方式,把原来很复杂的三维制造转化为一系列有序的低维(二维)薄片层的制造并使它们自动黏结叠加成形。

6.1.2　快速成形技术的工艺方法

RP 技术的具体工艺有很多种,根据采用的材料和对材料的处理方式不同,选择其中 3 种方法的工艺原理进行介绍。

1）选择性液体固化

选择性液体固化又称光固化法。该方法的典型实现工艺有立体光刻(SL,Stereo Lithography),其工艺原理如图 6-1 所示。成形过程中,计算机控制的紫外激光束按零件的各分层截面信息在树脂表面进行逐点扫描,使被扫描区域的树脂薄层产生光聚合反应而固化,形成零件的一个薄层。头一层固化完后,升降台下移一个层厚的距离,再在原先固化好的树脂表面上覆盖一层液态树脂,再进行扫描加工,新生成的固化层牢固地黏结在前一层上。重复上述步骤,直到形成一个三维实体零件。

光固化法是目前应用最广泛的快速成形制造方法。光固化的主要特点是:制造精度高（±0.1 mm）、表面质量好、原材料利用率接近 100％;能制造形状复杂(如腔体等)及特别精细(如首饰、工艺品等)的零件;能使用成形材料较脆、材料固化伴随一定收缩的材料制造所需零件。

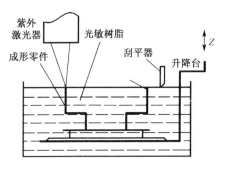

图 6-1　光固化法工艺原理图

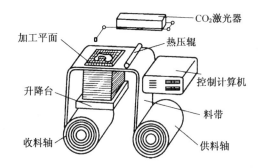

图 6-2　叠层法工艺原理图

2）选择性层片黏结

选择性层片黏结又称分层实体制造、叠层制造法(LOM,Laminated Object Manufacturing)。其工艺原理如图 6-2 所示。叠层法在成形过程中首先在基板上铺上一层箔材(如纸箔、陶瓷箔、金属箔或其他材质基的箔材),再用一定功率的 CO_2 激光器在计算机控制下按分层信息切出轮廓,同时将非零件的多余部分按一定网络形状切成碎片去除掉。加工完上一层后,重新铺上一层箔材,用热辊碾压,使新铺上的一层箔材在黏结剂作用下黏结在已成形体上,再用激光器切割该层形状。重复上述过程,直至加工完毕。最后去除掉切碎的多余部分即可得到完整的原形零件。

3）选择性粉末熔结/黏结

选择性粉末熔结/黏结又称激光选区烧结法(SLS,Selective Laser Sintering),其工艺原理如图6-3所示。激光选区烧结法采用CO_2激光器作为能源，成形材料常选用粉末材料（如铁、钴、铬等金属粉，也可以是蜡粉、塑料粉、陶瓷粉等）。成形过程中，先将粉末材料预热到稍低于其熔点的温度，再在平整滚筒的作用下将粉末铺平压实（约$100\sim200~\mu m$厚），CO_2激光器在计算机控制下，按照零件分层轮廓有选择地进行烧结，烧结成一个层面。再铺粉用平整滚筒压实，让激光器继续烧结，逐步形成一个三维实体，再去掉多余粉末，经打磨、烘干等处理后便获得

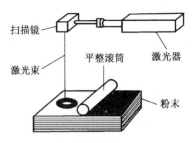

图 6-3 激光选区烧结法工艺原理图

所需零件。这种方法直接制造粉末型工程材料，可做成各类真实零件，应用前景看好。

6.1.3 快速成形技术的特点和用途

1）主要特点

用RP制造技术可以制造任意复杂的三维几何实体零件，并且在制造过程中省掉了一系列技术准备，无需专用夹具和工具，也无需人工干预或较少干预。因此零件制造的设备少，占地少，时间快，成本低。通过CAD模型的直接驱动对原型的快速制造、检验、实样分析研究，可以将新产品开发的风险减到最低程度。

2）用途

（1）能用于制造业中快速产品开发（不受形状复杂限制）、快速工具制造、模具制造、微型机械制造、小批零件生产。

（2）用于与美学有关的工程设计，如建筑设计、桥梁设计、古建筑恢复等，以及结婚纪念品、旅游纪念品、首饰、灯饰等的制作设计。

（3）在医学上可用于颅外科、体外科、牙科等制造颅骨、假肢、关节、整形。

（4）可用于文物修复等考古工程。

（5）可制作三维地图、光弹模型制作等。

↪检查评估

1. 简述快速成形技术的工作原理。
2. 简述选择性液体固化的工作原理。
3. 简述快速成形技术的特点和用途。

任务二　3D打印

↪任务导入

1. 掌握3D打印的概念及特点。
2. 了解3D打印的应用领域。
3. 了解3D打印相比传统制造技术的优势及缺点。

→ **应知应会**

6.2.1　3D打印的概念及工作原理

　　"3D打印"被誉为自20世纪90年代兴起互联网以来最热门的技术,甚至将其称为是第三次工业革命,可以做到无所不能的打印技术。3D-P(Three-Dimensional Printing)三维打印也称粉末材料选择性黏结。其工作原理如图6-4所示。喷头在计算机的控制下,按照截面轮廓的信息,在铺好的一层粉末材料上,有选择性地喷射黏结剂,使部分粉末黏结,形成截面层。一层完成后,工作台下降一个层厚,铺粉,喷黏结剂,再进行后一层的黏结,如此循环形成三维产品。黏结得到的制件要置于加热炉中,做进一步的固化或烧结,以提高黏结强度。

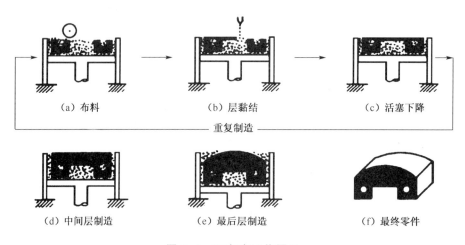

| (a) 布料 | (b) 层黏结 | (c) 活塞下降 |

——重复制造——

| (d) 中间层制造 | (e) 最后层制造 | (f) 最终零件 |

图6-4　3D打印工作原理

　　3D打印机的实物图形如图6-5所示,3D打印的产品样品如图6-6所示。

图6-5　3D打印机

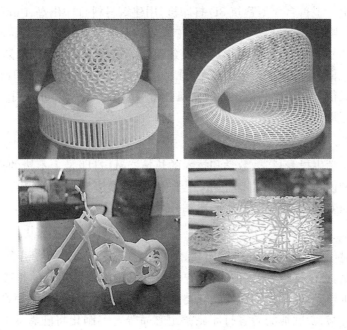

图 6-6　3D打印的产品样品

6.2.2　3D打印的应用领域

3D打印技术广泛应用于生产和生活各个领域。

1）工业领域

现代工业中,玩具、手机、家电等工业的产品创新速度加快,在新产品开发时往往需要事先制作产品原型,设计师通过3D打印可以修改设计,可以打印小批量,看看市场的反应情况,并通过用户的使用反馈来进一步完善产品。这对于创业者来说将极大地减少风险和成本。汽车、航天军工制造业中的很多产品结构复杂、性能要求高,传统制造方法除了需要高精度的数控机设备外,还需设计制造很多工艺装备,这往往浪费很多的时间和成本,某些技术难度大的产品甚至无法加工。而通过3D打印,一切将变得不那么困难。例如,美国 F-22 猛禽战斗机大量使用钛合金结构件,若使用传统的整体锻造方法,最大的钛合金整体加强框材料利用率不到 4.9%,使用3D打印利用率接近 100%。

2）医学领域

如果有人因交通事故,需要更换钛合金的人造骨骼,以前只有大、中、小几种型号,可用而不适用。现在通过 CT 扫描获取患者的图像数据后,利用3D打印机可直接打印出百分之百符合需求的人造骨骼。如今,3D打印的骨植入物、牙冠、助听器已经存在于世界各地成千上万人的体内。科学家正在尝试利用3D打印机直接打印活性组织和新器官,如果变成现实,器官捐献将不再需要,人类将摆脱疾病、残疾。

3）建筑工程领域

在建筑行业里,设计师已经接受了3D打印的建筑模型,这种方法快速、成本低、环保,而且制作精美,完全符合设计者的要求,同时能节省大量材料与时间。可应用于建筑模型风洞实验和效果展示。世界上首台大型建筑 3D 打印机,用建筑材料打印出高 4 m 的建筑物,打印机的底部有数百个喷嘴,可喷射出镁质黏合物,在黏合物上喷撒沙子可逐渐铸成石质固体,通过一层层地黏合物和沙子结合,最终将形成石质建筑物。这种 3D 打印机制造建筑物的速度比普通建筑方法快 4 倍,并且减少一半的成本,几乎不浪费材料,对环境十分环保,它能够很容易地"打印"其他方式很难建造的高成本曲线建筑。希望以后的某一天可以用这种方式在外星球上轻松建造一个基地。

4)教育领域

如何激发中小学生投身科学、数学和技术的热情?3D 打印是个不错的选择,通过在课堂设置富有想象力和创新性的 3D 打印应用,让学生们"边做边学",以此提高教学效果,说不定他们当中会诞生像爱因斯坦一样"百年一遇"的传奇人物。

5)生活领域

我们生活的时代是一个追求个性的时代,"独一无二"具有巨大的吸引力,个性化的产品会逐渐成为市场主流。3D 打印最吸引人的地方就是可以按照我们自己的想法生产物品,比如,打印个性化的手机外壳、珠宝首饰、服饰、鞋类、食品、文化创意作品等,为新婚夫妇打印按比例缩小的夫妻模型,为旅游胜地的游客打印旅游纪念品等。定制化将随着 3D 打印技术的推广而成为常态。

6.2.3　3D 打印的优势

3D 打印机不像传统制造机器那样通过切割或模具塑造制造物品,而是通过层层堆积形成实体物品的方法,这也从物理的角度扩大了数字概念的范围。对于要求具有精确的内部凹陷或互锁部分的形状设计,3D 打印机是首选的加工设备,它可以将这样的设计在实体世界中实现。3D 打印在复杂零件制造、缩短产品开发周期、满足多样化产品需求等方面有明显的优势。

1)制造复杂物品不增加成本

就传统制造而言,物体形状越复杂,制造成本越高。对 3D 打印机而言,制造形状复杂的物品成本不增加,制造一个华丽的形状复杂的物品并不比打印一个简单的方块消耗更多的时间、技能或成本。制造复杂物品而不增加成本将打破传统的定价模式,并改变我们计算制造成本的方式。

2)产品多样化不增加成本

一台 3D 打印机可以打印许多形状,它可以像工匠一样每次都做出不同形状的物品。传统的制造设备功能较少,做出的形状种类有限。3D 打印省去了培训机械师或购置新设备的成本,一台 3D 打印机只需要不同的数字设计蓝图和一批新的原材料。

3)减少组装环节

3D 打印能使部件一体化成形。传统的大规模生产建立在组装线基础上,在现代工厂,机器生产出相同的零部件,然后由机器人或工人(甚至跨洲)组装。产品组成部件越多,组装耗费的时间和成本就越多。3D 打印机通过分层制造可以同时打印一扇门及上面的配套铰链,不需要组装。省略组装就缩短了供应链,节省在劳动力和运输方面的花费。供应链越短,污染也越少。

4）交付时间缩短

3D打印机可以按需打印。即时生产减少了企业的实物库存，企业可以根据客户订单使用3D打印机制造出特别的或定制的产品满足客户需求，所以新的商业模式将成为可能。如果人们所需的物品按需就近生产，零时间交付式生产能最大限度地减少长途运输的成本。

5）制造形状复杂的产品

传统制造技术和工匠制造的产品形状有限，制造形状的能力受制于所使用的工具。例如，传统的木制车床只能制造圆形物品，轧机只能加工用铣刀组装的部件，制模机仅能制造模铸形状。3D打印机可以突破这些局限，开辟巨大的设计空间，甚至可以制作目前可能只存在于自然界的形状。

6）操作技能要求低

传统工匠需要当几年学徒才能掌握所需要的技能。批量生产和计算机控制的制造机器降低了对技能的要求，然而传统的制造机器仍然需要熟练的专业人员进行机器调整和校准。3D打印机从设计文件里获得各种数据，做同样复杂的物品，3D打印机所需要的操作技能比注塑机少。低技能制造开辟了新的商业模式，并能在远程环境或极端情况下为人们提供新的生产方式。

7）不占空间，便携制造

就单位生产空间而言，与传统制造机器相比，3D打印机的制造能力更强。例如，注塑机只能制造比自身小很多的物品，与此相反，3D打印机可以制造与其打印台一样大的物品。3D打印机调试好后，打印设备可以自由移动，打印机可以制造比自身还要大的物品。较高的单位空间生产能力使得3D打印机适合家用或办公使用，因为它们所需的物理空间小。

8）减少废弃副产品

与传统的金属制造技术相比，3D打印机制造金属时产生较少的副产品。传统金属加工的浪费量惊人，90%的金属原材料被丢弃在工厂车间里，但3D打印制造金属时浪费量减少。随着打印材料的进步，"净成形"制造可能成为更环保的加工方式。

9）材料无限组合

对当今的制造机器而言，将不同原材料结合成单一产品是件难事，因为传统的制造机器在切割或模具成形过程中不能轻易地将多种原材料融合在一起。随着多材料3D打印技术的发展，我们有能力将不同原材料融合在一起。以前无法混合的原料混合后将形成新的材料，这些材料色调种类繁多，具有独特的属性或功能。

10）精确的实体复制

数字音乐文件可以被无休止地复制，音频质量并不会下降。未来，3D打印将数字精度扩展到实体世界。扫描技术和3D打印技术将共同提高实体世界和数字世界之间形态转换的分辨率，我们可以扫描、编辑和复制实体对象，创建精确的副本或优化原件。

以上部分优势目前已经得到证实，其他的会在不久的将来成为现实。3D打印突破了原来熟悉的历史悠久的传统制造限制，为以后的创新提供了舞台。

6.2.4 3D打印的限制

和所有新技术一样,3D打印技术也有着自己的缺点,它们会成为3D打印技术发展路上的绊脚石,从而影响它发展的速度。3D打印一定会给世界带来一些改变,但如果想成为市场的主流,就要克服种种担忧和可能产生的负面影响。

1）材料的限制

仔细观察周围的一些物品和设备,就会发现3D打印的第一个绊脚石就是所需材料的限制。虽然高端工业打印可以实现塑料、某些金属或者陶瓷打印,但目前无法实现打印的材料都是比较昂贵和稀缺的。另外,现在的打印机也还没有达到成熟的水平,无法支持我们在日常生活中所接触到的各种各样材料的打印。

研究者们在多材料打印上已经取得了一定的进展,但除非这些进展达到成熟并有效,否则材料依然会是3D打印的一大障碍。

2）机器的限制

众所周知,3D打印要成为主流技术(作为一种消耗大的技术),它对机器的要求也是不低的,其复杂性也可想而知。

目前的3D打印技术在重建物体的几何形状和机能上已经获得了一定的水平,几乎任何静态的形状都可以被打印出来,但是那些运动的物体和它们的清晰度就难以实现了。这个困难对于制造商来说也许是可以解决的,但是3D打印技术想要进入普通家庭,每个人都能随意打印想要的东西,那么机器的限制就必须得到解决才行。

3）法律的挑战

在过去的几十年里,音乐、电影和电视产业中对知识产权的关注变得越来越多。3D打印技术毫无疑问也会涉及这一问题,因为现实中的很多东西都会得到更加广泛的传播。人们可以随意复制任何东西,并且数量不限。如何制定3D打印的法律法规用来保护知识产权,也是我们面临的问题之一,否则就会出现泛滥的现象。

4）道德的挑战

在各行各业,道德都是底线。什么样的东西会违反道德规律？我们是很难界定的。如果有人打印出生物器官或者活体组织,是否有违道德？有人打印出了枪支,我们又该如何处理呢？如果无法尽快找到解决方法,3D打印在不久的将来会遇到极大的道德挑战。

5）花费的承担

3D打印技术需要承担的花费是高昂的,对于普通大众来说更是如此。普通小型3D打印机都要1～2万元,除了科研人员、工程技术人员、创业者,又有多少人愿意花费这个价钱来尝试这种新技术呢？如果想要普及到大众,降价是必需的,但又会与成本形成冲突。如何解决这个问题,是摆在3D打印机及耗材的制造商面前的首要任务。

每一种新技术诞生初期都会面临着这些类似的障碍,但相信找到合理的解决方案后,3D打印技术的发展将会更加迅速,就如同任何渲染软件一样,不断地更新才能达到最终的完善。

→检查评估

1. 什么是 3D 打印？它有什么特点？
2. 3D 打印的应用领域有哪些？
3. 简述 3D 打印有哪些传统制造技术所不具备的优势及限制。

项目七

毛坯的选用

在机械零件的制造中,绝大多数零件是由原材料通过铸造、锻造、冲压或焊接等成形方法先制成毛坯,再经过切削加工制成的。切削加工只是为了提高毛坯件的精度和表面质量,它基本上不改变毛坯件的物理、化学和力学性能,而毛坯的成形方法选择得正确与否,对零件的制造质量、使用性能和生产成本等都有很大的影响。因此,正确地选择毛坯的种类及成形方法是机械设计与制造中非常重要的环节。

任务一　毛坯的选用原则

→ 任务导入

1. 正确认识常用毛坯的种类及其成形方法,理解其特点及主要应用。
2. 掌握不同零件毛坯选用的一般原则。

→ 应知应会

毛坯的选择是机械制造过程中非常重要的环节,正确认识毛坯的种类和成形方法特点,掌握毛坯选择的原则,从而正确地为机器零件选择毛坯成形方法是每一个工程技术人员必备的知识和技能。

7.1.1　毛坯的种类及其成形方法比较

机械零件毛坯可以分为铸件、锻件、冲压件、焊接件、型材、粉末冶金件及各种非金属件等。不同种类的毛坯在满足零件使用性能要求方面各有特点,现将各种毛坯的成形特点及其适用范围分述如下:

1) 铸件

形状结构较为复杂的零件毛坯,选用铸件比较适宜。铸造与其他生产方法相比,具有适应性广、灵活性大、成本低和加工余量较小等特点。在机床、内燃机、重型机械、汽车、拖拉机、农业机械、纺织机械等领域中占有很大的比重。因此,在一般机械中,铸件是零件毛坯的主要来源,其重量经常占到整机重量的50%以上。铸件的主要缺点是内部组织疏松,力学性能较差。

在各类铸件中,应用最多的是灰铸铁件。灰铸铁虽然抗拉强度低,塑性差,但是其抗压强度不低,减振性和减磨性好,缺口敏感性低,生产成本是金属材料中最低的,因而广泛应用于制造一般零件或承受中等负荷的重要件,如皮带罩、轴承座、机座、箱体、床身、汽缸体、衬套、泵体、带轮、齿轮和液压件等;可锻铸铁由于其具有一定的塑韧性,用于制造一些形状复杂、承受一定冲击载荷的薄壁件,如弯头、三通等水暖管件,犁刀、犁柱、护刃器、万向接头、棘轮、扳手等;球墨铸铁由于其良好的综合力学性能,经不同热处理后,可代替 35、40、45 钢及 35CrMo、20CrMnTi 钢用于制造负荷较大的重要零件,如中压阀体、阀盖、机油泵齿轮、柴油机曲轴、传动齿轮、空压机缸体、缸套等,也可取代部分可锻铸铁件,生产力学性能介于基体相同的灰铸铁和球墨铸铁之间的铸件,如大型柴油机汽缸体、缸盖、制动盘、钢锭模、金属模等;耐磨铸铁件常用于轧辊、车轮、犁铧等;耐热铸铁常用于炉底板、换热器、坩埚等;耐蚀铸铁常用于化工部件中的阀门、管道、泵壳、容器等;受力要求高且形状复杂的零件可以采用铸钢件,如坦克履带板、火车道岔、破碎机颚板等;一些形状复杂而又要求重量轻、耐磨、耐蚀的零件毛坯,可以采用铝合金、铜合金等,如摩托车汽缸、汽车活塞、轴瓦等。常见的铸件如图 7-1 所示。

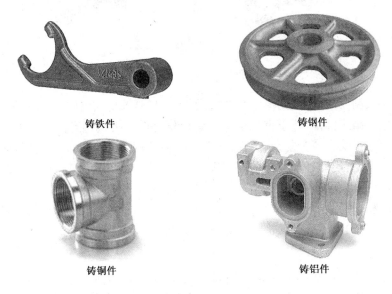

图 7-1　常见铸件

铸造生产方法较多,根据零件的产量、尺寸及精度要求,可以采用不同的铸造方法。手工砂型铸造一般用于单件小批量生产,尺寸精度和表面质量较差;机器造型的铸件毛坯生产率较高,适于成批大量生产;熔模铸造适用于生产形状复杂的小型精密铸钢件;金属型铸造、压力铸造和离心铸造等特种铸造方法生产的毛坯精度、表面质量、力学性能及生产率都较高,但对零件的形状特征和尺寸大小有一定的适应性要求。

2) 锻件

由于锻件是金属材料经塑性变形获得的,其组织和性能比铸态的要好得多,但其形状复杂程度受到很大限制。力学性能要求高的零件其毛坯多为锻件(如图 7-2)。

锻造生产方法主要是自由锻和模锻。自由锻的适应性较强,但锻件毛坯的形状较为简单,而且加工余量大、生产率低,适于单件小批量生产和大型锻件的生产;模锻件的尺寸精度较高、加工余量小、生产率高,而且可以获得较为复杂的零件,但是,受到锻模加工、坯料流动条件和

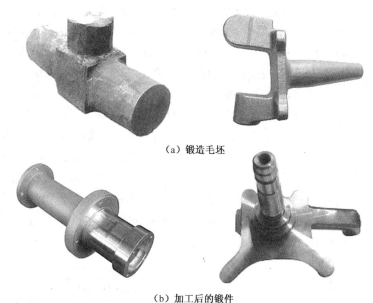

（a）锻造毛坯

（b）加工后的锻件

图 7-2 常见锻件

锻件出模条件的限制，无法制造出形状复杂的锻件，尤其要求复杂内腔的零件毛坯更是无法锻出，而且，生产成本高于铸件，适于重量小于 150 kg 锻件的大批量生产。

锻件主要应用于受力情况复杂、重载、力学性能要求较高的零件及工具模具的毛坯制造，如常见的锻件有齿轮、连杆、传动轴、主轴、曲轴、吊钩、拨叉、配气阀、气门阀、摇臂、冲模、刀杆、刀体等。

零件的挤压和轧制适于生产一些具有特定形状的零件，如氧气瓶、麻花钻头、轴承座圈、活动扳手、连杆、旋耕机的犁刀、火车轮圈、丝杠和叶片等。

3）冲压件

绝大多数冲压件是通过常温下对具有良好塑性的金属薄板进行变形或分离工序制成的。板料冲压件的主要特点是具有足够强度和刚度、有很高的尺寸精度、表面质量好、少无切削加工性及互换性好，因此应用十分广泛。但其模具生产成本高，故冲压件只适于大批量生产条件。

冲压件所用的材料有碳钢、合金结构钢及塑性较高的有色金属。常见的冲压件有汽车覆盖件、轮翼、油箱、电器柜、弹壳、链条、滚珠轴承的隔离圈、消音器壳、风扇叶片、自行车链盘、电机的硅钢片、收割机的滚筒壳、播种机的圆盘等，如图 7-3 所示。

4）焊接件

焊接是一种永久性的连接金属的方法，其主要用途不是生产机器零件毛坯，而是制造金属结构件，如梁、柱、桁架、容器等。

焊接方法在制造机械零件毛坯时，主要用于下列情况：

（1）复杂的大型结构件的生产。焊接件在制造大型或特大型零件时具有突出的优越性，可拼小成大，或采用铸—焊、锻—焊、冲压—焊复合工艺，这是其他工艺方法难以做到的。如万吨水压机的主柱和横梁可以通过电渣焊方法完成。

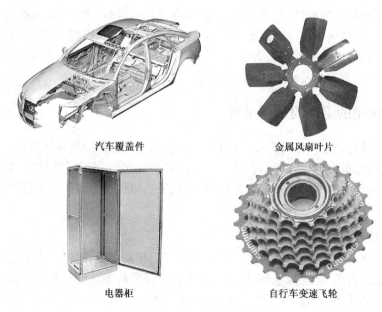

汽车覆盖件　　　　　　　　　金属风扇叶片

电器柜　　　　　　　　　　自行车变速飞轮

图 7-3　常见冲压件

（2）生产异种材质零件。锻件或铸件通常都是单一材质的,这显然不能满足有些零件不同部位的不同使用性能要求的特点,而采用焊接方法可以比较方便地制造不同种材质的零件或结构件。例如,硬质合金刀头与中碳钢刀体的焊接等。

（3）某些特殊形状的零件或结构件。例如,蜂窝状结构的零件、波纹管、同轴凸轮组等,这些只能或主要依靠焊接的方法生产毛坯或零件。

（4）单件或小批量生产。在铸造或模锻生产单件小批量零件时,由于模样或模具的制造费用在生产成本中所占比例太大,而自由锻件的形状一般又很简单,因此,采用焊接件代替铸锻件更合理。例如,以焊接件代替铸件生产箱体或机架,代替锻件制造齿轮或连杆毛坯等。

5）型材

机械制造中常用的型材有圆钢、方钢、扁钢、钢管及钢板,切割下料后可直接作为毛坯进行机械加工。型材根据精度分为普通精度的热轧料和高精度的冷拉料两种。普通机械零件毛坯多采用热轧型材,当成品零件的尺寸精度与冷拉料精度相符时,其最大外形尺寸可不进行机械加工。型材的尺寸有多种规格,可根据零件的尺寸选用,使切去的金属最少。

6）粉末冶金件

粉末冶金是将按一定比例均匀混合的金属粉末或金属与非金属粉末,经过压制、烧结工艺制成毛坯或零件的加工方法。粉末冶金件一般具有某些特殊性能,如良好的减摩性、耐磨性、密封性、过滤性、多孔性、耐热性及某些特殊的电磁性等。主要应用于含油轴承、离合器片、摩擦片及硬质合金刀具等。

7）非金属件

非金属材料在各类机械中的应用日益广泛,尤其以工程塑料发展迅猛。与金属材料相比,工程塑料具有重量轻、化学稳定性好、绝缘、耐磨、减振、成形及切削加工性好,以及材料来源丰富、价格低等一系列优点,但其力学性能比金属材料低很多。

常用的工程塑料有聚酰胺(尼龙)、聚甲醛、聚碳酸酯、聚砜、ABS、聚四氟乙烯、环氧树脂等,可用于制造一般结构件、传动件、摩擦件、耐蚀件、绝缘件以及高强度、高模量结构件等。常见的零件有油管、螺母、轴套、齿轮、带轮、叶轮、凸轮、电机外壳、仪表壳、各类容器、阀体、蜗轮、蜗杆、传动链、闸瓦、刹车片及减摩件、密封件等。

7.1.2 不同种类的毛坯的选用原则

优质、高效、低耗是生产任何产品所遵循的原则,毛坯的选择原则也不例外,应该在满足使用要求的前提下,尽量降低生产成本。同一个零件的毛坯可以用不同的材料和不同的工艺方法去制造,应对各种生产方案进行多方面的比较,从中选出综合性能指标最佳的制造方法。具体体现为要遵循以下三个原则:

1) 适应性原则

在多数情况下,零件的使用性能要求直接决定了毛坯的材料,同时在很大程度上也决定了毛坯的成形方法。因此,在选择毛坯时,首先要考虑的是零件毛坯的材料和成形方法均能最大限度地满足零件的使用要求。

零件的使用要求具体体现在对其形状、尺寸、加工精度、表面粗糙度等外观质量以及对其化学成分、金相组织、力学性能、物理性能和化学性能等内部质量的要求上。

例如,对于强度要求较高,且具有一定综合力学性能的重要轴类零件,通常选用合金结构钢经过适当热处理才能满足使用性能要求。从毛坯生产方式上看,采用锻件可以获得比选择其他成形方式都要可靠的毛坯。

纺织机械的机架、支承板、托架等零件的结构形状比较复杂,要求具有一定的吸振性能,选择普通灰铸铁件即可满足使用性能要求,不仅制造成本低,而且比碳钢焊接件的振动噪声小得多。

汽车、拖拉机的传动齿轮要求具有足够的强度、硬度、耐磨性及冲击韧度,一般选合金渗碳钢 20CrMnTi 模锻件毛坯或球墨铸铁 QT1200-1 铸件毛坯均可满足使用性能要求。20CrMnTi 经渗碳及淬火处理,QT1200-1 经等温淬火后,均能获得良好的使用性能。因此,上述两种毛坯的选择是较为普遍的。

2) 经济性原则

选择毛坯种类及其制造方法时,应在满足零件适应性的基础上,将可能采用的技术方案进行综合分析,从中选择出成本最低的方案。

当零件的生产数量很大时,最好是采用生产率高的毛坯生产方式,如精密铸件、精密模锻件,这样可使毛坯的制造成本下降,同时能节省大量金属材料,并可以降低机械加工的成本。例如,CA6140 车床中采用 1 000 kg 的精密铸件可以节省机械加工工时 3 500 个,具有十分显著的经济效益。

3) 可行性原则

毛坯选择的可行性原则,就是要把主观设想的毛坯制造方案与特定企业的生产条件以及社会协作条件和供货条件结合起来,以便保质、保量、按时获得所需要的毛坯或零件。例如,中等批量生产汽车、拖拉机的后半轴,如果采用平锻机进行模锻,其毛坯精度与生产率最高,但需昂贵的模锻设备,这对一些中小型企业来说完全不具备这种生产条件。如果采用热轧棒料局部加热后在摩擦压力机上进行顶镦,工艺是十分简便可行的,同样会收到比较理想的技术经济效果。再如,某零件原设计的毛坯为锻钢,但某厂具有稳定生产球墨铸铁件的条件和经验,而球铁件在稍微改动零件设计后,不仅可以满足使用要求,而且可以显著降低生产成本。

在上述三个原则中,适应性原则是第一位的,一切产品必须满足其使用性能要求,否则,在使用过程中会造成严重的恶果。可行性是确定毛坯或零件生产方案的现实出发点。与此同时,还要尽量降低生产成本。

检查评估

1. 简述毛坯的种类及选择毛坯成形工艺的原则。
2. 下列零件选用何种材料,采用什么成形方法制造毛坯比较合理?
(1) 大批量生产的重载中、小型齿轮;
(2) 形状复杂,要求减振的大型机座;
(3) 形状复杂的铝合金构件;
(4) 薄壁杯状的低碳钢零件。

任务二 典型零件毛坯的选用

任务导入

1. 能够识别不同零件的毛坯材料及成形工艺。
2. 能够完成常用机器零件(如轴杆类零件、盘套类零件和机架、箱体类零件)毛坯的选择。
3. 能够完成不同毛坯成形方法的选择。

应知应会

7.2.1 轴杆类零件

轴杆类零件是各种机械产品中用量较大的重要结构件,常见的有光轴、阶梯轴、曲轴、凸轮轴、齿轮轴、连杆、销轴等。轴在工作中大多承受着交变扭转载荷、交变弯曲载荷和冲击载荷,有的还同时承受拉—压交变载荷。

1)材料选择

从选材角度考虑,轴杆类零件必须要有较高的综合力学性能、淬透性和抗疲劳性能,对局部承受摩擦的部位如轴颈、花键等还应有一定硬度。为此,一般用中碳钢或合金调质钢制造,主要钢种有 45 钢、40Cr、40MnB、30CrMnSi、35CrMo 和 40CrNiMo 等。其中 45 钢价格较低,调质状态具有优异的综合力学性能,在碳钢中用得最多。常采用的合金钢为 40Cr 钢。对于受力较小且不重要的轴,可采用 Q235-A 及 Q275 普通碳钢制造。而一些重载、高转速工作的轴,如磨床主轴、汽车花键轴等可采用 20CrMnTi、20Mn2B 等制造,以保证较高的表面硬度、耐磨性和一定的心部强度及抗冲击的能力。对于一些大型结构复杂的轴,如柴油机曲轴和凸轮轴已普遍采用 QT600-2、QT800-2 球墨铸铁来制造,球墨铸铁具有足够的强度以及良好的耐磨性、吸振性,对应力集中敏感性低,适宜于结构形状复杂的轴类零件。

2）成形方法选择

获得轴类、杆类零件毛坯的成形方法通常有锻造、铸造和直接选用轧制的棒料等。

锻造生产的轴,组织致密,并能获得具有较高抗拉和抗弯强度的合理分布的纤维组织。重要的机床主轴、发电机轴、高速或大功率内燃机曲轴等可采用锻造毛坯。单件小批量生产或重型轴的生产采用自由锻;大批量生产应采用模锻;中、小批量生产可采用胎模锻。大多数轴杆类零件的毛坯采用锻件。

球墨铸铁曲轴毛坯成形容易,加工余量较小,制造成本较低。热轧棒料毛坯,主要在大批量生产中用于制造小直径的轴,或是在单件小批量生产中用于制造中小直径的阶梯轴。冷拉棒料因其尺寸精度较高,在农业机械和起重设备中有时可不经加工直接作为小型光轴使用。

7.2.2　盘套类零件

盘套类零件在机械制造中用得最多,常见的盘类零件有齿轮、带轮、凸轮、端盖、法兰盘等,常见的套筒类零件有轴套、汽缸套、液压油缸套、轴承套等。由于这类零件在各种机械中的工作条件和使用性能要求差异很大,因此,它们所选用的材料和毛坯也各不相同。

1）齿轮类零件

齿轮是用来传递功率和调节速度的重要传动零件(盘类零件的代表),从钟表齿轮到直径 2 m 大的矿山设备齿轮,所选用的毛坯种类是多种多样的。齿轮的工作条件较为复杂,齿面要求具有高硬度和高耐磨性,齿根和轮齿心部要求高的强度、韧性和耐疲劳性,这是选择齿轮材料的主要依据。在选择齿轮毛坯制造方法时,则要根据齿轮的结构形状、尺寸、生产批量及生产条件来选择经济性好的生产方法。

（1）材料的选择

普通齿轮常采用的材料为具有良好综合性能的中碳钢 40 钢或 45 钢,进行正火或调质处理。

高速中载冲击条件下工作的汽车、拖拉机齿轮,常选 20Cr、20CrMnTi 等合金渗碳钢进行表面强硬化处理。

以耐疲劳性能要求为主的齿轮,可选 35CrMo、40Cr、40MnB 等合金调质钢,调质处理或采用表面淬火处理。

对于一些开式传动、低速轻载齿轮,如拖拉机正时齿轮、油泵齿轮、农机传动齿轮等可采用铸铁齿轮,常用铸铁牌号有 HT200、HT250、KTZ450-5、QT500-5、QT600-2 等。

对有特殊耐磨、耐蚀性要求的齿轮、蜗轮应采用 ZQSn10-1、ZQA19-4 铸造青铜制造。

此外,粉末冶金齿轮、胶木和工程塑料齿轮也多用于受力不大的传动机构中。

（2）成形方法选择

多数齿轮是在冲击条件下工作的,因此锻件毛坯是齿轮制造中的主要毛坯形式。单件小批量生产的齿轮和较大型齿轮选自由锻件;批量较大的齿轮应在专业化条件下模锻,以求获得最佳经济性;形状复杂的大型齿轮(直径 500 mm 以上)则应选用铸钢件或球铁件毛坯;仪器仪表中的齿轮则可采用冲压件。

2) 套筒类零件

套筒类零件根据不同的使用要求,其材料和成形方法选择有较大的差异。

(1) 材料的选择

套筒类零件选用的材料通常有 Q235-A、45、40Cr、HT200、QT600-2、QT700-2、ZQSn10-1、ZQSn6-6-3 等。

(2) 成形方法选择

套筒类零件常用的毛坯有普通砂型铸件、离心铸件、金属型铸件、自由锻件、板料冲压件、轧制件、挤压件及焊接件等多种形式。对孔径小于 20 mm 的套筒,一般采用热轧棒料或实心铸件;对孔径较大的套筒也可选用无缝钢管;对一些技术要求较高的套类零件,如耐磨铸铁汽缸套和大型铸造青铜轴套则应采用离心铸件。

此外,端盖、带轮、凸轮及法兰盘等盘类零件的毛坯依使用要求而定,多采用铸铁件、铸钢件、锻钢件或用圆钢切割。

7.2.3　机架、壳体类零件

机架、壳体类零件是机器的基础零件,包括各种机械的机身、底座、支架、减速器壳体、机床主轴箱、内燃机汽缸体、汽缸盖、电机壳体、阀体、泵体等。一般来说,这类零件的尺寸较大、结构复杂、薄壁多孔、设有加强筋及凸台等结构,重量由几千克到数十吨。要求具有一定的强度、刚度、抗振性及良好的切削加工性。

1) 材料的选择

机架、壳体类零件的毛坯在一般受力情况下多采用 HT200 和 HT250 铸铁件;一些负荷较大的部件可采用 KT330-08、QT420-10、QT700-2 或 ZG40 等铸件;对小型汽油机缸体、化油器壳体、调速器壳体、手电钻外壳、仪表外壳等则可采用 ZL101 等铸造铝合金毛坯。由于机架、壳体类零件结构复杂,铸件毛坯内残余较大的内应力,所以加工前均应进行去应力退火。

2) 成形方法选择

这类部件的成形方法主要是铸造。单件小批量生产时,采用手工造型;大批量生产采用金属型机器造型;小型铝合金壳体件最好采用压力铸造;对单件小批量生产的形状简单的零件,为了缩短生产周期,可采用 Q235-A 钢板焊接;对薄壁壳罩类零件,在大批量生产时则常采用板料冲压件。

➤**检查评估**

1. 普通齿轮选用什么材料? 怎么加工?
2. 内燃机曲轴用什么材料? 毛坯用什么方法制造?
3. 自行车曲柄用什么材料? 毛坯用什么方法制造?

参考文献

[1] 王纪安. 工程材料与成形工艺基础[M]. 4 版. 北京:高等教育出版社,2015.

[2] 杨慧智,吴海宏. 工程材料及成形工艺基础[M]. 4 版. 北京:机械工业出版社,2015.

[3] 黄经元,曾绍平. 机械制造基础[M]. 2 版. 南京:南京大学出版社,2015.

[4] 黎震. 机械制造基础[M]. 北京:高等教育出版社,2014.

[5] 陈强,张双侠. 机械制造基础[M]. 3 版. 大连:大连理工大学出版社,2015.

[6] 林江. 机械制造基础[M]. 北京:机械工业出版社,2011.

[7] 京玉海. 机械制造基础[M]. 重庆:重庆大学出版社,2005.

[8] 骆莉,陈仪先,王晓琴. 工程材料及机械制造基础[M]. 武汉:华中科技大学出版社,2012.

[9] 何世松,贾颖莲. 基于 Creo 的臂杆压铸模数控编程与仿真加工[J]. 煤矿机械,2013(9).

[10] 侯书林,朱海. 机械制造基础(上册)——工程材料及热加工工艺基础[M]. 北京:中国林业出版社,2006.

[11] 侯书林,朱海. 机械制造基础(下册)——机械加工工艺基础[M]. 北京:中国林业出版社,2006.

[12] 吕广庶,张远明. 工程材料及成形技术基础[M]. 2 版. 北京:高等教育出版社,2011.

[13] 赵玉齐. 机械制造基础与实训[M]. 2 版. 北京:机械工业出版社,2008.

[14] 凌爱林. 金属学与热处理[M]. 北京:机械工业出版社,2008.

[15] 苏建修. 机械制造基础[M]. 2 版. 北京:机械工业出版社,2006.

[16] 丁仁亮. 金属材料及热处理[M]. 4 版. 北京:机械工业出版社,2009.

[17] 司乃钧,许德珠. 热加工工艺基础[M]. 2 版. 北京:高等教育出版社,2001.

[18] 何世松,寿兵. 机械制造基础[M]. 哈尔滨:哈尔滨工程大学出版社,2009.

[19] 邓文英. 金属工艺学[M]. 5 版. 北京:高等教育出版社,2008.

[20] 游文明. 工程材料与热加工[M]. 2 版. 北京:高等教育出版社,2015.